化学电源技术丛书

化学电源设计

王力臻　等编著

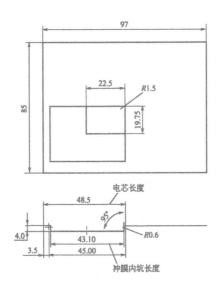

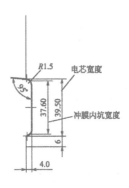

化学工业出版社

·北京·

本书是我国第一部全面系统论述化学电源优化设计的专著。作者本着指导生产、服务生产的宗旨，通过总结电池行业的相关研究成果以及作者多年来与工厂合作的经验，着重介绍了化学电源设计中的相关理论、设计原则及一般的计算方法。同时，以常规电池为例，对设计方法、步骤进行了详细阐述。此外还介绍了化学电源壳体材料、隔膜材料的选择原则以及清洁生产等重要知识与技术。全书内容全面、系统、实用，对实际生产具有非常重要的指导意义。

本书可供研究院所和企业的科研人员、技术人员阅读参考，也可供高校相关专业师生学习使用。

图书在版编目（CIP）数据

化学电源设计/王力臻等编著．—北京：化学工业出版社，2007.11（2025.1重印）
（化学电源技术丛书）
ISBN 978-7-122-01342-2

Ⅰ．化… Ⅱ．王… Ⅲ．化学电源-设计 Ⅳ．TM911.02

中国版本图书馆 CIP 数据核字（2007）第 162035 号

责任编辑：成荣霞　梁　虹　　　　　　　文字编辑：向　东
责任校对：宋　玮　　　　　　　　　　　装帧设计：郑小红

出版发行：化学工业出版社（北京市东城区青年湖南街 13 号 邮政编码 100011）
印　　装：北京虎彩文化传播有限公司
720mm×1000mm　1/16　印张 18　字数 355 千字　　2025 年 1 月北京第 1 版第 7 次印刷

购书咨询：010-64518888　　　　　　　　售后服务：010-64518899
网　　址：http://www.cip.com.cn
凡购买本书，如有缺损质量问题，本社销售中心负责调换。

定　　价：68.00 元

序

　　化学电源又称电化学电池，是一种直接把化学能转变成低压直流电能的装置。太极图是各种化学电源很好的示意图（见图1），最外的圆圈是电池壳；阴阳鱼是两个电极，白色是阳极，黑色是阴极；它们之间的"S"是电解质隔膜；阴阳鱼头上的两个圆点是电极引线。用导线将电极引线和外电路联结起来，就有电流通过（放电），从而获得电能。放电到一定程度后，有的电池可用充电的方法使活性物质恢复，从而得到再生，又可反复使用，称为蓄电池（或二次电池）；有的电池不能充电复原，则称为原电池（或一次电池）。化学电源具有使用方便，性能可靠，便于携带、容量、电流和电压可在相当大的范围内任意组合等许多优点。在通讯、计算机、家用电器和电动工具等方面以及军用和民用等各个领域都得到了广泛的应用。

图 1

　　到了21世纪，化学电源与能源的关系越来越密切。能源与人类社会生存和发展密切相关。持续发展是全人类的共同愿望与奋斗目标。矿物能源会很快枯竭，这是大家的共识。我国是能源短缺的国家，石油储量不足世界的2%，仅够再用40余年；即使是占我国目前能源构成70%的煤，也只够用100余年。我国的能源形势十分严峻，能源安全将面临严重挑战。矿物燃料燃烧时，要放出SO_2、CO、CO_2、NO_x等对环境有害物质，随着能源消耗量的增长，CO_2释放量在快速增加，是地球气候变暖的重要原因，对生态环境造成严重的破坏，危及人类的生存。21世纪，解决日趋短缺的能源问题和日益严重的环境污染，是对科学技术界的挑战，也是对电化学的挑战，各种高能电池和燃料电池在未来的人类社会中将发挥它应有的作用。为了以电代替石油，并降低城市污染，发展电动车是当务之急，而电动车的关键是电池。现有的可充电池有铅酸电池、镉镍电池（Cd/Ni）、金属氢化物镍电池（MH/Ni）和锂离子电池四种。储能电池有两方面的意义，一是更有效地利用现有能源；另一方面是开发利用新能源，电网的负载有高峰和低谷之分，有效储存和利用低谷电，对于能源短缺的中国，太重要了。储存低谷电有多种方案，用电池储能是最可取的。当前正大力发展太阳能和风能等新能源,由于太阳能和风能都是间隙能源,有风(有太阳)才有电,对于广大农村和社区,用电池来储能,构建分散能源,是最好的解决方案。

正因为化学电源在国民经济中起着越来越重要的作用,我国化学电源工业发展十分迅速。目前,国内每年生产各种型号的化学电源约 120 亿只,占世界电池产量的 1/3,为世界电池生产第一大国。我国已经成为世界上电池的主要出口国,锌锰电池绝大部分出口;镍氢电池一半以上出口;铅酸电池,特别是小型铅酸电池出口量增长很大;锂离子电池的世界市场已呈日、中、韩三足鼎立之势。

我国是电池生产大国,但不是电池研究开发强国。化学电源面临难得的大发展机遇和严峻挑战,走创新之路是唯一选择。但是,目前国内图书市场上尚缺乏系统论述各类化学电源技术和应用方面的书籍,这套《化学电源技术丛书》(以下简称为《丛书》)就是在这种形势下编辑出版的。《丛书》从化学电源发展趋势和国家持续发展的需求出发,选择了一些近年来发展迅速且备受广大科研工作者和工程技术人员广泛关注的重要研究领域,力求突出重要的学术意义和实用价值。既介绍这些电池的共性原理和技术,也对各类电池的原理、现状和发展趋势进行了专题论述;既对相关材料的研究开发情况有详细叙述,也对化学电源的测试原理和方法有详细介绍。《丛书》共有 9 个分册,分别为《化学电源设计》、《化学电源概论》、《锂离子电池原理与关键技术》、《锂离子电池电解质》、《电化学电容器》、《锌锰电池》、《镍氢电池》、《省铅长寿命电池》、《化学电源测试原理与技术》。相信《丛书》的出版将对科研单位研究人员、高校相关专业的师生、电池应用人员、企业技术人员有所裨益。更希望《丛书》的出版,能够推动和促进我国化学电源的研究、开发以及化学电源工业的快速发展。

中国科学院物理研究所研究员
陈立泉
中国科学院院士
2006 年 6 月

前　　言

　　化学电源具有能量转换效率高、能量密度大、无噪声污染、可任意组合、可随意移动等特点，在国民经济与国防建设以及人们日常生活中发挥着越来越重要的作用。随着社会的进步、科学技术的发展，人们对化学电源的要求也越来越高。在目前市场经济的条件下，生产出既经济（综合成本低）、又具有高性能的电池，对企业参与市场竞争和取得经济效益无疑具有重要意义。

　　尽管化学电源已有一百多年的发展历史，常规电池生产工艺渐趋完善，但对其设计与优化，尤其是新产品的开发仍沿用传统的设计模式，即经验加试验模式。经过反复验证，总结成功经验，克服不足，实现优化设计的目的，这样不仅浪费大量精力、财力，而且设计周期长。目前尚未见到有关全面系统地论述化学电源优化设计方面的专著和其他有关文献，关于设计的内容大多为结合某种具体电池产品的特点而进行，缺乏对电池设计的普遍指导意义。

　　1991年原国家轻工业部受原国家教育委员会的委托，对郑州轻工业学院进行评估时，我们对已毕业的电化学专业学生进行调查，大部分学生反映化学电源设计在工厂用途很广，而且也是他们知识结构中的薄弱环节。另外，许多工厂的工程技术人员同样反映化学电源设计在生产中的重要性。为此，就开设了化学电源设计课程。为了适应教学、科研、生产实践的需要，作者搜集了大量的文献资料，走访了多家电池企业，于1993年编写了《化学电源设计》校内讲义。此讲义受到行业内同行的广泛关注和好评，并在1995～1996年度的《电池》杂志上以技术讲座的形式连载，共7期讲座内容。经过10余年的教学与工厂实践，作者先后与国内近百家生产不同类型电池（主要包括铅酸电池、镍氢电池、锂离子电池、中性锌锰电池、碱性锌锰电池等）的企业进行交流与合作，对化学电源设计有了更深刻的认识。本书在原校内讲义的基础上，总结电池行业的相关研究成果以及作者近年来与工厂合作的经验，对教学实践的讲稿进行充实与整理编写而成。

　　本书以服务生产、强化工程理念为宗旨，第一，总结了具有普遍化指导意义的优化设计理念，以及设计的基本步骤，从降低原材料消耗、提高经济效益角度出发，对选材、过程控制、工艺及机械设备之间的关系、成品质量、清洁生产等方面加以概括性论述，期望达到指导生产、服务生产的目的。第二，从电池理论、优化设计角度出发，论述如何使化学电源最大限度地发挥其作用，以满足用电器具的要求，期望使本书具有理论性与普遍性。第三，结合不同电池系列的具体设计实例，论述不同系列电池的设计过程，期望使本书具有实用性。

　　全书共分7章，第1章主要论述了化学电源发展现状、设计现状、设计的现实意义、化学电源设计含义与分类等；第2章主要介绍了化学电源的基本组成、分类、相关要求及基本性能等；第 3 章主要从设计的角度出发介绍了法拉第定律及其应用，电池热力学、动力学理论及其应用，表界面现象及其应用，电池组合原理等；第 4 章主要介绍了化学电源设计的终极目标与实现、设计的基本程序、设计前的准备、设计的一般步骤等；第 5 章主要介绍了化学电源中的隔膜、壳体材料与选择原则；第 6 章主要介绍常用电池（铅酸、镉镍、锌锰、锂离子等电池系列）的设计举例；第 7 章主要介绍电池行业的清洁生产。

全书主要由王力臻编写，其中第 6 章中第 6.6 节的内容由刘勇标编写，王力臻复核。限于编者水平有限，而且缺少一些以资参考的现成模式，所以无论在体例上，还是在内容上，都会存在值得商榷的地方，不妥之处在所难免，敬请读者批评指正。

在此完成书稿之际，感谢为电池行业发展辛勤工作的专家教授以及行业的工程师们；感谢对于本书的编写给予过帮助的企业以及所参考引用文献的作者；感谢朱继涛、蔡洪波、方华、郭会杰等研究生在本书文字输入、编辑、绘图等方面所给予的帮助，感谢化学工业出版社的相关编辑所给予的帮助。

王力臻
2007 年 7 月于郑州轻工业学院

《化学电源技术丛书》编委会

目　　录

第1章 绪 论

1.1 化学电源发展现状

化学电源通常称为电池，其中包括原电池、蓄电池、贮备电池和燃料电池。当今，化学电源已广泛应用于国民经济（如信息、能源、交通运输、办公和工业自动化等方面）、人民日常生活以及卫星、载人飞船、军事武器与装备等各个领域。化学电源技术以新材料科技为基础，与环保科技相关联，与电子、电力、交通、信息产业相配套，与现代文明社会的生活相适应，特别是作为新能源和再生能源的重要组成部分，它直接关系到21世纪可持续发展战略的实现，因此，化学电源技术与产业已成为全球关注与致力发展的一个新热点。

近几年我国国民经济持续快速发展，人民生活水平不断提高，极大地推动了我国电池工业和电池市场的发展。2000年1月20日，中央电视台广播了一条消息，我国年生产电池已达140亿只，国内年消费电池量也达到了60亿只，人均年消费量为5只，由此奠定了中国电池生产和消费大国的地位。进而随着电子信息产业，特别是移动通信、笔记本电脑、小型摄像设备等的巨大需求，我国电池工业，特别是新型、小型二次电池生产迅速崛起。随着现代社会生活质量的不断提高，对随身听、学习机、电子按摩器、助听器、美容器、电子温度计、电子血压计、电子玩具等的需求越来越多；随着环保意识的增强和石油价格的快速上涨，对电动助力车、电动摩托车、混合电动车及纯电池或燃料电动车辆的市场正在形成和逐步扩大，为其配套的新型电池将向小型、轻便、高能、无污染的方向发展。根据资料显示，中国内地的电池制造商数量超过了3000家，2005年度各类电池出口数量总值为222亿只以上，同比增长4%，创汇额超过51亿美元，同比增长28%，中国已成为世界最大的电池生产和消费国。中国电池制造商正在更新其生产技术并更新其生产技术与生产设备以满足20%～60%的预期出口增长，中国也正在成为世界最大的电池进出口大国。化学电源产业在我国迅速崛起，势头必将在"十一五"持续下去。

从市场分布看，最大的电池市场在美国、日本、欧洲，约占全球电池市场的60%。亚洲，特别是中国的电池市场有了很大增加。近几年来，全球电池产量的年均增长率约为5%，我国约为15%。一次电池中，碱性锌锰电池增速最快，二次电池中，普通铅酸电池和镉镍电池的增速趋缓，密封铅酸蓄电池，特别是锂离子电池的增速最快。此外，新型高能电池发展很快，例如燃料电池、电化学电容器、锌镍蓄电池、金属燃料电池等依然受到极大的重视，并不断取得技术进步。

1.2 化学电源设计概述

1.2.1 化学电源设计的含义

化学电源是一种直接把化学能转变成低压直流电能的装置，这种装置实际上是一个小的直流发电器或能量转换器。它是为用电的电器设备、仪器配套的能量供应系统。用电设备、仪器的体积和质量不一，可以大到火箭、导弹，也可以小到助听器和电子手表。从广义上说，这些用电设备、仪器统称为用电器，用电器的使用有一定的技术要求，相应地与之相配套的化学电源也有一定的技术要求。人们设计使化学电源既能发挥自己的特点，又能以较好的性能适应用电器的要求，这种寻求使化学电源能最大限度地满足用电器具技术要求的过程，被称为化学电源设计。

从化学电源设计的含义出发，化学电源设计应考虑如下问题：①用电器具对化学电源的要求；②化学电源自身所具备的性能；③二者之间的关系。随着现代技术的发展，民用和军用的化学电源种类很多，各种化学电源设计有相似之处，但也有各自的特点，而且同一品种的化学电源，因规格型号、工艺方式、工装模式等的不同，又各有其自身的特点和差异。就共性的问题而言，化学电源设计需解决的主要问题是：

① 在允许的尺寸或质量范围内进行结构和工艺设计，使其尽可能地满足用电器具的要求；

② 寻找可行和尽可能简单方便的工艺；

③ 尽量降低成本；

④ 在条件允许的情况下，尽量提高产品的技术性能；

⑤ 尽量克服和解决环境污染的问题，以满足清洁生产的要求。

化学电源设计传统的计算方法是在过去积累的经验或实验基础上，根据要求条件进行选择和计算，经过进一步试验，确定合理的参数。随着电子计算机技术的发展和应用，也为化学电源设计开辟了道路，目前已经能根据以往的经验数据编制计算程序进行设计，预计今后将进一步发展到完全用电子计算机进行设计，对缩短化学电源的研制周期有着广阔的前景。本书利用化学电源发展的新成果以及成熟的工艺技术进行论述。

1.2.2 化学电源设计分类

根据化学电源的种类，化学电源设计可分为原电池设计和蓄电池设计；同一类别的电池设计又分为单体电池设计和电池组设计。所谓的单体电池设计是指实现构成化学电源基本单元的设计过程，所谓电池组设计是指实现多个单体电池组合的设计过程。原电池设计多为单体电池设计，蓄电池设计既有单体电池设计，又包含电池组设计。原电池设计虽然多为单体电池设计，但在多数用电场合下为多只单体经过组合而被使用，如便携式手电一般为两节或三节锌锰干电池以串联形式使用。所以，无论是原电池还是蓄电池设计，都直接地或间接地包括单体电池设计和电池组设计。

对于同一类别的电池，按照其不同的设计内容又可分为研究开发性设计、产品更新换代设计、工艺优化设计。

研究开发性设计是指为满足生产最优化的要求，从事原材料性能的确定与选择、工艺参数的优化及工艺过程的确定、电池的影响因素及其相互之间的关系等研究过程，研究开发性设计按其不同的研究阶段又分：①基础研究与设计过程，主要解决相关基础理论问题；②中试设计过程，是在基础研究与设计过程的基础上组成中试生产线，扩大研究数量和规模，发现问题并解决问题的过程。

产品更新换代设计是在原有技术的基础上通过改进某些工艺参数、工艺模式等实现产品性能提高的过程。由 R20P 替代 R20 或 R20C 的过程，密封式铅酸电池替代开口式铅酸电池的过程均属于此类设计。

性能优化设计是指对同一品种、同一规格型号的电池通过改进原材料、电池结构、工艺配方等达到提高该电池某一特征性能的过程。例如，启动型铅酸电池，通过改进负极膨胀剂、电液配方、结构优化等实现其低温启动性能的提高，糊式锌锰电池，正极通过不同 NMD 的搭配，在电池性能不降低的情况下实现成本降低，均属于性能优化设计。在实际生产中，性能优化设计存在于每一类电池的生产中，工厂工程技术人员每年、每月、每天无时不在进行着性能优化设计过程。

1.2.3 化学电源设计定位

从广义上来说，化学电源设计定位取决于满足用电器具用电要求的程度。从满足用电程度的要求上来说，电池满足用电器具用电要求分为：尽可能地满足、最大限度地满足、一般满足。在电池生产实际中，对于用于特定用电器具的电池，在设计中应在不增加产品成本的基础上，设计出最大限度地满足用电场合要求的产品；而对于非特定的电池产品，由于用电器具的不确定性，设计应重在综合性能上。

当然，化学电源设计定位会受到工厂定位的影响，为了开拓市场，或拥有更大的市场份额，在工厂可接受的成本与利润范围内，通过增加成本的方式来提高产品的性能是设计定位中较为常见的影响因素。另外，品牌效应也是设计定位的影响因素，名牌产品价格高、利润巨大，与之相应的设计定位也要高。

1.2.4 化学电源设计的评价

化学电源设计的优劣，不同的人群有不同的评价方法。对用户而言，设计的优劣取决于产品的性价比，简单地说就是花最少的钱买到最好的电池。对于制造商而言，设计的优劣取决于物质效用的最大化和利润的最大化，简单地说就是投入产出比的最大化。通常可由生产效果中的产品均匀率、成品率、生产效率来评价。产品的均匀率是指不同时间、不同批次、同一批次不同电池之间的均匀性，它主要反映工装稳定性。同一天或同一批次的电池实现均匀性易，不同生产环境（如温度的变化）、不同批次电池间实现均匀性难。产品的均匀性会影响到市场的稳定性，不均匀的产品性能，会影响到消费者的消费心理，从而导致市场的波动。成品率是指生产出的合格电池占投入应生产合格电池总量的百分数。主要反映投料的物质效用问题，成品率越高，单只电池的综合成本越低，利润就越高，反之，利润越低。生产效率是指单位时间内电池产品的生产数量，主要反映工装设备的能力，生产效率越高，在保证均匀率和成品率的前提下，电池产品综合成本越低，反之，则越高。

应当指出，在考虑物质效用及利润的前提下，仅从电池性能的优劣来评价电池设计的优劣是不全面的。在后工业时代，为满足特定场合用电或具有较大利润空间的前提下，为抢占市场或培育市场，设计速度是第一位的，设计完美程度是第二位的。

1.2.5 化学电源设计的地位和作用

随着现代科学技术的发展，一些新兴的用电器对化学电源的各项性能指标的要求越来越高，而我国大多数电源生产厂家无论从生产工艺技术水平，还是从生产线机械化或自动化程度与国外厂家仍存在一定差距，目前化学电源设计与生产的性能指标、参数确定主要是靠经验上反复地实践来完成的，不仅浪费人力、物力，而且浪费时间，效率较低。本书的主要目的就是使从事化学电源专业的人员能够掌握优化电池性能、节约成本、便于生产、提高效率、保护环境等方面必要的基本知识。

化学电源设计是许多理论和实际知识的综合利用。化学电源设计基础的相关知识有：物理化学、电极过程动力学、化学电源工艺学、电工学、机械制图、机械工程、高分子材料在电化学电源中应用、金属学、金属热处理技术、金属腐蚀理论等。

化学电源设计人员要从实际情况出发，要调查研究，要广泛吸取用户和工艺人员的意见，在设计加工过程中及时发现问题、解决问题，反复调整和完善设计内容，以期取得最优化的设计效果，并从中积累设计经验。

第 2 章　化学电源概述

2.1　化学电源的组成

化学电源在实现能量转换过程中必须具备以下条件：

① 组成电池的两个电极进行氧化还原反应的过程中，必须分别在两个分开的区域进行，它有别于一般的氧化还原反应；

② 两个电极的活性物质进行氧化还原反应时，所需要的电子必须有外电路传递，这有别于腐蚀过程的微电池反应。

为了满足以上条件，不管电池是什么系列、形状、大小，均由以下四部分组成：电极（分为正极和负极）、电解质（液）、隔离物（隔膜）、外壳，常称为电池构成的四要素。

2.1.1　电极

电极是电池的核心，由活性物质和导电骨架组成，正负极活性物质是产生电能的源泉，是决定电池基本特征的重要部分，活性物质是正负极参加成流反应的物质，放电时能通过化学反应产生电能的电极材料。导电骨架常称为导电集流体，起着传导电流、均分电极表面电流电位的作用，有的集流体还起着支撑和保持活性物质的作用，如用于铅酸电池的板栅和用于镍氢电池的发泡镍集流体等。

电极活性物质的状态分为固态、液态、气态三种，不同电池所选用的物态不同，以适应不同的设计要求。一般情况下，大多数电池系列选用固态活性物质，因为它具有体积比容量大、活性物质易保持、便于生产、两极之间只需一般隔膜隔离就可以防止两极活性物质短路等优点。液态与气态活性物质，一般用于燃料电池中，平时这种活性物质保持在电池外面，只有在电池工作时，由外部连续地给电池供应活性物质，就能够保持电极反应的正常进行。

对活性物质的要求：

① 组成电池的电动势高，即正极活性物质的标准电极电位愈正，负极活性物质标准电极电位愈负，这样组成的电池电动势愈高；

② 活性物质具有电化学活性，希望活性物质自发的反应能力越强越好；

③ 质量比容量和体积比容量要大；

④ 活性物质在电解液中化学稳定性要高（且具有不溶性），以减少电池贮存过程中的自放电，从而提高电池的贮存性能；

⑤ 有高的电子导电性，以降低电池内阻；

⑥ 物质来源广泛，价格便宜。

在实际使用中，如何选择活性物质是个关键问题，主要考虑活性物质的能量、性能可靠性、经济性，具体选择时，应根据理论和实践两方面结合来考虑，理论方面又要根据能量和容量两方面来综合考虑。

电池电动势越高，电池给出的能量就越大，在元素周期表中，各元素的电极电位有规律地变化，表左侧第Ⅰ，Ⅱ族元素（如 Li，Na，K，Rh），标准电极电位最负，理论上做负极最好，周期表中右侧元素，第Ⅵ，Ⅶ主族元素（如 F，Cl，Br）其标准电极电位最正，理论上做正极最好，由这两部分元素分别组成的电化学可逆电池，电动势最高，也给出高能量，如 Li（锂），$\varphi^{\ominus}_{Li^+/Li} = -3.03V$；$F_2$（氟），$\varphi^{\ominus}_{F^-/F_2} = 2.866V$，组成的锂氟电池的标准电动势：$E^{\ominus} = \varphi^{\ominus}_{F^-/F_2} - \varphi^{\ominus}_{Li^+/Li} = 5.896V$，这是化学电池标准电动势的顶峰，但是受到制造工艺的限制，很难做成实用的电池。因为标准电极电位最负的一些碱金属在水溶液中不稳定，自发地进行反应，这些金属只能存在于非水溶液中，氟又是强氧化剂，不易贮存和控制，因此这种电池很难做成。又如用金或金的化合物做正极材料，钾做负极材料，组成电池的标准电动势：

$$E^{\ominus} = \varphi^{\ominus}_+ - \varphi^{\ominus}_- = 1.39 - (-2.923) = 4.31 \ (V)$$

理论上电动势也很高，但是钾和锂同样在水溶液中不稳定，而金又是贵金属，价格昂贵，所以作为电极材料均不现实。

电化当量［指电极上通过单位电量（例如 1A·h）时电极反应所需反应物的理论质量，通常以"g/（A·h）"表示］小的元素可供出大的容量，电化当量越小的元素也是周期表中第Ⅰ，Ⅱ主族元素，同样也存在以上缺点，所以电动势和电化当量都不是选择活性物质的唯一决定性条件。还要根据实用来选择活性物质，但是全部满足所有要求是很困难的，一般根据电池性能、用途、经济性、可靠性等来选择不同的电化学对，组成不同系列的电池，目前用作电池的正极活性物质是以金属氧化物为主体，如氧化镍、二氧化铅、二氧化锰、氧化银、钴锂氧化物等，负极活性物质多为金属，如镉、铅、锂、锌等，实用的一次电池除新型锂电池负极用锂外，几乎所有的负极全部用锌。近年来，发展起来的镍氢电池、锂离子电池丰富了电池正负极材料的种类。

2.1.2 电解质

电解质是电池的主要组成之一，是具有高离子导电性的物质，在电池内部起到传递正负极之间电荷的作用，有时电解质也参与成流反应（如铅酸电池中的硫酸）。为了使用方便，电解质多用水溶液，故称之为电解质溶液。因此，要求正极活性物质的氧化能力和负极活性物质的还原能力均应比水的氧化、还原能力要强，因为水可部分地电离成 H^+ 和 OH^- 形式。

电解质应具备以下条件。

① 稳定性强：因为电解质长期保存在电池内部，所以必须具有稳定的化学性

质，贮存期间电解质与活性物质界面电化学反应速度应小，这样产生的自放电容量损失才会小。

② 电导率高：电解液的电导率高，溶液欧姆压降就小，其他条件相同时，电池内阻也就小，电池放电特性就能得以改善，但不同系列的电池要求也不同，如锂电池为了提高电导率和电池特性，电解质用高介电系数、低黏度的有机溶剂混合使用，镉镍电池中，则使用氢氧化钾水溶液；锌锰干电池为了提高和改善性能，把中性电解液改为碱性溶液，得到高能量的碱锰电池。

选择电解液不仅根据电导率的大小，还要考虑电解液与活性物质间的稳定性、高低温特性等方面的因素，而且很关键的一点是不具备电子导电性，否则会产生漏电现象。

电解质的种类和形态一般分为：液态、固态、熔融盐和有机电解质，电池具体使用哪种形态的电解液，应根据电池的不同系列的实际要求来确定。

2.1.3 隔膜

隔膜也可称之为隔离物，置于电池两极之间，有薄膜、板材、棒材等。其主要作用是防止正负极活性物质相接触，避免电池内短路，隔膜的特点是允许离子通过但不导电。

隔膜在电池中占有十分重要的地位，它直接影响着电池的寿命，对隔膜一般有以下要求：

① 具有良好的化学稳定性和一定的机械强度，耐活性物质的氧化还原反应；

② 具有一定的机械强度，因为电池安装和使用过程中易破坏，极板充电过程中弯曲变形易于破坏；

③ 离子通过隔膜的能力大，产生的阻力应小于欧姆压降；

④ 是电子的良好绝缘体，并能够防止活性物脱落，防止充放电过程中活性物质枝晶生长及穿透；

⑤ 材料来源丰富，价格低廉，使用方便。

现用的隔膜材料种类繁多，较常用的有棉纸、浆层纸、微孔橡胶、微孔塑料、玻璃纤维、尼龙、石棉、水化膜、聚丙烯膜等，可根据不同系列的要求而选取。

2.1.4 外壳

外壳是电池的容器，起着保护电极及保持电池内物质的作用，只有锌锰电池的外壳兼作负极，外壳需要良好的机械强度，耐振动冲击，并要耐高低温的变化和耐电解液的腐蚀。

电池的这四部分组成中，对电池性能起决定性作用的是正负极活性物质，但并非绝对，在一定条件下，每一组成部分都可能成为影响电池性能的决定性因素，如电池正负极活性物质及工艺确定后，隔膜或电解液将成为影响电池性能的关键。锌银电池由于负极枝晶生长并穿透隔膜，使电池两极短路，那么隔膜就成了决定电池寿命的因素。

2.2 电池的分类

电池的分类有不同的方法，其分类方法大体上可分为四大类。

第一类按电解质种类划分，包括：

① 碱性电池，电解质主要以氢氧化钾溶液为主的电池，如碱性锌锰电池（俗称碱锰电池或碱性电池）、镉镍电池、氢镍电池等；

② 酸性电池，主要以硫酸水溶液为介质，如铅酸蓄电池；

③ 中性电池，以盐溶液为介质，如锌锰干电池（有的消费者也称之为酸性电池）、海水电池等；

④ 有机电解质电池，主要以有机溶液为介质的电池，如锂电池、锂离子电池等。

第二类按工作性质和贮存方式划分，包括：

① 原电池，又称为一次电池，即不能再充电的电池，如锌锰干电池、锂电池等；

② 蓄电池，又称为二次电池，即可充电电池，如铅酸电池、氢镍电池、锂离子电池、镉镍电池等；

③ 燃料电池，即活性材料在电池工作时才连续不断地从外部加入电池，如氢氧燃料电池等；

④ 贮存电池，即电池贮存时不直接接触电解质，直到电池使用时才加入电解液，如镁氯化银电池，又称海水电池等。

第三类按电池所用正负极材料划分，包括：

① 锌系列电池，如锌锰电池、锌银电池等；

② 镍系列电池，如镉镍电池、氢镍电池等；

③ 铅系列电池，如铅酸电池等；

④ 锂系列电池，如锂离子电池、锂锰电池等；

⑤ 二氧化锰系列电池，如锌锰电池、碱锰电池等；

⑥ 空气（氧气）系列电池，如锌空电池等。

第四类按活性物质的保存方式分类，包括：

① 活性物质保持在电极上分为非再生型一次电池和再生型二次电池（蓄电池）；

② 活性物质连续地供给电极，分为非再生型燃料电池和再生型燃料电池。

2.3 化学电源的工作原理

化学电源是一个低压直流的能量转换装置，放电时，将化学能直接转变成电能，充电时，则是将电能直接转变成化学能贮存起来。在能量转换过程中受电池内阻、电极极化等因素的影响，不可避免地伴随着某些热效应的发生，在电池设计与生产中，如何降低或消除这种热效应的发生，是化学电源设计与生产的关键。在一次电池（原电池）中，化学电源的反应是不可逆的，设计时只考虑其放电过程；而在二次电池（蓄电池）中，反应是可逆的，设计中既要考虑其放电过程，又要考虑其充电过程。

电池放电对外部用电器具做功，是依靠消耗体系内部的化学能来完成的。电池放电时负极活性物质发生氧化反应放出电子，并沿着预先确定的外电路向正极迁移，正极活性物质发生还原反应，接收由外电路传导过来的电子。在电池内部，电解质溶液中的阴阳离子在电场作用下，分别向两极移动，构成了闭合的放电电路。如果某种用电器具置于这种外电路中，电子流（电流）将驱

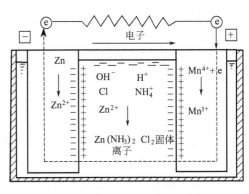

图 2-1　锌锰电池工作示意图

动用电器具工作而做功，所以在一个电池中，正极负极在空间上是分开的，在电池内部通过一种离子导体来传递电荷。图 2-1 是锌锰干电池工作示意图，正极活性物质二氧化锰与负极活性物质锌在空间上是分隔开来的，当二者都与氯化铵和氯化锌的水溶液相接触，电解液含有带正电荷的阳离子和带负电荷的阴离子，是一种离子导体，但并不具有电子导电性。

当锌电极与 $NH_4Cl-ZnCl_2$ 溶液接触时，金属锌上的锌离子将自发地转入溶液中，发生锌的氧化反应。锌电极上的锌离子转入溶液之后，将电子留在金属上，结果锌电极表面带有负荷，它将以库仑力吸引溶液中的正电荷，使之停留在电极表面附近，因而在两相间出现了电位差，这个电位差阻滞锌离子继续转入溶液，同时又促使锌离子返回锌电极。随着电极上锌离子进入溶液数量的增多，电位差增大，使锌离子进入溶液的速度逐渐减小，溶液中锌离子返回电极的速度不断增大，最后建立起两个过程速度相等的动态平衡，这时在两相间形成了锌电极上带有负电荷而溶液一侧带有正电荷的离子双层。二氧化锰电极中存在着相似的情况，只是电极在带正电荷而形成的双电层溶液一侧的离子是负离子。

在外电路接通之前，电极上都存在这样的动平衡，一旦外电路接通，锌电极上的过剩电子就流向二氧化锰电极，在二氧化锰电极上使得 Mn^{4+} 还原为 Mn^{3+}。只要电路接通，在活性物质耗尽之前，电极上电化学反应就将继续进行。

2.4　化学电源的基本性能

2.4.1　原电池的电动势

根据 $-\Delta_r G_m = W'_r$，在恒温恒压下体系自由焓的减小等于体系的可逆非体积功。当电池在恒温恒压可逆条件下放电时，体系所做的可逆非体积功，就是可逆

电功。

所以：
$$-\Delta_r G_m = nFE \qquad (2\text{-}1)$$

式中，n 为电极在氧化或还原中电子的计量个数；F 为法拉第常数（约为 96500 库仑）；E 为可逆电池的电动势。

在实际电池放电时，因各种不可逆方式的存在，使得两极之间的电位差 E' 小于电动势 E。

$$-\Delta_r G_m > nFE' \qquad (2\text{-}2)$$

式(2-1)揭示了化学能转变为电能的最大值，为电池设计与改进提供了理论依据。

2.4.2 电池的开路电压

电池处于不放电的断路状态时，电池两极之间的电位差被称为开路电压，一般可用高内阻电压表和万用表测量。

电池的开路电压主要取决于构成电池材料的本性，诸如正负极材料的本质及电液的性质，如果构成电池材料的本质完全相同的话，那么无论电池体积多大，几何结构如何变化，其开路电压都是一致的。对于同一系列的电池，由于材料来源不同，晶形结构不同，制成电池的开路电压是不完全相同的，基本上只在一定范围内波动，如同人有高矮之分一样，所以开路电压是电池体系的一种特征参数，不能仅从开路电压来判断电池性能的优劣，它仅是电池性能的必要条件，但在电池贮存时，如果开路电压下降很快，或低于额定电压时，则是不正常的，说明电池内部可能存在慢性短路，电池已经报废或正在向报废转化。当然电池贮存过程中，开路电压也会有所下降，主要是电池的自放电等因素引起的，只要下降幅度不大是正常现象。

此外，开路电压的实质是正极稳定电位和负极稳定电位的差，稳定电位是电极-溶液界面的电位差，其反映的本质是固液界面的性质，只要界面性质变化，就影响电极的稳定电位值，从而导致开路电压的变化，稳定电位属于动力学的范畴，所以开路电压也属于动力学的范畴。而电动势是热力学平衡体系下的参数，在数值上是正负极两极平衡电极电位的差，一般开路电压在数值上小于或接近于电池电动势的值。

2.4.3 电池的工作电压

电池的工作电压是指电池放电时电池两极之间的电位差，又被称为放电电压或端电压，由于电池存在内阻，当电池工作电流流过电池内部时，必须克服由电极极化和欧姆内阻所造成的阻力，因此工作电压总是低于开路电压与电池的电动势。电池的工作电压受放电制度的影响很大，所谓放电制度是指电池放电时所规定的各种放电条件，主要包括放电方式是连续的还是间歇的，放电电阻是大是小，放电电流是高是低，放电时间是长是短，终止电压是高是低及放电环境温度的高低等。

终止电压是指电池放电时，电压下降到电池不宜再继续放电的最低工作电压值。根据不同的电池类型及不同的放电条件，对电池的容量和寿命的要求也不同，因此，所规定的电池放电的终止电压也不相同，一般在低温或大电流放电时，终止电压规定得低一些，小电流长时间或间歇放电时，终止电压值规定得高一些。

放电曲线是指在一定的放电条件下，电池的工作电压随放电时间的变化曲线，图 2-2 画出了三种形式的放电曲线。从放电曲线可以清楚地看出工作电压在放电过程中的变化，同时可计算出放电时间和放电容量。同一放电制度下，工作电压下降速度快，放电时间也短，会影响到电池的实际使用效果；工作电压下降速度慢，往往给出较多的容量。工作电压的下降变化速度有时被称作放电曲线的平稳度。

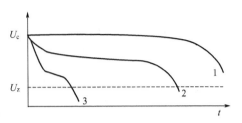

图 2-2　放电曲线的比较

1—工作电压平稳，放电时间长；

2—起始工作电压下降快，放电过程工作电压平稳；3—工作电压下降快，放电时间短

当电流流过电池内部时，必须克服由电极极化和欧姆内阻所造成的阻力，因此工作电压总是低于开路电压，当然也必定低于电动势。

$$V = E - IR_内 = E - I(R_\Omega + R_L) \tag{2-3}$$

或

$$V = E - \eta_+ - \eta_- - IR_\Omega = \varphi_+ - \varphi_- - IR_\Omega \tag{2-4}$$

式中，η_+ 和 η_- 分别表示正极极化和负极极化的过电位；I 为电池的工作电流；φ_+ 和 φ_- 分别为流过电极正负极时的电极电位或者极化电位；R_Ω 表示电池的欧姆内阻。

图 2-3 可以用来表明式(2-4) 的关系，图中曲线 a 表示电池电压随放电电流变化的关系曲线，曲线 b、c 分别表示正负极的极化曲线，直线 d 为欧姆内阻造成的欧姆压降随放电电流的变化，显然随着放电电流的加大，电极的极化增加，欧姆压降也增大，使电池的工作电压下降，因而提高电极电化学活性及降低电池内阻是提高工作电压的重要方法，测量极化曲线是研究电池性能的重要手段之一。

2.4.4　电池的内阻

电流通过电池内部受到的阻力，使电池的电压降低，此阻力被称为电池的内阻，电池的内阻不是常数，在放电过程中

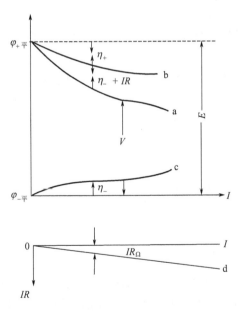

图 2-3　原电池的电压-电流特征和电极极化曲线、欧姆电压降曲线

随放电时间不断变化，因为活性物质的组成、电液的浓度、温度等都在不断变化。

电池的内阻包括欧姆内阻和极化内阻，二者之和为电池的全内阻，内阻的存在使电池放电时的端电压低于电池的电动势和开路电压，充电时端电压高于电池的电动势和开路电压。

欧姆内阻是电池电传导方向上所遇到的阻力，主要有电极、电极材料、集流体、电解液、隔膜等的电阻以及各部分零件的接触电阻所组成，它与电池的尺寸、结构，电池的成型方式、装配松紧度等因素有关，欧姆内阻遵从欧姆定律。

正极、负极进行电化学反应时，因极化引起的内阻称为极化内阻，极化内阻与活性物质的本性、电极的结构、电池的制造工艺等因素有关，尤其与电池的工作条件有关，放电电流和温度对其影响很大。在大电流密度时候，电化学极化和浓差极化均增加，甚至可能引起负极的钝化；温度降低对活化极化、离子的扩散均有不利影响，故在低温条件下电池的全内阻增加，极化内阻随电流密度的增加而增加，但不是直线关系。

2.4.5 电池的容量

电池的容量是指在一定的放电条件下，可以从电池获得的电量。单位常用安培·小时（A·h）表示。电池的容量又有理论容量、实际容量和额定容量之分。

（1）理论容量（C_0）　理论容量是假设活性物质全部参加电极的成流反应所给出的电量，是根据活性物质的质量按照法拉第定律计算求得的。

$$C_0 = 26.8n\frac{m_0}{M} \tag{2-5}$$

式中，m_0 为活性物质完全反应时的质量；M 为活性物的摩尔质量；n 为成流反应时的得失电子数。

（2）实际容量　实际容量是指在一定的放电条件下电池实际放出的电量，实际容量的计算方法如下。

恒电流放电时：
$$C = IT \tag{2-6}$$

恒电阻放电时：
$$C = \int_0^T I\mathrm{d}T = \frac{1}{R}\int_0^T V\mathrm{d}T \tag{2-7}$$

其近似计算公式为
$$C = \frac{1}{R}V_{平} T \tag{2-8}$$

式中，I 为放电电流；R 为放电电阻；T 为放电至终止电压的时间；$V_{平}$ 为电池的平均放电电压，即电池放电刚开始的初始工作电压与终止电压的平均值，严格的讲 $V_{平}$ 应该是电池整个放电过程中放电电压的平均值。

化学电源的实际容量决定于活性物质的数量及其利用率，由于内阻的存在以及其他原因，活性物质不能完全被利用，也即活性物质的利用率总是小于 1，因而实际容量总是低于理论容量，所以活性物质的利用率为

$$\eta = \frac{m_1}{m} \times 100\% \text{ 或 } \eta = \frac{c}{c_0} \times 100\% \tag{2-9}$$

式中，m 为活性物质的实际质量；m_1 为给出实际容量所应消耗的活性物质的质量。

降低电池的内阻、改进电极结构和工艺条件、提高活性物质的表观活性，均可提高利用率。

（3）额定容量　额定容量是指设计和制造电池时，规定或保证电池在一定的放电条件下，应该放出的最低限量的电量。

（4）电池的比容量　为了对不同的电池进行比较，常常引入比容量这个概念，比容量是指单位质量或单位体积的电池所给出的容量，称之为质量比容量或体积比容量。分为实际质量比容量或实际体积比容量及理论质量比容量或理论体积比容量。

$$C'_{重} = \frac{C}{G} \quad (A \cdot h/kg) \tag{2-10}$$

或

$$C'_{体} = \frac{C}{V} \quad (A \cdot h/L) \tag{2-11}$$

式中，C 为电池的容量；G 和 V 分别表示电池的质量和体积。

电池的质量不仅包括活性物质的质量，而且还包括除活性物质外其他组成部分的质量，提高活性物质的利用率和降低其他组成部分（如壳体等）的质量或电池体积是提高电池比容量的重要方法。

应当指出一个电池的容量就是其中正极（或负极）的容量，而不是正极容量与负极容量之和。因为，电池在工作时通过正极和负极的电量总是相等的，在实际电池的设计和制造中，正负极的容量一般是不相等的，电池的实际容量决定于容量较小的那个电极，一般实际生产中多为正极容量控制整个电池的容量，而负极容量过剩。

2.4.6　电池的能量

电池的能量是指电池在一定放电条件下对外做功所能输出的电能，通常用 W·h 表示。

（1）理论能量　假设电池在放电过程中始终处于平衡状态，其放电电压保持电动势的数值，而且活性物质的利用率为 100%，即放电容量为其理论容量，则在此条件下电池输出的能量为理论能量。

$$W' = C_0 E \tag{2-12}$$

也就是可逆电池在恒温恒压下所做的最大功。

$$W' = -\Delta_r G_m = nFE \tag{2-13}$$

在电池设计时，选择能给出高的电动势和大的理论能量是电池实际给出能量大的基本保证。

（2）实际能量　实际能量是电池在放电时实际输出的能量，它在数值上等于电池实际容量与电池平均工作电压的乘积。

$$W = CV_平 \tag{2-14}$$

由于活性物质不可能完全被利用，而且因各种极化作用使电池的工作电压小于电动势，所以电池的实际能量总是小于理论能量。提高电池的工作电压是提高电池输出实际能量的关键措施之一。

（3）比能量　单位质量或单位体积的电池所给出的能量叫质量比能量或体积比能量，也称能量密度，常用 W·h/kg 或 W·h/L 表示，比能量也分为理论比能量和实际比能量。

电池的理论质量比能量可以根据正负极两种活性物质的理论质量比容量和电池的电动势计算出来，如果电解质参加电池的成流反应，还需要加上电解质的理论用量，设正负极活性物质的电化当量分别为 k_+ 和 k_-［g/（A·h）］，电池的电动势为 E，则电池的理论质量比能量为

$$W'_a = \frac{1000}{k_+ + k_-} \times E = \frac{1000}{\sum k_i} \times E \quad (\text{W·h/kg}) \tag{2-15}$$

式中，k_i 为参与成流反应物质的电化当量，g/（A·h）。

实际比能量是由电池实际输出的能量与电池的质量（体积）之比来表征

$$W' = \frac{CV_平}{G} \tag{2-16}$$

或

$$W' = \frac{CV_平}{V} \tag{2-17}$$

式中，G 和 V 分别表示电池的质量和体积；W' 表示实际比能量，W·h/kg。

（4）电池实际质量比能量的影响因素　由于各种因素的影响，电池的实际比能量远小于理论比能量。实际质量比能量与理论质量比能量的关系可表示如下：

$$W' = W'_0 \times K_E \times K_R \times K_W \tag{2-18}$$

式中，K_E 为电压效率；K_R 为反应效率；K_W 为质量效率。

电压效率是指电池的工作电压与电动势的比值。电池放电时，由于存在电化学极化、浓差极化和欧姆压降，所以使电池的工作电压小于电动势。因此

$$K_E = \frac{V_工作}{E} = \frac{E - \eta_+ - \eta_- - IR_\Omega}{E} = 1 - \frac{\eta_+ - \eta_- - IR_\Omega}{E} \tag{2-19}$$

所以，减小极化和降低内阻是提高电池效率的根本方法。

反应效率也就是活性物质的利用率。活性物质之所以不能百分之百被利用，主要是由于存在一些阻碍正常反应继续进行的因素，如负极的腐蚀及钝化作用，负极

的变形及枝晶的形成，正极活性物质的溶解及脱落等。上述问题的发生同各种极化有密切的关系，因此反应效率 K_R 和电压效率 K_E 有关。

电池中通常包含一些不参加电池反应的物质，因而使实际比能量减小。质量效率是指参加成流反应的物质量与电池总质量的比值。通常不参加成流反应的物质有如下几种。①过剩的活性物质。设计电池时，总有一个电极的活性物质过剩，这种过剩的活性物质和反应效率中所涉及的未利用的活性物质是两个概念，后者是受利用所限制，而有可能被利用的物质。前者属于不可能利用的物质。有时，这种过剩的活性物质是必需的。例如，在密封的镉镍电池、锌银电池中，负极活性物质要有25%~75%的过剩量，用以防止充电时在负极上产生的 H_2。②电解质溶液。有些电池的电解质溶液不参加电池反应，有些电池的电解质溶液虽然参加电池反应，但仍需要一定的过剩量。③电极的添加剂。例如膨胀剂、导电物质、吸收电解质溶液的纤维素等，其中有些添加剂可占电极质量的相当比例。④电池的外壳、电极板栅、骨架、隔膜等。

因此，质量效率为

$$K_m = \frac{m_1}{m_0 + m_1} = \frac{m_1}{G} \qquad (2\text{-}20)$$

式中，m_0 为假设按电池反应式完全反应的活性物质的质量；m_1 为不参加电池反应的物质质量；G 为电池的总质量。

影响电池比能量的这三种效率，相互之间有着密切的联系。例如，在碱性锌电极中添加植物纤维素（黏合剂，起到保持电极与电解液的作用）和氧化汞（或将锌粉汞齐化），虽然减小了电池的质量效率，却提高了电池的反应效率和电压效率。

电池的比能量是电池性能的一个重要的综合指标。提高电池的比能量，始终是化学电源工作者的努力目标。尽管有许多体系理论比能量很高，但电池的实际比能量却小于理论比能量。较好的电池实际比能量可以达到理论值的 $1/3 \sim 1/5$，因此，这个数值可以作为设计高能电源的参考依据。例如，在探索新的高能电池时，如果要求比能量为 $100 W \cdot h/kg$，则电池的理论比能量应大于 $300 \sim 500\ W \cdot h/kg$，表2-1和表2-2分别列出了常见化学电源和一些高能化学电源的比能量的数据。

表 2-1 一些电池的实际比能量与理论比能量的比值

电池体系	实际比能量 $(A)/(W \cdot h/kg)$	理论比能量 $(B)/(W \cdot h/kg)$	B/A
铅-酸	10~50	170.4	17.0~3.4
镉-镍	15~40	214.3	14.3~5.4
铁-镍	10~25	272.5	27.3~10.9
锌-银	60~160	487.5	8.2~3.1
镉-银	40~100	270.2	6.8~2.7
锌-汞	30~100	255.4	8.5~2.6
锌-锰（干电池）	10~50	251.3	25.1~5.0
锌-锰（碱性）	30~100	274.0	9.1~2.7
锌-空气	100~250	1350	13.5~5.4
镁-氯化银（贮存电池）	40~100	446	11.3~4.5

表 2-2　一些高能电池的比能量

电池名称	电池组成			比能量/(W·h/kg)		
	负极	电解质①	正极	W_0	W_1	W_0/W_1
锂-氟化碳	Li	PC+LiClO₄	(CF)	3280	320~480	10~7
锂-硫化铜	Li	MF+1,2-DME+ LiClO₄	CuS	1100	250~300	4.4~3.7
锂-氯	Li(液)	LiCl(650℃)	Cl₂(气)	2200	300~400	7.3~5.5
钠-硫	Na(液)	Na₂O-Al₂O₃(300℃)(β-氧化铝)	S(浓)	7300	150	49
锂-硫	Li(液)	LiCl-LiI-LiF 等(380℃)	S(液)	2680	—	—

① 表中符号的名称如下：PC—碳酸丙烯酯；1,2-DME—1,2 二甲氧基乙烷；MF—甲酸甲酯。

2.4.7 电池的功率

电池的功率是指在一定放电制度下，单位时间内电池输出的能量，单位为瓦（W）或千瓦（kW）。而单位质量或单位体积的电池输出的功率称为比功率，单位为 W/kg 或 W/L。

比功率是化学电源的重要性能指标之一。比功率的大小，表征电池所能承受的工作电流的大小。例如，锌银电池在中等电流密度下放电时，比功率可达 100W/kg 以上，说明这种电池的内阻小，高速率放电的性能好，而锌锰干电池在小电流密度下工作时，比功率也只能达到 10W/kg，说明电池的内阻大，高速率放电的性能差。

理论上电池的功率可以表示为

$$P_0 = \frac{W_0}{t} = \frac{C_0 E}{t} = \frac{ItE}{t} = IE \tag{2-21}$$

式中，t 是放电的时间；C_0 是电池的理论容量；I 是恒定的电流。而电池的实际功率应当是：

$$P = IV = I(E - IR_内) = IE - I^2 R_内 \tag{2-22}$$

式中，$I^2 R_内$ 是消耗于电池全内阻上的功率，这部分功率对负载是无用的。当负载电阻等于电池内阻时，电池输出的功率最大。

放电制度对电池输出功率有显著影响。当以高倍率放电时，电池的比功率增大，但由于极化增大，电池的电压降低很快，因此能量必降低；反之，当电池以低倍率放电时，电池的比功率降低而比能量却增大。图 2-4 给出各种电池系列的比功率与比能量的关系。从曲线可以证实，锌银电池，钠硫电池，锂氯电池，当比功率增大时，比能量下降很小，说明这些电池适合于大电流工作。从图中还可以看出，在所有干电池中，碱性锌锰电池是中负荷下性能最好的一种电池。锌锰干电池随比功率的增加，比能量下降较快，说明这些电池只适用于低倍率工作。

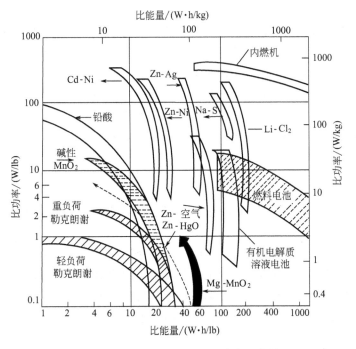

图 2-4　各种电池系列的比功率与比能量

1lb＝0.45359237kg

2.4.8　电池的贮存性能

电池的贮存性能是指荷电态电池开路时，在一定条件小（如温度、湿度等）贮存时荷电保持能力。通常用容量下降率来表示。下降率小即贮存性能好。化学电源在贮存过程中容量的下降主要是由于两个电极的自放电和电极结构与活性材料表面性质变化等因素引起的。

（1）电极的自放电　化学电源的负极活性物质多为活泼的金属，在水溶液中它们的标准电极电位比氢负极还负，从热力学的观点来看就是不稳定的，特别是当有正电性的金属杂质存在时，这些杂质和负极活性物质形成腐蚀微电池，发生负极金属的溶解和氢气的析出。如果电解液中含有杂质离子，这些杂质离子能够被负极金属置换出米沉积在负极表面上，而且氢在这些杂质上的过电位又较低的话，会加速负极的腐蚀。

在正极上，也会有各种副反应发生，消耗正极活性物质，而使电池的容量下降。例如铅酸电池正极上 PbO_2 和板栅 Pb 的反应

$$PbO_2 + Pb + 2H_2SO_4 \longrightarrow 2PbSO_4 + 2H_2O$$

这个反应消耗了一部分活性物质 PbO_2。

溶液中以及从电池部件上溶解下来的杂质，如果它们的氧化还原标准电极电位在正极与负极的标准电极电位之间，就会被正极氧化，又会在负极上还原，引起自

放电，消耗了正、负极活性物质。克服此类因素引起电池自放电的措施，一般是采用纯度较高的原材料或将原材料预处理，除去有害杂质。在负极材料中加入析氢过电位较高的金属，如汞、镉、铅等。也有在电极或电解液中加入缓蚀剂来抑制氢的析出，达到减少自放电反应发生的目的。

电池贮存的环境温度对自放电也有较大的影响，一般温度越高，自放电速度越大。合理的电池贮存条件是防止自放电的主要方法。

自放电速率用单位时间内容量减低的百分数来表示。

$$x\% = \frac{C_{前} - C_{后}}{C_{前} T} \times 100\% \tag{2-23}$$

式中，$C_{前}$、$C_{后}$ 为贮存前后电池的容量；T 为贮存时间，常用天、月或年计算。

（2）电极结构变化引起的容量下降　电极活性材料大多为粉状材料，经一定的工艺加工成一定形状的电极。在电池内部，因电解质溶液的作用，使得电极结构发生变化，如碱性锌锰电池正极、锂离子电池正负极的吸液膨胀，以及膏状锌电极的固液分离造成电极的分层、变形等，从而引起电池、电极内阻的增加，导致电池容量的下降。

（3）电极物质表面性质变化引起的容量下降　对于粗糙表面的活性材料，其表面原子、分子会发生表面扩散现象，导致表面粗糙度的降低，从而引起其活性的下降，如碱锰电池锌粉表面在电池贮存过程中表面粗糙度的降低；超细粉末或大面积电极材料的团聚，使活性材料的活性表面积降低引起表观活性的下降，如铅酸电池负极表面的收缩引起的负极活性的降低，造成电池容量的下降；电池贮存时因化学作用、电化学作用引起电极或活性材料表面形成新相或非活性物质，如铅酸电池负极的硫酸盐化、碱性或中性锌锰电池负极的表面钝化，导致电池容量的下降；导电集流体表面氧化、钝化使之与活性物质的接触性能下降，引起接触电阻增加，导致电池容量的下降等。

2.4.9　电池的寿命

电池的寿命分为电池的搁置寿命（贮存寿命），一次电池的使用寿命，二次电池的循环寿命。

电池的贮存寿命是指在标准规定或人为规定的条件下电池荷电贮存的时间，一般地，待电池贮存结束后，电池仍具有所要求的容量值，否则，视为未达到贮存寿命的要求，或视为贮存寿命短，影响贮存寿命的主要因素是电池内部发生物理的、化学的、电化学的变化等。

一次电池的使用寿命是指电池在一定放电制度下连续的或间歇的放电，放电至终止电压的时间，影响使用寿命的因素主要是放电制度、电池的容量、活性物质的利用率、内阻等。

二次电池的循环寿命是指在一定的充放电制度下，电池容量降低至规定值之前，所经历的充放电次数，或称循环次数、循环周期。影响二次电池的循环寿命的主要因素有：电池内部的杂质、电池和电极结构、电解液的性质、活性物质的稳定性等。不同的电池其主要影响因素不尽相同。

第 3 章　化学电源设计中的相关理论

化学电源在实现能量转换过程中，是靠分区进行的电化学反应（氧化反应、还原反应）来实现把化学能转变为电能的，而电化学反应是发生在固-液或固-液-气非均相界面上的化学过程，在这个过程中完成电子的得到或失去，同时反应物不断被消耗、生成物不断地形成。为了维持反应持续的进行，反应物不断地被传输到这个非均相的界面上，而生成物被传输到远离界面的地方，经典的电化学反应过程模型如式(3-1)～式(3-3)：

$$O_{sb} \xrightarrow{\text{物质传递}} O_e \tag{3-1}$$

$$O_e \xrightarrow{\text{电荷传递}} R_e \tag{3-2}$$

$$R_e \xrightarrow{\text{物质传递}} R_{sb} \tag{3-3}$$

式中，O_{sb} 为溶液体相中的反应物；O_e 为被传输到电极表面上的反应物；R_e 为通过电化学反应所形成于电极表面处的生成物；R_{sb} 为由电极表面处被传输到溶液体相中的生成物。

从以上模型可以看出：要实现电化学反应的发生，反应物溶液从体相被传输到电极表面，生成物由电极表面被传输到溶液体相，以及在固-液界面上发生电荷传递实现由反应物向生成物的变化，其间涉及固相（电极）、液相（电解液溶液）、固液界面。无论是固相、液相，还是固液界面的性质均会影响电化学反应发生。所以本章着重从固相、液相、固液界面性质、电化学反应热力学与动力学等角度入手，来概述化学电源设计中的相关理论基础。

3.1　化学电源中的电传导

在化学电源放电驱动用电器工作的闭合电路中，电池的外部是电子导电过程，而在电池内部正负两极之间的导电是靠电解质溶液中定向移动的离子来完成的导电过程，在电极上除了其固液界面上发生电化学反应外，兼具电子导电的功能，通过电化学反应来实现离子导电过程和电子导电过程的相互转化，所以说电池在实现能量转换过程中的电传导既有电池内部固相（电极）的电子导电过程（多数情况下电子导电过程由电极的集流体来完成），又有电解质溶液的离子导电过程。

通常把能够传导电流的物质称为导体，按照导电机制不同，分为电子导体和离子导体两类，电子导体又被称为第一类导体，离子导体被称为第二类导体。第一类导体的导电能力受固相性质（如物质构成、种类、晶体结构等）和温度的影响，第二类导体受液相性质（如组成与浓度等）和温度的影响。

3.1.1 电子导体的导电机理

物质由基本粒子组成。原子核由中子和带正电荷的质子所构成，在原子核的周围有与质子数目相等的电子。通常可近似假定原子核是固定不动的，围绕着核的每一电子不是自由的，而是在原子核的位场和除本身以外的其他电子所产生的平均位场中运动。电子在晶体周期性位场中运动的能量状态构成能带。电子能够稳定存在的能量区域称为允带；电子不可能存在的能量区域称为禁带。通常将被价电子填满的允带称为导带或空带。金属导体的价带与导带紧靠着，甚至于交叠在一起，电子可以在期间运动。外加电场能够使电子沿着电场方向运动而形成电流。表 3-1 列出了常用第一类导体的某些物理性质。

表 3-1　常用第一类导体的某些物理性能

名称	符号	电阻率 (20℃)/($\Omega \cdot m$)	温度系数 (0~100℃)/℃$^{-1}$	密度/(kg/L)	熔点/℃	线膨胀系数/℃$^{-1}$
银	Ag	1.62×10^{-8}	$(3.6 \sim 4.1) \times 10^{-3}$	10.5	960	1.89×10^{-6}
铝	Al	$(2.5 \sim 2.69) \times 10^{-8}$	4.2×10^{-3}	2.7	657	24×10^{-6}
金	Au	2.3×10^{-8}	3.9×10^{-3}	19.22	1063	14×10^{-6}
硼	B	$1.8 \times 10^{10}(0℃)$	—	2.35	2300	8.3×10^{-6}
钡	Ba	50×10^{-8}	—	3.5	725	$18.1 \sim 21.0$
碳	C	1.375×10^{-5}	—	2.1	>3500	—
钙	Ca	$(4.1 \sim 4.37) \times 10^{-8}$	4.6×10^{-3}	1.55	840	22×10^{-6}
镉	Cd	7.4×10^{-8}	4.3×10^{-3}	8.65	321	29.8×10^{-6}
钴	Co	6.24×10^{-8}	6.04×10^{-3}	8.9	1495	12×10^{-6}
铬	Cr	12.9×10^{-8}	2.14×10^{-3}	7.2	1860	16.7×10^{-6}
铜	Cu	1.67×10^{-8}	4.45×10^{-3}	8.96	1084	11.7×10^{-6}
铁	Fe	9.7×10^{-8}	6.51×10^{-3}	7.87	1536	85×10^{-6}
镓	Ga	$17.4(a 轴)$	—	5.91	29.8	6.0×10^{-6}
锗	Ge	$46 \times 10^{-2}(22℃)$	—	5.32	937	—
汞	Hg	95.8×10^{-8}	0.9×10^{-3}	13.55	−38.65	—
碘	I	1.3×10^{7}	—	4.93	113.5	—
钾	K	6.86×10^{-8}	5.0×10^{-3}	0.86	63.3	56×10^{-6}
锂	Li	9.35×10^{-8}	4.75×10^{-3}	0.53	180	25×10^{-6}
镁	Mg	3.9×10^{-8}	4.2×10^{-3}	1.74	650	25×10^{-6}
钼	Mo	5.7×10^{-8}	4.23×10^{-3}	10.22	2620	$(3.7 \sim 5.3) \times 10^{-6}$
钠	Na	4.6×10^{-8}	5.0×10^{-3}	0.97	97.83	—
镍	Ni	6.14×10^{-8}	6.81×10^{-3}	8.9	1453	12.8×10^{-6}
磷	P	$1 \times 10^{9}(11℃)$	—	1.82	44.1	—
铅	Pb	20.6×10^{-8}	3.36×10^{-3}	11.35	327.5	29.5×10^{-6}
铂	Pt	10.6×10^{-6}	3.9×10^{-3}	21.45	1770	8.9×10^{-6}
硫	S	2×10^{15}	—	1.96~2.07	113	—
锑	Sb	42×10^{-8}	5.1×10^{-3}	6.69	630	11×10^{-6}
硒	Se	$1 \times 10^{-2}(0℃)$	—	4.8	217	多晶 20.6×10^{-6} 无定形 48.7×10^{-6}
硅	Si	23×10^{2}	—	2.33	1411	2.4×10^{-6}
锡	Sn	12.8×10^{-8}	4.2×10^{-3}	7.31	232	21×10^{-6}
钛	Ti	55×10^{-8}	4.1×10^{-3}	4.54	1670	9×10^{-6}
铀	U	29×10^{-8}	3.4×10^{-3}	18.8	1132	—
钒	V	26×10^{-8}	3.4×10^{-3}	6.1	1900	7.8×10^{-6}
钨	W	5.5×10^{-8}	4.6×10^{-3}	19.3	3400	4.5×10^{-6}
锌	Zn	5.92×10^{-8}	4.19×10^{-3}	7	419.5	30×10^{-6}
铋	Bi	118×10^{-8}	—	9.8	271.4	13.45×10^{-6}

半导体的价带与导带之间有一较窄的禁带。升高温度或受到光照射时，价带中的电子由于能量起伏使得一部分电子具有较高的能量，可以越过禁带进入导带，这一过程称为激发。价带中由于一部分电子离开而留下一个空位，相当于一个正电荷，称之为空穴。在外电场作用下，价带中的空穴可接受相邻原子上的电子，而相邻原子上又产生一个新空穴。这种现象好似带正电荷的空穴在运动而传导电流，但实际仍然是电子的运动。因此，半导体也是电子导电。

半导体中电子和空穴的浓度对其导电能力起主导作用。随着温度的升高，将有更多的电子受到激发，因而电导率显著增加，这又与金属导体不同。表3-2列出了某些金属氧化物半导体的电阻率。

表3-2　某些金属氧化物半导体的电阻率

金属氧化物	电阻率/(Ω·m)	金属氧化物	电阻率/(Ω·m)
片状 PbO_2	2×10^{-6}（电沉积）	β-PbO_2	4×10^{-5}
紧密 PbO_2 活性物质	74×10^{-6}	Ag_2O	约 10^8
微孔 PbO_2 活性物质	95×10^{-6}	Pb_3O_4	9.6×10^9
α-PbO_2	1×10^{-6}	CuO	$(0.5 \sim 1) \times 10^6$

凡依靠离子的移动来传导电流的导体，称为第二类导体，这类导体包括所有的电解质溶液和熔融态电解质。

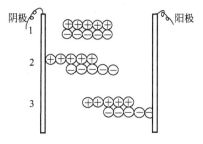

图 3-1　离子电迁移
1—未加电场时离子状态；
2—外加电场时阳离子向阴极迁移；
3—外加电场时阴离子向阳极迁移

在电解质的水溶液中，不存在自由状态的电子，而是同时存在着带正电荷的阳离子和带负电荷的阴离子。在电场的作用下，阳离子朝向电解槽的阴极方向移动，阴离子向电解槽的阳极方向移动。这种现象称为电迁移。虽然这两种离子迁移的方向相反，但电流的方向一致，如图 3-1 所示。

离子导体在导电的同时，除由于电阻的存在有热效应外，还经常伴随着化学反应的发生。单独的离子导体不能完成导电任务，必须有电子导体相连接。图 3-2 给出的电解槽，两极均为石墨，$NiCl_2$ 为电解质溶液。与直流电源负极相连的石墨为阴极，接受由外电源提供的电子，但该电子不能直接进入溶液传导电流。溶液中的 Ni^{2+} 在外电源电场作用下朝向阴极运动，并从第一类导体石墨上接受电子，即 $Ni^{2+} + 2e \longrightarrow Ni$，发生还原反应。这时电子在两类导体的阴极界面上消失，同时镍离子减少，金属镍产生。在此区域的溶液中出现多余的 Cl^- 向右边的石墨电极移动，并将电子转给电极，即 $2Cl^- - 2e \longrightarrow Cl_2$，发生氧化反应。这样，通过离子导体在两类导体界面上发生的氧化还原反应，把电子由左边的石墨电极上输送到右边的石墨电极上。当电流持续不断地流过时，两类导体界面上就必然有失电子和得电子的氧化还原过程，分别而同时发生。将这种在两类导体界面上有电子参加的化学反应称为电极反应或电化学反应。

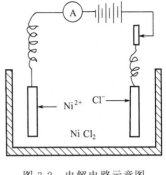

图 3-2　电解电路示意图

某些电解质如 Na_2SO_4、KCl 等与其他电解质同时存在，在一定电位范围内也可能只起传导电流的作用，而本身不发生电化学反应，这种电解质称为支持电解质、局外电解质或惰性电解质。

一般说来，第二类导体的电导率比第一类导体的小得多，并随温度升高而增大。电导率随温度的变化可用下列经验公式表示：

$$k_t = k_{18}[1 + \alpha(t-18) + \beta(t-18)^2] \quad (3-4)$$

式中，k_t 是温度为 t（℃）时的电导率，S/m；k_{18} 是温度为 18℃ 时的电导率，S/m；α、β 是温度系数，℃$^{-1}$。

熔融状态的盐类和大部分固体电解质也属于第二类导体，但固体电解质中也有电子导电的。

3.1.2　电解质溶液概述

3.1.2.1　两类电解质

在溶液中能够形成自由运动离子的物质叫电解质，电解质溶于水或加热熔融时离解为可自由运动的离子的过程称为电解质的电离。根据电解质的结构，可以将其分为两类。一类是离子键化合物，是由离子组成的晶体，通过正负电荷之间的静电力相互吸引而形成。离子键化合物在熔融状态下，由于热运动，离子离开它在晶体中的固定位置进行移动。在外电场作用下，两种离子分别向两极移动，形成电流。当这种化合物溶解在水中时，水分子与离子间相互作用，把两种离子间距拉开，使相互之间的静电力减弱，于是在外电场作用下，离子就能够按一定方向迁移。

另一类为共价键化合物，它们本身不是离子，但在一定条件下可能成为电解质。其途径是通过该化合物与溶剂（一般为水）间的作用，使之离解为离子，从而导电。

另外，电解质又分为强电解质和弱电解质两类。一般地，强电解质包括大部分盐类和一些强碱，其晶体由离子构成，在水溶液中形成水化的正、负离子，并完全离子化。弱电解质多为能与溶剂发生作用而产生离子的非离子物质，如醋酸、氨水等，在弱电解质水溶液中存在电离的离子和未电离的电解质分子，其各自浓度保持不变，并建立起电离与结合的动态平衡。这种分子和离子之间建立的平衡叫电离平衡。电离平衡时，已电离的溶液分子数与溶质分子总数之比叫电离度，并随其浓度的变化而变化。

应当指出：强电解质的电离度也并不是 100%，而是小于 100%，这是因为离子间存在静电力的作用。在阳离子周围分布着阴离子，在阴离子周围又分布着阳离子，这种被相反符号离子包围的集团叫离子氛，离子与离子氛之间的静电引力使离子运动受到阻碍，这种阻碍作用随电解质浓度的升高而增加，所以导致强电解质的表观电离度减小，或有效浓度降低，其导电也随浓度的变化而变化。

3.1.2.2 离子的水化作用

离子化合物加入水中后，由于水分子是极性的，它的正负电荷的重心并不重合，其一端显正电性，能吸引离子化合物的阴离子，另一端显负电性，能吸引离子化合物的阳离子，结果使离子化合物从固体表面溶于水中，溶液中的阴、阳离子的周围吸引着数目不等的水分子，这个过程叫水化作用。发生水化作用的离子叫水化离子。

离子与水分子之间的作用只在一定的空间间距内有效，超过这个距离，其作用可忽略不计。在离子周围对水分子有明显电场作用的空间内含有的水分子数称为水化数，它代表与离子相结合的水分子的有效数目。离子在溶液中运动时总是携带着有效水化数目的水分子一起运动，但并不是有若干固定的水分子与离子牢固地结合在一起，而是水分子不断地交换着。

离子半径和离子所带电荷数目都影响离子与水分子之间的相互作用力，因而也影响其水化数目。

3.1.2.3 水的离子积

水可电离为 H^+ 和 OH^-，其离子积是 H^+ 浓度和 OH^- 浓度的乘积，用 K_w 表示，

$$K_w = [H^+][OH^-] \tag{3-5}$$

水的离子积与温度有关，随温度的变化而变化，与电解质溶液的组成和浓度无关，一般地取 K_w 为 10^{-14}，或 $pK_w = -lgK_w = 14$。

3.1.2.4 难溶电解质的溶度积

在难溶电解质的饱和溶液中，溶解和结晶（沉积）两个可逆过程建立的平衡叫做溶解平衡。这时各离子浓度的乘积叫做该物质的溶度积，在一定温度下是一个常数，用 K_{sp} 表示。离子浓度用 mol/L 表示。

根据溶度积可以得出电解质在水中的溶解度（mol/L），及沉淀其中的一种离子所需沉淀剂的数量。

当离子浓度的乘积大于 K_{sp} 时，溶液达到过饱和状态，有固体沉淀出来，当离子浓度的乘积等于 K_{sp} 时，溶液达到平衡；当小于 K_{sp} 时溶液未饱和，难溶电解质就会溶解。在二次电池中，很多充电或放电产物均为难溶电解质，如 $PbSO_4$、$Cd(OH)_2$ 等，当电解质溶液的浓度过低时，这些难溶物就会溶解，从而影响电池的循环寿命，如在贫液式密封铅酸电池中，因放电导致 H_2SO_4 浓度的下降使 $PbSO_4$ 溶解度增加，Pb^{2+} 扩散到隔膜中，充电时，因 H_2SO_4 浓度的升高，这些 Pb^{2+} 就转化为 $PbSO_4$ 沉淀在隔膜中，形成 $PbSO_4$ 枝晶，导致电池的内部短路，缩短其循

环寿命。

3.1.2.5 同离子效应

在 MA 的电解质饱和溶液中，加入一种易溶的含有相同离子 M^+ 或 A^- 的电解质时，这时 M^+ 和 A^- 的乘积将大于 K_{sp}，有 MA 沉淀析出，MA 的溶解度降低，这种作用称为同离子效应。在铅酸电池硫酸电解质溶液中，加入 K_2SO_4、Na_2SO_4 等添加物，使溶中 $PbSO_4$ 的溶解度降低，对防止贫液式密封铅酸电池 $PbSO_4$ 枝晶短路具有一定的作用，正是利用了这种同离子效应的结果。在弱电解质溶液中，加入与弱电解质具有相同离子的强电解质，使弱电解质的电离度降低的现象，也叫同离子效应。在中性锌锰电池中，电解质由 NH_4Cl、$ZnCl_2$ 构成，也具有同离子效应的作用，使该溶液体系具有较强的抗 pH 变化的能力。

3.1.2.6 电解质溶液的电导率

在两个平行板电极间距为 1m 的溶液中含有 1mol 电解质物质时的电导称为摩尔电导，用 Λ 表示。平行板电极面积则依电解质浓度而定。溶液越稀，所需面积也就越大，而离子所带的总电荷量一定，这时电导只受电离度和离子运动速度的影响。

为了在离子所带电荷数目相同的条件下，比较各种电解质的导电能力，可使用摩尔电导率的概念，但需标明基本单元。通常用物质的化学式表示的基本单元应取最小值，例如 $\frac{1}{2}$（H_2SO_4）、$\frac{1}{3}$（H_3PO_4）等。

若 V 是含有 1mol 电解质溶液的体积（m^3/mol），则摩尔电导率 Λ（$S \cdot m^2/mol$）与电导率 κ 的关系为

$$\Lambda = \kappa V \tag{3-6}$$

设电解液的浓度为 c（mol/L），则

$$V = 1/c$$

$$\Lambda = \kappa/c \tag{3-7}$$

阳离子的摩尔电导率表示为 λ_+；阴离子的摩尔电导率表示为 λ_-。

随着电解质浓度减小，摩尔电导率逐渐增大，因为弱电解质越稀，电离度越大。在强电解质中，随着溶液浓度的减小，离子间的相互作用力也减小，离子运动受阻的作用也减小。摩尔电导率随溶液浓度减小而趋于一个极限的值 Λ_0，称为无限稀释时的摩尔电导率。这时电解质完全电离，离子间相互作用消失。相应的离子摩尔电导率表示为 λ_{+0} 和 λ_{-0}。

不同电子导体导电能力的差别用电导率或电阻率就足以表示，而电解质溶液则较复杂。电解质的本性、浓度、电离度等均对电导率有重要影响。因为电解质导电是靠离子，因此离子的数目（即浓度和电离度）、离子的运动速度（即电解质本

性)、离子带电数目等势必影响导电能力。

电离度大的电解质，在水溶液中电离为离子的数目多，所以其电导率大。

电解质的电离是和水作用的结果。在水溶液中，离子半径是带有水化膜的水化离子半径，在相同电场力作用下，半径小的离子运动速度快。

同是一个离子若所带的电荷数目多，在电场力作用下所带电量也多，故导电能力强。

电解质浓度对电导率的影响存在两种相互矛盾的因素。随着浓度增加，单位体积的溶液中离子数目增加，这有利于导电；但随着离子浓度增加，导致阴、阳离子之间的静电力增大和电解质的电离度下降，又对电导不利。由于上述原因，在电导率和浓度关系中出现最大值。表 3-3、表 3-4、表 3-5 分别给出 $\frac{1}{2}$（H_2SO_4）、KOH和 NaOH 的电导率与摩尔电导率和浓度的关系。

表 3-3　$\frac{1}{2}$（H_2SO_4）溶液的电导率与摩尔电导率和浓度（质量分数）的关系（18℃）

浓度 /%	电导率 /(S/m)	温度系数 $a/℃^{-1}$	摩尔电导率 /(S·m²/mol)	浓度 /%	电导率 /(S/m)	温度系数 $a/℃^{-1}$	摩尔电导率 /(S·m²/mol)
5	20.85	0.0121	0.0198	85	9.80	0.0357	0.000317
10	39.15	0.0128	0.01799	86	9.92	0.0339	0.000316
15	54.32	0.0136	0.01609	87	10.10		0.000317
20	65.27	0.0145	0.01402	88	10.33	0.0320	0.000319
25	71.71	0.0154	0.01192	89	10.55		0.000321
30	73.88	0.0162	0.00989	90	10.75	0.0295	0.000322
35	72.43	0.0170	0.00804	91	10.93		0.000324
40	68.00	0.0178	0.00638	92	11.02	0.0280	0.000322
50	54.05	0.0193	0.00397	93	10.96		0.000316
60	57.26	0.0213	0.002027	94	10.71	0.0280	0.000305
65	29.05	0.0230	0.001440	95	10.25		0.000289
70	21.57	0.0256	0.000936	96	9.44	0.0286	0.000220
75	15.22	0.0291	0.000595	97	8.0	0.0286	0.000220
80	11.05	0.0349	0.000391	99.4	0.85	0.040	0.000023

表 3-4　KOH 溶液的电导率与摩尔电导率和浓度（质量分数）的关系（18℃）

浓度 /%	电导率 /(S/m)	温度系数 $a/℃^{-1}$	摩尔电导率 /(S·m²/mol)	浓度 /%	电导率 /(S/m)	温度系数 $a/℃^{-1}$	摩尔电导率 /(S·m²/mol)
4.2	14.64	0.0187	0.01884	29.4	54.34	0.0221	0.00809
8.4	27.23	0.0186	0.01689	33.6	52.21	0.0236	0.00654
16.8	45.58	0.0193	0.01315	42	42.12	0.0283	0.00394
25.2	54.03	0.0209	0.0968				

表 3-5　NaOH 溶液的电导率与摩尔电导率和浓度（质量分数）的关系（18℃）

浓度 /%	电导率 /(S/m)	摩尔电导率 /(S·m²/mol)	浓度 /%	电导率 /(S/m)	摩尔电导率 /(S·m²/mol)
1	4.65	0.01845	27.5	23.68	0.00267
2	3.87	0.01737	30	20.74	0.00208
4	16.28	0.01563	32.5	17.98	0.00164
6	22.40	0.01405	35	15.60	0.00129
8	27.29	0.01256	37.5	13.61	0.00103
10	30.93	0.01117	40	12.66	0.00084
15	34.90	0.00800	45	9.77	0.00059
20	32.84	0.00540	50	8.20	0.00043
25	27.17	0.00342			

3.1.2.7　离子在溶液中的运动——扩散和电迁移

（1）离子的电迁移　电解池通电时，受电场的作用，电解溶液中的阴阳离子向两极移动的现象叫电迁移。离子迁移所输送的电量与通过溶液的总电量之比，称为迁移数，以符号 t 表示。若溶液中只有一种电解质的阴、阳离子存在，则其迁移数可分别表示为

$$t_+ = \frac{\text{阳离子输送的电量}}{\text{总电量}}$$

$$t_- = \frac{\text{阴离子输送的电量}}{\text{总电量}}$$

当溶液中只有一种电解质的情况下，$t_+ + t_- = 1$。若有多种离子存在，则各离子迁移数总和仍等于 1。

离子在外电场作用下移动的速度与电极间的电压降即电位梯度（或电场力）成正比。在单位电场力作用下的离子运动速度，称为离子的淌度或绝对移动速度。用符号 u_+ 表示阳离子的淌度，u_- 表示阴离子的淌度。

离子淌度与电解质的摩尔电导率具有如下关系：

$$\Lambda = a\,(u_+ + u_-)\,F \tag{3-8}$$

式中，a 为电解质的电离度，$a = \Lambda_m/\Lambda_m^\infty$；$F$ 为法拉第常数，96500C/mol。

因为　　　　　　　　　　$\lambda_+ = u_+ F,\ \lambda_- = u_- F$

所以　　　　　　$\Lambda = a\,(u_+ + u_-)\,F = a\,(\lambda_+ + \lambda_-)$ 　　　　(3-9)

阳离子和阴离子输送的电量分别表示为

$$Q_+ = au_+ F$$

$$Q_- = au_- F$$

根据迁移数定义可得

$$t_+ = \frac{au_+ F}{a\,(u_+ + u_-)\,F} = \frac{u_+}{u_+ + u_-} = \frac{\lambda_+}{\lambda_+ + \lambda_-}$$

$$t_- = \frac{au_- F}{a\,(u_+ + u_-)\,F} = \frac{u_-}{u_+ + u_-} = \frac{\lambda_-}{\lambda_+ + \lambda_-}$$

将两式相比可得

$$\frac{t+}{t-} = \frac{u+}{u-} = \frac{\lambda+}{\lambda-} \qquad (3\text{-}10)$$

根据推导，电解质的摩尔电导率、离子摩尔电导率和离子迁移数之间存在如下关系：

$$\lambda_+ = \Lambda t_+ \qquad \lambda_- = \Lambda t_- \qquad (3\text{-}11)$$

（2）扩散 在液体静止状态下，若某组分在各部分分布不均匀，存在着浓度梯度时，就会发生该组分从浓度高的地方向浓度低的地方的运动。物质的这种传递方式称为扩散。

物质的扩散能力用扩散系数来度量。浓度梯度为1时物质粒子（分子或离子）在单位时间（s）内，通过单位面积（m^2）的传递量称为扩散系数，单位为 m^2/s。其数值大小主要依赖于扩散物质和扩散介质的温度。

离子的扩散系数与离子的淌度具有如下关系：

$$D_i = \frac{RT}{|z_i|F} u_i \qquad (3\text{-}12)$$

式中，R 为气体常数，8.31J/（mol·K）；T 为温度，K；z_i 为第 i 种离子的价数；D_i 为第 i 种离子的扩散系数，m^2/s；u_i 为第 i 种离子的淌度，m/s。

在表3-6和表3-7分别列出 H_2、O_2 和一些无机物在水溶液中的扩散系数。

表3-6　H_2、O_2 在水溶液中的扩散系数

溶质	浓度/(mol/L)	温度/℃	扩散系数 $D/(10 m^2/s)$
H_2	0	20	5.94
O_2	0	20	2.08

表3-7　一些无机物在水溶液中的扩散系数

溶质	浓度/(mol/L)	温度/℃	扩散系数 $D/(10 m^2/s)$
KOH	0.1	13.5	1.99
	0.9	13.5	2.15
	3.9	13.5	2.81
NaOH	0.1	12	1.28
	0.9	12	1.21
	3.9	12	1.14
H_2SO_4	0.85	18	1.55
	2.85	18	1.85
	4.85	18	2.20
	9.85	18	2.70

3.1.2.8　电解质离子的活度与活度系数

电解质溶液无限稀释时其摩尔电导率达极大值，这表明，离子间的相互作用使电解质的性质偏离理想状态。对于强电解质，不论其浓度大小均全部电离。但是每一离子被电荷符号相反的离子氛所包围，离子与离子氛之间的静电力使每个离子不能充分发挥原有的作用；只有在充分稀释的状态下，才能表现出理想溶液性质，即离子间相互作用消失。

在一般情况下，电解质的有效浓度要小于它的质量摩尔浓度，这种有效浓度称为活度。当溶液无限稀释时，离子的活度等于浓度。

若电解质所离解的离子数用 n（$n_+ + n_-$）表示，则其平均活度 $\alpha_\pm$ 和电解质的活度有如下关系：

$$\alpha_\pm{}^n = \alpha_+^n \, \alpha_-^n = \alpha \tag{3-13}$$

式中，α_+，α_- 分别为阳、阴离子的活度；α 为电解质的活度（电解质的活度等于其平均活度的 n 次方）。

对于二元电解质，其平均活度为

$$\alpha_\pm = (\alpha_+ \alpha_-)^{\frac{1}{2}} \tag{3-14}$$

对于三元电解质，其平均活度为

$$\alpha_\pm = (\alpha_+^2 \alpha_-)^{\frac{1}{3}}$$

$$\alpha_\pm = (\alpha_+ \alpha_-^2)^{\frac{1}{3}}$$

单个离子的活度与其浓度之比称为离子的活度系数

$$\gamma_+ = \frac{\alpha_+}{m_+} \qquad \gamma_- = \frac{\alpha_-}{m_-} \tag{3-15}$$

式中，m_+、m_- 分别为正、负离子的质量摩尔浓度，mol/kg。

因为正负离子的活度和活度系数均不能由试验测定，而正、负离子的平均活度系数是可以测定的，所以用电解质离子的平均活度系数来表示电解质的平均活度与平均摩尔活度。表 3-8 给出常用电解质离子的平均活度系数。

表 3-8 常用电解质离子的平均活度系数 (25℃)

质量摩尔浓度/(mol/kg)	平均活度系数			质量摩尔浓度/(mol/kg)	平均活度系数		
	H_2SO_4	KOH	NaOH		H_2SO_4	KOH	NaOH
0.0005	0.885			0.8		0.742	0.678
0.0007	0.857			0.9		0.749	0.677
0.001	0.830			1.0	0.130	0.756	0.679
0.002	0.757			1.2	—	0.776	0.680
0.003	0.709			1.4	—	—	—
0.005	0.639			1.5	0.124	0.814	0.683
0.007	0.591			2.0	0.124	0.888	0.608
0.01	0.544			2.5		0.794	0.742
0.02	0.543			3.0	0.141	1.081	0.783
0.03	0.401			3.5		1.215	0.833
0.05	0.340	0.824	0.818	4.0	0.171	1.325	0.902
0.07	0.301	—	—	4.5		1.53	0.983
0.1	0.265	0.798	0.766	5.0	0.212	1.72	1.075
0.2	0.209	0.760	0.726	5.5	—	—	1.179
0.3	—	0.742	0.707	6.0	0.264	—	1.297
0.4	—	0.734	0.696	7.0	0.326	—	1.60
0.5	0.154	0.728	0.693	8.0	0.397	—	2.00
0.6	—	0.731	0.684	9.0	0.470	—	2.54
0.7	—	0.736	0.680	10.0	0.553	—	3.22

电解质的平均活度系数为

$$\gamma_{\pm}^n = \gamma_+^n \gamma_-^n$$

$$\gamma_{\pm} = (\gamma_+^n \gamma_-^n)^{1/n}$$

则

$$\gamma_{\pm} = \frac{\alpha_{\pm}}{m_{\pm}} \tag{3-16}$$

式中，$m_{\pm}$ 为电解质离子的平均质量摩尔浓度。

在电解质浓度不大时，$\gamma_{\pm}$ 均小于1。当浓度增加时，可能由于水化作用，离子的实际浓度增加，表现出 $\gamma_{\pm}$ 大于1。

在稀溶液中，活度系数主要受离子的浓度和离子所带电荷数 z 的影响，因此提出离子强度的概念。离子强度定义为

$$I = \frac{1}{2} \sum (m_i z_i^2) \tag{3-17}$$

式中，m_i 为某种离子的质量摩尔浓度，mol/kg；z_i 为某种离子的价数。

离子强度是表征溶液中离子之间相互作用的程度。上式表明溶液中所有离子对离子强度都有贡献。

活度系数和离子强度有关。当离子强度小于 0.01mol/kg 时，$\lg\gamma_{\pm}$ 与 $\sqrt{I}$ 有线性关系，即

$$\lg\gamma_{\pm} = -0.512 z_+ |z_-| \sqrt{I} \tag{3-18}$$

在离子强度 I 小于 0.1 时，可用下式修正：

$$\lg\gamma_{\pm} = -0.512 z_+ |z_-| \frac{\sqrt{I}}{1+\sqrt{I}} \tag{3-19}$$

在一般化学手册或分析化学手册中能够查到不同浓度下强电解质的活度系数，因而可对浓度进行校正。当浓度很小时，活度系数接近于1，可不进行校正。在某些测试中需要加入离子强度调节剂，以使溶液的活度系数维持恒定值。

3.2 法拉第定律及其应用

3.2.1 法拉第定律

英国科学家法拉第在 1833 年提出两条基本定律，阐明在电解过程中电荷量与物质量的关系，统称为法拉第定律。它是电化学工业应用最广泛的定律之一。表述如下：

① 电流通过电解质溶液时，在电极上发生电化学反应的物质的量与通过的电量成正比；

② 当以相同电流通过一系列串联的电解池时，在各电极上发生化学变化的基本单元物质的量相等（以 $1/z$ 离子为基本单元）。

法拉第定律的数学表达式为

$$m=\frac{MQ}{nF}=\frac{M}{nF}Q \tag{3-20}$$

式中，m 为电极上发生反应的物质的质量，g；M 为反应物的摩尔质量，g/mol；Q 为通过的电量，A·h；n 为得失电子数；F 为法拉第常数，26.8A·h。

令 $k=M/nF$，因为对于某一反应物而言，M，n 为常数，所以 k 值为常数，被称为某反应物的电化当量，其含义是指电极通过 1A·h 电量时，反应物的反应质量，或指要获得 1A·h 的电量所需反应物的理论质量，其单位为 g/（A·h）或 A·h/g。表 3-9 列出了常见电极物质的电化当量。

由表数据看出，理论上电极活性材料不同，给出 1A·h 电量所需电化学反应物质量不同。在电池中，电池如果放出 1A·h 的电量，其正极、负极也分别放出 1A·h 的电量，因为两极物质电化当量的不同，所以需正、负极活性物质的量不同，这是电池中两极活性物质质量不同的主要原因，电池设计要确定的是两极容量的合理比例，而不只是活性物质的用量。

表 3-9　常用电极物质的电化当量

活性物质	摩尔质量/(g/mol)	得失电子数	电化当量	
			(A·h)/g	g/(A·h)
H_2	2.04	2	26.89	0.037
Li	6.94	1	3.86	0.259
Na	23.0	1	1.16	0.858
Mg	24.3	2	2.20	0.453
Al	26.9	3	2.98	0.335
Fe	55.8	2	0.96	1.042
Zn	65.4	2	0.82	1.22
Cd	112.4	2	0.48	22.10
Pb	207.2	2	0.26	3.85
O_2	32	4	3.35	0.30
Cl_2	71.0	2	0.755	1.32
MnO_2	86.9	1	0.308	3.24
NiOOH	91.7	1	0.292	3.42
CuCl	99	1	0.270	3.70
AgO	123.8	2	0.433	2.31
Ag_2O	231.7	2	0.231	4.33
IIgO	216.6	2	0.247	4.04
PbO_2	239.2	2	0.224	4.46

3.2.2　二次电池充电时的电量（流）效率——充电效率

法拉第定律是电化学科学的重要定律之一。从理论上揭示了电解时通过电极的电量与反应物质量的关系，与温度、压力、电解质浓度、溶剂的本性、电极材料等因素无关。但在实际电解过程中，通过电极的电量不能完全用于所需的反应上，即有一部分电量用于副反应的发生上，通常把用于发生所需反应的电量占通过电极总电量的比，叫电流效率或电量效率。

二次电池的充电过程也是一个电解过程，在充电的初期，由于没有或较少存在副反应的发生，通过电极的电量主要用于活性物质的转化，但在充电的后期，大部分放电产物已转化为电极活性物质，这时电极极化增加，对于使用水溶液电解质的二次电池，伴随着正极上活性物质转化的同时，还会有氧气的析出；伴随着负极活性物质转化的同时，还会有氢气的析出，因而导致电流（量）效率（称为充电效率）的下降。二次电池充电效率为用于转化活性物质的电量或活性物质转化量与通过电极的总电量或理论上活性物质的转化量之比的百分数。

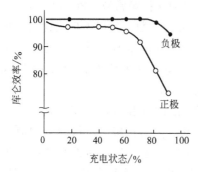

图 3-3　铅酸电池正负极充电曲线

另外，由于两极活性物质性质的不同，导致开始析氧或析氢时的充电深度不同，即到达开始析氧、析氢的时间不同，如铅酸电池，当正极充电深度约为 70％时开始析氢，而负极充电深度约为 90％时开始析氢，如图 3-3 所示。人们正是利用这一特征设计出负极过剩式密封铅酸电池。

3.2.3　电池放电时的电量效率——活性物质的利用率

虽然法拉第定律是电解条件下强制发生电化学反应的定律，但对于自发地进行电化学反应的电池放电过程，反应物质的量（活性物质的消耗量）和通过电极的电量（放电电量）也符合法拉第定律的关系。在实际电池放电过程中，由于电极极化等原因，使电池工作电压逐渐下降，当电池工作电压下降到不能维持所要求的放电电流或输出功率的要求时，视为放电终止，这时，电池内还存在一定量的电极活性物质，也就是说电池活性物质不能被完全利用，通常把电池实际放出的电量与电池内活性物质理论上应放出的电量之比叫做电池放电时的电量效率（也叫放电效率），表示为

$$k_1 = \frac{实际放电容量}{理论容量} \times 100\%$$ （3-21）

根据法拉第定律，反应物质量与电量之间的关系，此电量效率表达了活性物质被利用的程度，通常被称为活性物质的利用率。活性物质利用率的高低是衡量电池设计、生产技术水平及管理水平的重要指标。

在规定的放电条件下，电池的实际放电容量取决于电极活性物质的数量与其利用率。在电池设计中，合理选定正极、负极活性物质的利用率是电池设计的关键参数之一。

3.2.4　法拉第在容量设计中的应用

法拉第定律是电池容量设计的理论基础。根据法拉第定律，电池活性物质用量确定后，其理论上所能给出的电量（理论容量）也就确定下来，增加或减小活性物质的用量，其理论容量也随之增加或减小。但在一定放电制度下，电池一般不能完

全地或有效地放出其理论容量，所以，在电池设计时，要满足电池能够达到所规定的放电条件下的放电容量的值，就必须合理选定活性物质的利用率，以确定合理的理论容量值，进而确定合理的活性物质的用量。

在单体电池中，法拉第定律是单体电池正负极容量设计的理论基础。电池的放电过程，可以看作电解池中串联的两个电极，单位时间内所通过两极上的电量是相等的，反应物质的单元数是相同的。但是由于正负极活性物质性质的不同，正极一般多为氧化物，例如 PbO_2、$NiOOH$、MnO_2 等，导电能力差，而负极多为金属或导电能力强的物质，如 Zn、Pb、Cd、MH（金属氢化物）、C 等，导电能力强，而且两极活性物质反应机理不同，导致正极、负极活性物质的利用率不同，所以，在规定的放电制度下，所能放出的实际容量是不同的，电池的实际容量取决于放电实际容量小的那一个电极，而另一个电极则有过剩的容量未被放出。通常把决定电池容量的电极叫电池容量的限制电极，电池的限制电极一般多为正极，而另一电极则被称为（电池容量的）非限制性电极，非限制性电极多为负极。限制电极和非限制电极的容量之比（简称容量比）的合理性是电池设计优劣的重要评价指标之一。

电池的限制电极和非限制电极的划分也为提高电池性能和降低电池成本提供了理论依据。由于限制电极的容量决定电池的容量，所以提高限制电极的容量和性能，是提高电池容量和性能的重要方法。由于非限制电极是容量的过剩电极，合理地降低非限制电极的物质用量是降低成本的措施之一。应当指出，当提高原来的限制电极的容量和性能或降低原来的非限制电极活性物质的用量过度时，就会引起限制电极和非限制电极的转化，也就是说，原来的限制电极可能转化为非限制电极，而原来的非限制电极可能转化为限制电极，所以通过提高限制电极的容量来提高电池的容量，以及降低非限制电极的成本来实现电池成本的降低均是有限度的。

3.2.5 法拉第定律在电池串联组合中的应用

在电池串联使用或串联的单体电池构成电池组使用时，依据法拉第定律，单位时间内每一个单体电池以及每一个电极上所通过的电量是相等的，如果单体电池之间容量不同，或某一单体电池中电极容量与其他单体电池的电极容量不同，那么该串联电路中组合电池所能放出的电量取决于容量小的单体电池，且可能导致容量较小单体电池的过放电，引起其气胀、漏液等不良现象的发生，进而影响到组合电池的使用效果，乃至报废。所以选择容量一致的单体电池进行串联组合，是保证单体电池串联使用或串联的单体电池构成高开路电压的电池（组）的基本要求。

在电池生产工艺中，电极片的质量一致（质量分容）及单体电池的容量一致（容量分容）是构成串联电池组合使用的基础。反映电池一致性的技术指标是电池的均匀率。

应当指出，在使用电池时，相同规格型号、相同系列的新旧电池（如 LR6 和部分放电的 LR6 电池）不能混用，同规格型号但不同系列的电池（如 LR6 电池与 AA 型镍镉电池、LR6 与 R6P 电池等）不能混用，均是法拉第定律的要求。

3.3 电化学热力学基础

电化学热力学是反映平衡状态下的规律，因此，利用电化学热力学原理来分析电池性质是电池设计的热力学基础。本节就与电池设计相关的主要热力学性质加以简要的论述。

3.3.1 可逆电池

（1）电池的可逆性　自发电池分为可逆电池与不可逆电池，热力学上只讨论可逆电池的性质。可逆电池是在热力学平衡条件下的自发电池，该电池的总反应或每个电极上进行的反应可逆、能量转换可逆以及电化学反应所涉及的其他过程可逆。化学反应可逆和能量转换可逆两个条件是构成二次电池的前提。

① 电池中的化学变化是可逆的，即物质的变化是可逆的。也就是说，电池在工作过程（放电过程）所发生的物质变化，在通以反向电流（充电过程）时，具有又重新恢复原状的可能性。例如，常见的铅酸蓄电池的放电与充电过程是互逆的化学反应，即

$$PbO_2 + Pb + 2H_2SO_4 \rightleftharpoons 2PbSO_4 + 2H_2O$$

② 电池能量的转化是可逆的，也就是说电能或化学能不能转变为热能而散失，用电池放电时放出的能量再对电池充电，电池体系和环境都能恢复到原来的状态。

实际上，无论电池充电还是放电过程，都以一定的速度（电流）进行，充电时外界对电池所做的电功总是大于放电时电池对外界所做的电功，这样经过充放电循环后，正逆过程的电功不能相互抵消，外界恢复不了原状，充电时，其中有一部分电能消耗于电池内阻而转化为热能，放电时这些热能无法再转化为电能或化学能了。从这一角度出发，降低电池内阻是提高实际电池的能量转换效率的主要方法之一。

那么在什么情况下，电池的能量转换过程才是热力学的可逆过程呢？只有当通电电流无限小时，充电过程和放电过程都在同一电压下进行，电池体系的热力学平衡状态未被打破，正逆过程所做的电功可以相互抵消，外界环境才能够复原。显然，电池的热力学可逆过程是一种理想过程，在实际电池中，只能达到近似的可逆过程，所以严格的讲，实际使用的电池都不是可逆的，可逆电池只是在一定条件下的特殊状态。这也反映了热力学的局限性。

（2）可逆电池电能的来源　自发电池是化学能转变为电能的装置，因此可逆电池的电能来源于化学反应。在恒压、恒温的可逆条件下，自发的化学反应在电池内可逆地进行，系统所做的最大非体积功，即电功 W_r 等于体系摩尔吉布斯自由能的变化 $\Delta_r G_m$，即

$$\Delta_r G_m = W'_r \tag{3-22}$$

可逆电池的最大电功　　　　$$W'_r = -nFE$$

$$\Delta_r G_m = -nFE \tag{3-23}$$

所以

$$E = -\frac{\Delta_r G_m}{nF} \qquad (3\text{-}24)$$

由式(3-24)看出,在客观上原电池电动势的大小取决于电池反应摩尔吉布斯自由能的变化。所以电池电动势的大小在热力学上用来衡量原电池做电功的能力。从电动势的构成上来看,电池电动势可以看成是电池内部相界面内电位差的代数和,或各相界面外电位差的代数和,说明相界面电位差的分布状况与化学反应的本性有着密切的关系。对于可逆电池,电动势是正负两极平衡电极电位的差,即

$$E = \varphi_+ - \varphi_- \qquad (3\text{-}25)$$

式中,φ_+ 为正极平衡电位;φ_- 为负极平衡电位。

(3)原电池电动势的温度系数 在恒压下可逆电池进行化学反应时,当温度改变 dT,摩尔吉布斯自由能的变化 $\Delta_r G_m$ 可用吉布斯-亥姆霍兹方程来描述,即:

$$\Delta_r G_m = \Delta_r H_m + T\left[\frac{\partial (\Delta_r G_m)}{\partial T}\right]_p \qquad (3\text{-}26)$$

那么

$$-\Delta_r H_m = nFE - nFT\left(\frac{\partial E}{\partial T}\right)_p \qquad (3\text{-}27)$$

式中,$\Delta_r H_m$ 为电池反应的摩尔焓变;$\left(\dfrac{\partial E}{\partial T}\right)_p$ 为恒压条件下电池电动势对温度的偏导数,称为原电池电动势的温度系数,它表示在恒压条件下电池电动势随温度的变化率。

原电池在做电功时,与环境进行热交换,当可逆电池放电时,电池反应过程的热称为可逆热,以 Q_r 表示。根据摩尔吉布斯自由能 $\Delta_r G_m$ 与摩尔熵变 $\Delta_r S_m$ 之间关系

$$-\Delta_r S_m = \left[\frac{\partial (\Delta_r G_m)}{\partial T}\right]_p$$

则

$$-\Delta_r S_m = nF\left(\frac{\partial E}{\partial T}\right)_p \qquad (3\text{-}28)$$

可逆条件下,Q_r 与摩尔熵变 $-\Delta_r S_m$ 之间的关系为 $Q_r = T\Delta_r S_m$

则

$$Q_r = nFT\left(\frac{\partial E}{\partial T}\right)_p \qquad (3\text{-}29)$$

将式(3-29)代入式(3-27)中,得

$$nFE = -\Delta_r H_m + Q_r \qquad (3\text{-}30)$$

可逆电池做电功时与环境的热交换有三种情况。

① 若 $\left(\dfrac{\partial E}{\partial T}\right)_p = 0$,$Q_r = 0$,可逆电池工作时与环境无热交换,$-\Delta_r H_m = nFE$,化学反应热全部转换为电功。但是,这并不是说实际电池放电时,与温度无关,因

为温度影响化学反应动力学参数——反应速度常数。

② $\left(\dfrac{\partial E}{\partial T}\right)_p<0$，$Q_r<0$，电池工作时向环境放热，$-\Delta_r H_m>nFE$，即化学反应热一部分转变为电功，另一部分以热能的形式传给环境，如果在绝热体系中，电池会慢慢变热。$\left(\dfrac{\partial E}{\partial T}\right)_p$越负，说明电池放电时向环境传递的热量越多，在设计此类电池时，要考虑到散热设计。

③ $\left(\dfrac{\partial E}{\partial T}\right)_p>0$，$Q_r>0$，电池工作时从环境吸收热量，$-\Delta_r H_m<nFE$，即化学反应热比其可能做的电功小，除反应热全部转变成电功外，电池还将从环境吸收一部分热来做功，如果在绝热体系中电池则会逐渐变冷，在设计此类电池时要考虑供热设计，以防止电池温度的下降引起动力学参数的变化。

（4）电动势与反应物活度之间的关系　假设电池内部发生的化学反应为

$$aA+bB \Longleftrightarrow lL+mM$$

在恒温恒压条件下，可逆电池所做的最大电功等于体系摩尔吉布斯自由能的减小，即

$$\Delta_r G_m = -nFE \tag{3-31}$$

根据化学反应的等温方程式：

$$\Delta_r G_m = \Delta_r G_m^{\ominus} + RT\ln\dfrac{\alpha_L^l \alpha_M^m}{\alpha_A^a \alpha_B^b} \tag{3-32}$$

$$-nFE = \Delta_r G_m^{\ominus} + RT\ln\dfrac{\alpha_L^l \alpha_M^m}{\alpha_A^a \alpha_B^b} \tag{3-33}$$

所以

$$E = -\dfrac{\Delta_r G_m^{\ominus}}{nF} - \dfrac{RT}{nF}\ln\dfrac{\alpha_L^l \alpha_M^m}{\alpha_A^a \alpha_B^b}$$

$$= E^{\ominus} - \dfrac{RT}{nF}\ln\dfrac{\alpha_L^l \alpha_M^m}{\alpha_A^a \alpha_B^b} \tag{3-34}$$

式中，$E^{\ominus}=-\dfrac{\Delta_r G_m^{\ominus}}{nF}$，称为标准电动势，由化学平衡可知，$\Delta_r G_m^{\ominus}=-RT\ln k^{\ominus}$，$k^{\ominus}$为电池反应的标准平衡常数。

式(3-34) 描述了可逆电池电动势与电池反应中的反应物和产物活动之间的关系，叫做电池电动势的能斯特（Nernst）方程式，该式说明液相中反应物浓度发生变化必然引起电动势的变化，体系的不同引起热力学上可逆电池电能的输出能力变化。

3.3.2　可逆电极

（1）电极的可逆性　按照电池的结构，每个电池由两个半电池所组成，每个半电池实际上就是一个电极体系，电池总反应也是由两个电极反应所组成的，因此，

要使整个电池成为可逆电池，两个电极必然是可逆的，可逆电极必须具备两个条件。

① 电极反应可逆，如 Zn｜ZnCl$_2$ 电极，其电极反应为

$$Zn - 2e \Longrightarrow Zn^{2+}$$

只有在正向反应和逆向反应的速度相等时，电极反应中物质的交换和电荷的交换才是平衡的，即在任一时刻，氧化溶解的锌原子数等于还原的锌离子数，正向反应失去的电子数等于逆向反应得到的电子数，这样的电极反应称为可逆的电极反应。

② 电极在平衡条件下工作，所谓平衡条件就是通过电极的电流等于零或者无限小，电极上进行的氧化反应速度与还原反应速度相等。

所以可逆电极就在热力学平衡条件下工作，为电荷交换与物质交换都处于平衡的电极，可逆电极就是平衡电极。

(2) 可逆电极的电位——平衡电极电位　可逆电极的电位也称平衡电极电位或平衡电位，任何一个平衡电位都是相对于一定的电极反应而言的，例如金属锌与含锌离子的溶液所组成的电极 Zn｜Zn^{2+}（α）是一个可逆电极，它的平衡电位与锌的氧化与还原反应相联系，在平衡条件下的电位即为锌的平衡电位，通过相对于氢标电位的值来表示的。

一般情况下可用下式表示一个电极反应：

$$O + ne \Longrightarrow R$$

其平衡电位 φ_e 可表示为

$$\varphi_e = \varphi^\ominus + \frac{RT}{nF} \ln \frac{\alpha_O}{\alpha_R} \tag{3-35}$$

或写为

$$\varphi_e = \varphi^\ominus + \frac{RT}{nF} \ln \frac{\alpha_{氧化态}}{\alpha_{还原态}} \tag{3-36}$$

式中，$\varphi^\ominus$ 是标准状态下的平衡电位，叫做该电极的标准电极电位。对于一定的电极体系，$\varphi^\ominus$ 是一个常数，式(3-36)就是著名的能斯特（Nernst）方程式，是热力学上计算各种可逆电极电位的公式。

(3) 标准电化序　把标准电极电位按数值大小从负到正排成的次序表称为标准电化序或标准电位序。如表 3-10 所示，标准电极电位的正负反映了电极在进行电极反应时相对于标准氢电极的得失电子的能力，电极电位越负，越易失去电子，反之，则越易得到电子，电极反应和电池反应实质上都是氧化还原反应，因此，标准电化序也反映了某一电极相对于另一电极的氧化还原能力的大小，电位较负的物质是较强的还原剂，而电位较正的物质则是较强的氧化剂。所以，标准电化序就成了分析氧化还原反应的热力学可能性的有力工具。

表 3-10 25℃下水溶液中各种电极的标准电极电位及其温度系数

电极反应	$\varphi^{\ominus}/V$	$\dfrac{\mathrm{d}\varphi^{\ominus}}{\mathrm{d}T}/(mV/K)$
$Li^+ + e \rightleftharpoons Li$	-3.045	-0.59
$K^+ + e \rightleftharpoons K$	-2.925	-1.07
$Ba^{2+} + 2e \rightleftharpoons Ba$	-2.90	-0.40
$Ca^{2+} + 2e \rightleftharpoons Ca$	-2.87	-0.21
$Na^+ + e \rightleftharpoons Na$	-2.714	0.75
$Mg^{2+} + 2e \rightleftharpoons Mg$	-2.37	0.81
$Al^{3+} + 3e \rightleftharpoons Al$	-1.66	0.53
$2H_2O + 2e \rightleftharpoons 2OH^- + H_2(气)$	-0.828	-0.80
$Zn^{2+} + 2e \rightleftharpoons Zn$	-0.763	0.10
$Fe^{2+} + 2e \rightleftharpoons Fe$	-0.440	0.05
$Cd^{2+} + 2e \rightleftharpoons Cd$	-0.402	-0.09
$PbSO_4 + 2e \rightleftharpoons Pb + SO_4^{2-}$	-0.355	-0.99
$Tl^+ + e \rightleftharpoons Tl$	-0.336	-1.31
$Ni^{2+} + 2e \rightleftharpoons Ni$	-0.250	0.31
$Pb^{2+} + 2e \rightleftharpoons Pb$	-0.129	-0.38
$2H^+ + 2e \rightleftharpoons H_2(气)$	0.0000	0
$Cu^{2+} + e \rightleftharpoons Cu^+$	0.153	0.07
$AgCl + e \rightleftharpoons Ag + Cl^-$	0.2224	-0.66
$Hg_2Cl_2 + 2e \rightleftharpoons 2Hg^+ + 2Cl^-$	0.2681	-0.31
$Cu^{2+} + 2e \rightleftharpoons Cu$	0.337	0.01
$2H_2O + O_2 + 4e \rightleftharpoons 4OH^-$	0.401	—
$I_2 + 2e \rightleftharpoons 2I^-$	0.5346	-0.13
$Hg_2SO_4 + 2e \rightleftharpoons 2Hg + SO_4^{2-}$	0.6153	-0.83
$Fe^{3+} + e \rightleftharpoons Fe^{2+}$	0.771	1.19
$Hg^{2+} + 2e \rightleftharpoons 2Hg$	0.789	-0.31
$Ag^+ + e \rightleftharpoons Ag$	0.7991	-1.00
$2Hg^{2+} + 2e \rightleftharpoons Hg_2^{2+}$	0.920	0.10
$Br^{2+} + 2e \rightleftharpoons 2Br^-$	1.0652	-0.61
$4H^+ + O_2 + 4e \rightleftharpoons 2H_2O$	1.229	-0.85
$MnO_2 + 4H^+ + 2e \rightleftharpoons Mn^{2+} + 2H_2O$	1.23	-0.61
$Tl^{3+} + 2e \rightleftharpoons Tl^+$	1.25	0.97
$Cr_2O_7^{2-} + 14H^+ + 6e \rightleftharpoons 2Cr^{3+} + 7H_2O$	1.33	—
$Cl_2 + 2e \rightleftharpoons 2Cl^-$	1.3595	-1.25
$PbO_2 + 4H^+ + 2e \rightleftharpoons Pb^{2+} + 2H_2O$	1.455	-0.25
$Au^{3+} + 3e \rightleftharpoons Au$	1.50	—
$MnO_{4-} + 8H^+ + 5e \rightleftharpoons Mn^{2+} + 4H_2O$	1.51	-0.64
$Au^+ + e \rightleftharpoons Au$	1.68	—
$MnO_{4-} + 4H^+ + 3e \rightleftharpoons MnO_2 + 2H_2O$	1.695	-0.67

① 仅就化学电池而言，利用标准电极电位可以初步判断可逆电池的正负极和计算电池的标准电动势。例如

$$Zn \mid Zn^{2+}(\alpha_1) \parallel Cu^{2+}(\alpha_2) \mid Cu$$

因为 $\varphi_{Zn}^{\ominus} = -0.763V$，$\varphi_{Cu}^{\ominus} = 0.34V$，故初步判断锌电极是负极，铜电极是正

极。若能根据标准电极电位和离子的活度计算出各电极的平衡电位，那就可以准确判断了。进而可求出上述电池的标准电动势：

$$E^{\ominus} = \varphi^{\ominus}_{+} - \varphi^{\ominus}_{-} = \varphi^{\ominus}_{Cu} - \varphi^{\ominus}_{Zn} = 1.103V$$

② 利用标准电位，可初步判断氧化还原反应进行的方向。由于电极电位较负的还原态物质具有较强的还原性，而相对应的氧化态的氧化性却较弱。反之，电极电位较正的物质的氧化态具有较强的氧化性，而相对应的还原态的还原性却较弱。氧化还原反应是在得电子能力强的氧化态物质和失电子能力强的还原态物质之间进行的。因此，只有电极电位较负的还原态物质和电极电位较正的氧化态物质之间才能进行氧化还原反应，且两者的电极电位相差越大，反应越容易进行和进行得越完全。利用这一规律，可以判定氧化还原反应进行的方向。如上所述的 Zn/Cu 自发电池进行的方向是 Zn 失去电子变为 Zn^{2+}，而 Cu^{2+} 得到电子变为 Cu 的过程。

③ 标准电化序指出了氧化剂和还原剂的氧化还原能力。例如，在以 $ZnCl_2$、NH_4Cl 为电解质体系的锌锰干电池中，电解质溶液呈弱酸性，有 H^+ 的存在，电池正极电芯的干孔中有氧气，且电解质溶液中也有溶解氧的存在，从标准电化序的角度来说，这时氢的标准电位为零，氧的标准电位为 1.229V，氧的氧化能力高于氢的氧化能力，电池的负极锌的标准电位为 $-0.763V$，具有较强还原能力，从热力学角度看，氧更易与锌发生氧化还原反应，从而引起负极容量的损失，所以锌锰干电池的严格密封是防止负极自放电的重要措施之一。

在简单盐水溶液中，电位较负的金属元素还原能力强，可以置换比它电位正、还原能力弱的金属离子。锌锰干电池中，若电液中含有比 Zn 电位正的金属离子，如 Cu^{2+}、Fe^{2+}、Ni^{2+} 等，那么当这些离子扩散到锌负极表面上时，就会被锌置换，引起负极的自放电，所以，电液的净化处理是该电池生产的重要组成部分。

应当指出：运用标注电极电位序来分析电极反应时，必须明确两个重大的局限性。

a. 用标准电位分析时，只指出了反应进行的可能性，而没有涉及反应以什么速度进行，即没有涉及动力学问题。

b. 标准电位是有条件的相对的电化学数据，它是电极在水溶液中和标准状态下的氢标电位。没有考虑反应物质的浓度、溶液中各物质的相互作用、溶液酸碱度等具体反应条件，因此只有参考价值，而不是一种充分判据。对与非水溶液和各种气体反应以及固体在高温下的反应是不适用的。

3.3.3　电极-pH 图

平衡电位的数值反映了物质的氧化还原能力，可以用来判断电化学反应进行的可能性。平衡电位的数值与反应物活性有关，对于有 H^+ 或 OH^- 参与的反应来说，电极电位随溶液的 pH 值的变化而变化。因此，把各种反应的平衡电位和溶液 pH 值的函数关系绘制成图，就可以从图上清楚地看出一个电化学体系中，发生各种化学或电化学反应所必须具备的电极电位和溶液 pH 值条件，或者判断在给定条件下某化学反应或电化学反应进行的可能性，这种图称为电位-pH图。通常电位-pH图是以pH值为横坐标，以电位为纵坐标构成的平面图。图中由水平线、垂直线、斜线将整个坐标面划分成若干个区域，这些区域分别代表某些物质的热力学稳定区。其中，垂直线表示无电子参加的反应（与电极电位无关）的平衡状态，水平线表示一个与pH值无关的氧化还原反应的平衡电位值，斜线表示了一个氧化还原反应的平衡电位与pH值的关系，图中的交点则表示两种以上不同价态物质共存时的状态。

在电解质为水溶液的化学电源中，诸多电极材料的性质、生产工艺、过程中物质的变化、电池的自放电性能等与电极电位及溶液的pH值有关，所以电位-pH图成为电池设计、工艺控制、原材料选择等方面的热力学基础。

以 $Pb-H_2SO_4-H_2O$ 系的电位-pH图来说明其应用。$Pb-H_2SO_4-H_2O$ 系电位-pH图如图3-4所示。

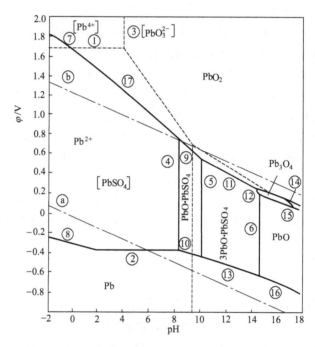

图 3-4 $Pb-H_2SO_4-H_2O$ 系电位-pH图

利用电位-pH图，可以分析铅酸蓄电池自放电的可能性。负极铅的自溶解过程是由于体系中存在铅的阳极氧化和氢还原组成的一对共轭反应，即ⓐ线和②线或⑧线构成铅自放电的共轭反应。

②线：$Pb + SO_4^{2-} \longrightarrow PbSO_4 + 2e$

⑧线：$Pb + HSO_4^- \longrightarrow PbSO_4 + H^+ + 2e$

ⓐ线：$2H^+ + 2e \longrightarrow H_2$

pH<5.8 时，②线和⑧线反应的电位比④线电位更负，故铅溶解，析出 H_2，造成铅负极自放电，使蓄电池容量损失，但由于 H_2 在铅上的还原过电位较高，纯铅的可逆性好，因此可用实验测定铅的平衡电极电位。

正极 PbO_2 在贮存时也可发生自放电，从电位-pH 图上看，pH<7.9 时，ⓑ线和⑦线或⑰线构成共轭反应。

ⓑ线：$2H_2O \longrightarrow 4H^+ + O_2 + 4e$

⑦线：$PbO_2 + HSO_4^- + 3H^+ + 2e \longrightarrow PbSO_4 + 2H_2O$

⑰线：$PbO_2 + SO_4^{2-} + 4H^+ + 4e \longrightarrow PbSO_4 + 2H_2O$

⑦线和⑰线高于ⓑ线，所以 PbO_2 可以使 H_2O 氧化成 O_2 并还原成 $PbSO_4$，表明在电池贮存时 PbO_2 有自放电的可能。但 O_2 在 PbO_2 电极上的过电位较高，放电速率小，因而也可测定 PbO_2 的平衡电极电位。从电位-pH 图可知，与 PbO 平衡的硫酸盐是 $3PbO \cdot PbSO_4 \cdot H_2O$。

④线：$2PbSO_4 + H_2O \longrightarrow PbO \cdot PbSO_4 + SO_4^{2-} + 2H^+$

⑤线：$2(PbO \cdot PbSO_4) + 2H_2O \longrightarrow 3PbO \cdot PbSO_4 \cdot H_2O + SO_4^{2-} + 2H^+$

当 pH 值增大时，平衡向右移动，直至生成稳定的三盐基硫酸铅（$3PbO \cdot PbSO_4 \cdot H_2O$）。

铅酸蓄电池的极板由铅粉、水、稀硫酸混合成膏后，涂在铅合金的板栅上，经浸酸、干燥固化、化成而制得。铅粉由氧化铅和游离铅组成，因此在其中首先生成 $PbSO_4$ 再转化成 $3PbO \cdot PbSO_4 \cdot H_2O$。同时，和膏时还发生铅的氧化，⑯线与ⓑ线的共轭反应如下。

$2 \times$⑯线：$2Pb + 2H_2O - 4e \longrightarrow 2PbO + 4H^+$

ⓑ线：$O_2 + 4H^+ + 4e \longrightarrow 2H_2O$

$2 \times$⑯线+ⓑ线：$O_2 + 2Pb \longrightarrow 2PbO$

干燥好的极板进行化成。化成是将极板浸入稀硫酸中，通直流电形成活性物质，此时发生相反过程，由碱式硫酸铅又转化成为 $PbSO_4$。

$$3PbO \cdot PbSO_4 \cdot H_2O \longrightarrow PbO \cdot PbSO_4 \longrightarrow PbSO_4$$

正极进行以下电化学反应。

⑭+⑯线反应：$PbO + H_2O - 2e \longrightarrow \alpha\text{-}PbO_2 + 2H^+$

⑪线反应：$3PbO \cdot PbSO_4 \cdot H_2O + 4H_2O - 8e \longrightarrow 4\alpha\text{-}PbO_2 + 10H^+ + SO_4^{2-}$

⑨线反应：$PbO \cdot PbSO_4 + 3H_2O - 4e \longrightarrow 2\alpha\text{-}PbO_2 + 6H^+ + SO_4^{2-}$

铅膏是碱性的，从电位-pH 图可知，上述进行的各反应的氧化比硫酸铅氧化优先进行，而且是在碱性、中性介质中生成 PbO_2。因此，主要是 $\alpha\text{-}PbO_2$。而在化成后期，pH 值下降，会生成 $\beta\text{-}PbO_2$，并在正极析出氧。

$$PbSO_4 + 2H_2O - 2e \longrightarrow \beta\text{-}PbO_2 + SO_4^{2-} + 4H^+$$

负极板化成时，发生如下反应。

⑬线：$3PbO \cdot PbSO_4 \cdot H_2O + 6H^+ + 8e \longrightarrow 4Pb + 4H_2O + SO_4^{2-}$

⑯线：$PbO+2H^++2e\longrightarrow Pb+H_2O$

化成后期发生②反应。

②线：$PbSO_4+2e\longrightarrow Pb+SO_4^{2-}$

随着反应继续进行，$PbSO_4$ 量不断下降，极化增大，负极电位进一步下降，直至发生析氢反应。

ⓐ线：$2H^++2e\longrightarrow H_2$

但是也应当指出，电位-pH图都是根据热力学数据建立的，称为理论电位-pH图。在实际的化学电源体系中往往是复杂的，与根据热力学数据建立的理论电位-pH图有较大的差别。所以，用理论电位-pH图解决实际问题时，必须注意到它的局限性。其局限性主要表现在以下几个方面。

① 理论电位-pH图是一种热力学的电化学平衡图，只能给出电化学反应的方向和热力学可能性，而不能给出电化学反应速度。

② 建立电位-pH图时，是以金属与溶液中的离子和固相反应物之间的平衡作为先决条件的，但在实际体系中，可能偏离这种平衡。此外，理论电位-pH图中没有考虑"局外物质"对平衡的影响，如水溶液中往往存在 Cl^-、SO_4^{2-}、CO_3^{2-} 等离子，它们对电化学平衡的影响常常是不能忽略的。

③ 理论电位-pH图中钝化区是以金属氧化物、氢氧化物或难溶盐的稳定存在为依据的，而这些物质的保护性能究竟如何，并不能反映出来。

④ 理论电位-pH图中表示的 pH 值是平衡时整个溶液的 pH 值，而在实际体系中，金属表面上各点的 pH 值可能是不同的。

电位-pH图的局限性也反映了热力学理论的局限性，为了指导生产实际，不仅要深入了解电化学热力学理论，而且还需要深入了解电极过程动力学理论。

3.4 电化学动力学基础

3.4.1 不可逆的电极过程

(1) 电极的极化现象 处于热力学平衡状态的电极体系（可逆电极），因氧化反应与还原反应速度相等，电荷交换和物质交换都处于动态的平衡之中，因而净反应速度为零，电极上没有电流通过，即外电流为零，这时的电极电位即平衡电极电位（φ_e）。如果电极上有外电流的通过，即有净反应的发生，这表明电极失去了原有的平衡状态，这时电极电位将偏离平衡电位。这种电流通过电极时电极电位偏离平衡电位的现象叫电极的极化。

在电化学体系中，发生电极极化时，阴极的电极电位总是变得比平衡电位更负，把这种电极电位偏离平衡电位负移的极化现象叫阴极极化。电池放电过程的正极及充电时的负极所发生的极化现象，即为阴极极化。而阳极的电极电位总是变得比平衡电位更正，把这种电位正移的极化现象叫阳极极化。电池放电时的负极及充电时的正极所产生的极化现象即为阳极极化。

在一定的电流密度下，电极电位与平衡电位的差值称为该电流下的超电位（或过电位），用符号 η 或 $\Delta\varphi$ 表示，即

$$\eta = \varphi - \varphi_e$$

此时的电流常被称为极化电流，电极电位即为该极化电流下的极化电位。过电位是表征极化程度的参数，在电极过程动力学和实际工作中有重要的意义，习惯上常取 η 为正值，因此，规定阴极极化时，$\eta_c = \varphi_e - \varphi_c$，阳极极化时，$\eta_a = \varphi_a - \varphi_a$。

电极体系是两类导体串联组成的体系，断路时，两类导体中都没有载流子的流动，只在电极/溶液界面上有氧化与还原反应的动态平衡，及由此建立的相间电位（平衡电位）。而通电时，外线路和金属电极中自由电子与溶液中正负离子定向运动，在固液界面上通过一定的净电极反应，使得两种导电方式得以相互转化。一方面，电子的流动在电极表面积累电荷，使电极电位偏离平衡状态，即极化作用，另一方面是电极反应，吸收电子运动所传递过来的电荷，使电极恢复平衡状态，即去极化作用。只有在界面反应足够快，能够将电子导电带到界面的电荷及时地转移给离子导体，才不致使电荷积累于电极表面造成相间电位差的变化，即不发生极化现象，这种电极就是理想不极化电极。电池设计是寻找实现最优的去极化作用途径和方法。如果电极表面不发生任何电化学反应，电荷只在其表面积累，并引起界面电位的变化，这类电极就是理想极化电极。

实际上，电子运动速度往往是大于电极反应速度的，因而通常极化作用处于主导地位，也就是说，阴极上，由于电子流入电极的速度大，造成负电荷的积累，使其电位变负；阳极上，由于电子流出电极的速度大，造成正电荷的积累，使电位变正。所以，设法提高反应速度（如提高电极活性物质的反应活性）是降低极化作用的根本方法，而设法降低单位电极面积上的电荷积累（如减小活性物质的粒径以增大反应面积）是提高电极表观活性降低极化的重要措施之一。

（2）电极过程　通常将电流通过电极与溶液界面时所发生的一连串变化的总和称为电极过程，它是由一系列性质不同的单元步骤所组成的，其中包括三个不可缺少的连续进行的单元步骤：

① 反应物粒子自溶液内部或自液态电极内部向电极表面附近输送的单元步骤，称为液相传质步骤；

② 反应物粒子在电极与溶液两相界面区得到或失去电子的单元步骤，称为电子转移步骤；

③ 产物粒子自电极表面向溶液内部或液态电极内部疏散的单元步骤，这也是一个液相传质步骤，或者电极反应形成新相（如气相，新的晶体），这个步骤称为新相的生成步骤。

在这一系列的串联的单元步骤中，可能存在着相当大的差异，其中控制着整个电极过程速度的单元步骤，称为电极过程的速度控制步骤。只有提高速度控制步骤的速度，才能提高整个电极过程的速度。根据电极过程的基本历程，引起极化的常

见类型是浓差极化和电化学极化。所谓浓差极化是指液相传质步骤成为控制步骤时引起的电极极化现象，其过电位叫浓差（度）极化过电位；所谓电化学极化则是反应物质在电极表面得失电子的电化学反应步骤成为速度控制步骤时所引起的电极极化现象，又被称为活化极化，其过电位称为电化学极化过电位或活化极化过电位。

根据电极反应的特点，以电化学反应为核心的电极过程具有如下动力学特征。

① 电极过程服从一般异相催化反应的动力学规律。首先，反应是在两相界面区发生的，反应速度与界面面积的大小和界面特性有关；其次，反应速度在很大程度上受电极表面附近很薄的液相层中反应物和产物的传质过程的影响。从这一角度出发，电池设计中合理选择电极材料的粒度、电极成型工艺、极板厚度，电解质溶液的组成、浓度及用量，以及电极与电液之间的相溶性等均是从电化学动力学角度提出的基本要求。

② 电极/溶液界面的界面电场对电极过程进行的速度有很大影响。在不同的电极电位（即不同的界面电场）下，电极反应的速度不同，凡是影响界面电场的一切因素，都可能影响到电极反应的速度。另外，由于双电层结构决定着电极表面附近的电位分布与反应物离子的浓度分布，所以电极反应的速度也会受到双电层结构的影响。例如：在电池工艺中不同种类或性质的黏合剂对电极/溶液界面性质的影响不同，导致双电层结构或性质的不同，所以导致电极以及电池性能的差异。

（3）电化学极化

① 交换电流密度（J_0）。

对于只有一个电子参加的氧化还原反应

$$A + e = D$$

根据过渡态理论及电位与吉布斯自由能之间的关系，A 的还原反应速度 $\vec{J}$ 和 D 的氧化反应速度 $\overleftarrow{J}$ 可表示为

$$\vec{J} = F k_1 \alpha_A \exp\left(-\frac{\beta F \varphi}{RT}\right) \tag{3-37}$$

$$\overleftarrow{J} = F k_2 \alpha_D \exp\left[\frac{(1-\beta) F \varphi}{RT}\right] \tag{3-38}$$

在平衡电极电位下，正逆反应速度相等，即 $\varphi = \varphi_e$，$\vec{J} = \overleftarrow{J}$ 用 J_0 表示之，称为交换电流密度，它表示平衡电位下正逆两反应的交换速度，即

$$J_0 = F k_1 \alpha_A \exp\left(-\frac{\beta F \varphi_e}{RT}\right) = F k_2 \alpha_D \exp\left[\frac{(1-\beta) F \varphi_e}{RT}\right] \tag{3-39}$$

宏观上没有任何变化发生的平衡系统，仍存在着数量相等方向相反的粒子交换作用，交换电流密度表示的是平衡电位下电极与溶液界面间粒子的交换速度。也就是说，交换电流密度代表着平衡条件下的电极反应速度，所以凡影响反应速度的因素，如溶液组成和浓度、温度、电极材料的本性、电极表面状态等，也都必然会影响到交换电流密度的大小。交换电流与正逆反应特性及反应物、产物的浓度的关

系为

$$J_0 = F(k_1 C_A)^{1-\beta}(k_2 C_D)^{\beta} \tag{3-40}$$

根据阿累尼乌斯方程 $K = A e^{-\frac{E_a}{RT}}$（温度与反应速度常数关系式），温度升高，反应速率常数增加，因此，J_0 增加。交换电流密度 J_0 和平衡电极电位 φ_e 是从不同角度描述平衡状态的两个参量。φ_e 是静态性质（热力学函数）得出的，而 J_0 则是系统的动态性质（反应速度）的反映。对于电极活性材料而言，在一定的电解质溶液中，其 J_0 值越大，说明其电化学活性越高，反之，活性越低。

② 稳态极化电流通过电极时的动力学公式。

在一定大小的外电流通过电极时，单位时间内输送过来的电子来不及全部被还原反应消耗，或单位时间移走的电子不能及时被氧化反应补足，因而电极表面出现了额外的剩余电荷，使得电极电位偏离了平衡电位，出现了电极的极化。这种变化一直延续到 $\vec{J}$ 与 $\overleftarrow{J}$ 之间的差值与外电流密度 J 即极化电流相等时，才达到稳态。电化学极化下，极化电流与极化电位之间的关系符合巴勒-福尔摩(Butler-volmer)公式：

$$J = J_0 \left\{ \exp\left(-\frac{\beta F \Delta\varphi}{RT}\right) - \exp\left[\frac{(1-\beta)F \Delta\varphi}{RT}\right] \right\} \tag{3-41}$$

在高过电位（单电子反应的 $|\Delta\varphi| > 0.12V$）下，极化电流密度的对数与极化过电位之间呈直线关系。

$$|\Delta\varphi| = a + b\lg|J| \tag{3-42}$$

其中：

$$a = -\frac{2.3RT}{\beta F}\lg J_0 \quad \text{或} \quad -\frac{2.3RT}{(1-\beta)F}\lg J_0$$

$$b = \frac{2.3RT}{\beta F} \quad \text{或} \quad \frac{2.3RT}{(1-\beta)F}$$

式(3-42)就是著名的塔费尔（Tafel）公式。a、b 被称为 Tafel 常数，严格来说，a、b 被视为常数是有条件的，并非在任何条件下均为常数。

在低过电位下（$|\Delta\varphi| < 10mV$），极化电流密度与过电位关系的近似公式如下：

$$\Delta\varphi = -\frac{RT}{F} \times \frac{J}{J_0} \tag{3-43}$$

应当注意：以上提出的电子转移步骤的动力学公式，其前提条件忽略双电层中分散层的影响，只有在溶液很浓和电极电位远离零电荷电位的条件下才是如此。但是在许多情况下，特别是存在表面活性物质吸附时，不能忽视分散层电位 ψ_1 对电子转移步骤反应速度的影响，这种影响作用叫 ψ_1 效应。

另外，为了方便，在不少场合将 n 个电子参与电极反应的电化学极化动力学公式表示为

$$J = J_B \left\{ \exp\left(-\frac{\beta n F \Delta\varphi}{RT}\right) - \exp\left[\frac{(1-\beta)n F \Delta\varphi}{RT}\right] \right\} \tag{3-44}$$

（4）浓差极化　浓差极化也称为浓度极化，是在电极反应过程中产生的，经常

与电化学极化重叠在一起。在电极反应过程中，紧靠电极表面处离子浓度的变化程度，对于阴极还原过程来说，依赖于主体溶液中的离子向电极表面运动补充消耗的程度；对于阳极溶解过程，则依赖生成物从电极表面附近疏散的速度。粒子在溶液中从一个位置到另一个位置的运动叫液相中物质的传递，简称液相传质。

液相传质有三种方式。

① 离子的扩散：在稳定条件下，i组分沿 x 轴垂直于电极表面的扩散流量，用电流表示时为

$$i = z_i F j_{id} = -zFD_i \left(\frac{c_i^b - c_i^s}{\sigma} \right) \tag{3-45}$$

式中，i 为电流密度，A/cm^2；j_{id} 为 i 组分的扩散流量，$mol/(s \cdot cm^2)$；D_i 为 i 组分的扩散系数，m^2/s；c_i^b 为 i 组分在主体溶液中的浓度，mol/m^3；c_i^s 为 i 组分在紧靠电极表面处的浓度，mol/m^3；σ 为 i 组分传递的距离，即扩散层厚度，cm；z_i 为 i 组分所带的电荷数；F 为法拉第常数。

② 离子的电迁移：电场存在时，在电位梯度作用下，溶液中带正、负电荷的离子会分别向两极运动，带正电荷的阳离子向阴极移动，带负电荷的阴离子向阳极移动。这种带电离子在电位梯度作用下的运动叫电迁移。电迁移流量与迁移数有关：

$$j_{ie} = \frac{t_i i}{z_i F} \tag{3-46}$$

式中，j_{ie} 为 i 组分的电迁移数量，$mol/(s \cdot cm^2)$；t_i 为 i 组分离子的迁移数；i 为通过的总电流，A；z_i 为 i 组分离子所带的电荷；F 为法拉第常数。

③ 对流：反应物粒子（离子）随着流动的液体一起移动而引起的传质过程，称为对流传质。溶液中局部浓度和温度的差别或电极上有气体形成，均对溶液有一定的搅动，引起自然对流，也可能是机械搅拌溶液产生强制对流。对流流量为

$$j_{ic} = u_x c_i \tag{3-47}$$

式中，j_{ic} 为对流流量，$mol/(s \cdot cm^3)$；u_x 为与电极垂直方向的液流速度，cm/s；c_i 为组分 i 的浓度，mol/L。

电流通过电极时，三种传质方式总是同时存在。但是在紧靠电极表面处，液流的速度很小，主要是扩散和电迁移传质起主导作用。

式(3-45)是指稳定条件下的扩散，即指主体溶液的浓度不变。然而主体溶液浓度随时间变化的情况更多，这时为非稳态扩散。在非稳定扩散条件下浓度极化表达式将随电极的形式、极化的方式而变化。

另一个极端情况是 c_i^b 不变，但 $c_i^s = 0$，即电极表面反应物粒子的浓度降到零。这时的浓度梯度最大，达到极限值。扩散电流表示为 i_d，称为极限扩散电流，浓度极化（超电位）表示为

$$\eta = \frac{RT}{nF} \ln\left(1 - \frac{i}{i_\mathrm{d}}\right) \qquad (3\text{-}48)$$

3.4.2 金属的阳极过程

金属元素在化学电源中的应用主要有：①作为电池负极活性物质，如锌、镉、铅、铜等；②作为电极集流体，如镍、铅、铜、铝等。作为电池负极活性物质的金属元素当电池放电时，电池中含有 H^+、O^{2-}、金属离子等去极化物质时，以及荷电态电池正极金属集流体受正极活性材料的氧化作用，均会导致金属的阳极过程的发生。金属阳极溶解过程分为通电情况下的金属阳极正常溶解过程和无外加电流作用时的自溶解过程。对于电池而言，负极放电过程为阳极正常溶解过程，负极自放电为自溶解过程。所以，电池设计时充分考虑金属的阳极过程是必要的。

3.4.2.1 通电时金属的阳极溶解过程

图 3-5 是典型金属阳极溶解极化曲线。在曲线 AB 段电位范围内，所发生的电极反应是金属以离子形式进入溶液的阳极溶解反应，或叫阳极的正常溶解阶段。

金属的阳极溶解只有在比其平衡电位更正的电位下才能进行，电位越正，阳极溶解速度越大，影响阳极溶解速度的因素还有：金属本性、溶液组成及浓度、pH值、温度等。

当极化电位达 B 点数值后，随着电极电位向正方向移动，极化电流密度急剧下降，即曲线 BC 段，这个区间是非稳定状

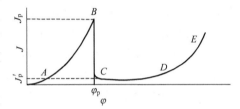

图 3-5　恒电位阳极极化曲线

态，称为活化-钝化过渡区，其含义是指在这段电位范围内金属将由活化状态向钝化状态转变，B 点电位叫做临界钝化电位（φ_p），其对应的电流密度叫做临界钝化电流密度（或称致钝化电流，J_p）。

曲线 CD 段的特点是阳极电流密度很小，且随电极电位正移，阳极电流密度几乎不变，叫做维钝电流密度（J'_p）。引起电流急剧下降并在一定电极范围内阳极极化电流几乎不变的原因有两种解释。①成相膜理论：由于金属表面上形成一层紧密的、完整的、有一定厚度的氧化物、氢氧化物膜或某些难溶盐膜，这些膜的存在，机械地隔离了金属与电解质溶液的接触，从而使金属的氧化反应速度急剧变小，导致电流急剧下降，当膜的形成与膜的溶解近似相等，膜厚度不再随时间改变，而是以一个几乎不随电位改变的很小的阳极溶解速度。例如金属镍的阳极钝化，低温下铅酸电池启动时负极因形成绝缘性致密的 $PbSO_4$ 层，导致负极的钝化现象等。②吸附膜理论：认为当电极电位变正时，金属电极表面上形成 O^{2-} 或 OH^- 的吸附层，该吸附层增加了金属氧化为金属离子反应所需的活化能，降低了金属阳极溶解反应的交换电流密度，使电极进入钝态。如铁镍电池中的铁电极在碱性溶液中因氧的吸附产生的钝化。总之，当阳极极化时，由于金属电极表面状态的变化，吸附层和成相层在电极表面上形成，因而引起阳极溶解速度急剧降低及至几乎完全停止的

现象，叫金属的钝化。钝化现象也可以是电解质溶液中某些钝化剂（一般为氧化剂）的作用所引起的，叫化学钝化。

在曲线上的 DE 段，随电位正移，阳极电流密度又不断增大。这种现象的出现，对于不同的金属可能有两种情况。①当电位继续正移，有些金属以高价离子形式进入溶液，因而阳极极化电流增加，一般称为过钝化；②有些处于钝态的金属，电位正移时并不发生金属的溶解，而是析出氧气，DE 段叫做析氧区。

从广义上说，当金属因阳极极化或受钝化剂的作用时，在其表面上形成膜层，从而降低表面活性的现象，均可视为钝化现象。从这角度出发，含有以金属材料为负极活性物质或金属导电集流体均存在钝化现象。这种钝化现象在不同的电池场合下或起着稳定电池性能的作用，或降低电池性能的作用。例如，在锌系列电池中，无论电解质溶液是碱性的 KOH 溶液还是弱酸性的 NH_4Cl、$ZnCl_2$ 溶液，锌的热力学的性质都是不稳定的，如果没有钝化膜的存在，锌负极始终存在自放电的倾向。但是，由于电池中氧化剂（O_2——正极区干孔中、空气室中以及电液中溶解氧）的作用，使锌表面形成结构相对疏松的弱钝化层，一方面使锌的性能稳定下来，另一方面也使锌的稳定电位正移，导致开路电压的下降。在铅酸电池中，正极板栅合金会与正极活性物质作用形成钝化膜层，可能增加 PbO_2 与板栅合金的接触电阻，在循环过程中，随膜层致密性及其厚度的增加而增加，引起容量的下降或循环寿命的缩短，铅钙合金引起的 PCL（容量过早损失）现象，就是钝化膜性质所造成的。在锂离子电池中，正极集流体是金属铝，在铝的表面上易形成致密的钝化膜层，该膜层的存在可防止体相中铝的继续氧化，使集流体性能相对稳定，而且铝表面上较薄的氧化膜层并不影响铝的导电性能，因为，薄的氧化铝膜因隧道效应的存在而具备良好的导电性能。

3.4.2.2　金属的自溶解过程

（1）金属的自溶解速度与稳定电位　将金属 M（如 Zn）浸入含有 M^{2+}（如 Zn^{2+}）的溶液中，在两相界面上便发生物质转移和电荷转移，最后建立了电荷平衡和物质平衡［见图 3-6(a)］，其电极电位即平衡电位，两相界面上除金属 M 离子交换外，无其他过程，其交换速度就是交换电流密度。

如果在上述溶液中加入氧化剂，如加入一定量的 H_2SO_4，这时两相界面上除了金属氧化为金属离子的反应及金属离子还原为金属的反应外，还有另一对反应进行，即氢的析出反应与氢氧化为氢离子的反应。达到稳态时，电荷从金属迁移到溶液和从溶液迁移到金属的速度相等，即电荷的转移达到平衡，而物质的转移并不平衡，如图 3-6(b) 所示。对应于这个稳定状态下的电位叫稳定电位，它是一个不可逆电位。根据电荷转移平衡条件，则

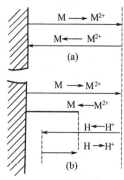

图 3-6　平衡电位与
稳定电位示意图

$$\vec{J}_M + \vec{J}_H = \overleftarrow{J}_M + \overleftarrow{J}_H$$

或

$$\vec{J}_M - \overleftarrow{J}_M = \overleftarrow{J}_H - \vec{J}_H$$

所以

$$-J_M = J_H$$

即金属溶解速度 J_M 和 H^+ 的还原速度 J_H 相等。这一对电极反应在同一电极上进行，有着相同的反应速度，而在其他方面又不相互依赖，称为共轭反应。金属 M 以一定的速度溶解，而氢气的析出也以同样的速度进行着，这种稳定电位下的金属溶解速度即自溶解速度。电池贮存时，因负极自溶解造成负极容量的减小，是电池负极自放电的重要方式。另外，氢的析出与金属的自溶解在同一金属表面上同时发生，处于同一电极电位下，这个电位既不是金属的平衡电位，又不是氢的平衡电位，而是介于二者之间的电位，称为混合电位，服从于动力学规律。

(2) 影响金属自溶解的因素 金属的自溶解过程包括一对共轭反应，只要使其中一个反应的反应速度发生变化，则另一个反应的反应速度也必然跟着改变。其主要影响因素有：金属的本性、溶液的浓度与组成、氧化剂性质、外加电流等。

① 金属本性对其自溶解速度的影响。主要指金属电极反应交换电流密度的大小。下面分两种情况进行分析。a. 金属电极反应的交换电流密度 J_0 较大的情况，例如铅酸电池中的负极金属铅电极，在 H_2SO_4 溶液中的自溶解过程。其自溶解速度 J_S 远小于 J_0，此时铅电极的电化学平衡并未遭到严重破坏，其稳定电位近似等于平衡电位，而氢在 Pb 上析出的 J_0 又很小，这种情况下，金属自溶解速度仅与氢析出反应的动力学有关，即自溶解过程受析氢过程控制，为了减小像 Pb 这类金属的自溶解速度，必须设法提高氢在其上析出的过电位，如提高金属的纯度或使金属合金化。氢在锌表面上的析出过电位较高，在锌锰电池中，降低可溶性金属杂质（主要指电位比锌正的金属离子杂质）的数量和浓度，负极锌中加入 Pb、Cd、Hg 等高析氢电位金属，就可有效防止锌的自溶解（锌锰电池负极自放电）。当然也可以从改变溶液组成入手，设法降低氢的析出反应速度。b. 金属电极反应交换电流密度较小的情况，例如 Fe 在酸中的自溶解过程。由于 Fe 电极反应的交换电流密度 J_0 较小，而氢在 Fe 上析出反应的交换电流密度又不大，二者的平衡电位又相差较远，因此其稳定电位处于析氢及金属溶解这一共轭反应的平衡电位之间，此时，金属的自溶解速度则是由一对共轭反应的动力学参数联合决定的。要减小这种系统金属的自溶解速度，除了提高氢在其上的析出过电位外，也可以设法降低金属电极反应的交换电流密度。表 3-11 列出了氢在不同金属上析出时 Tafel 方程中的 a、b 的值。通常按照氢在不同金属表面上的析出过电位的大小，将金属分为高析氢过电位金属（$a \approx 1.0 \sim 1.5V$），如 Pb、Hg、Cd、Zn；低析氢过电位金属（$a \approx 0.1 \sim 0.3V$），如 Pt、Pd 等；介于二者之间的叫中析氢电位金属（$a \approx 0.5 \sim 0.7V$）如 Ni、Fe、Co 等。

表 3-11　氢在不同金属上析出时 Tafel 方程中的 a、b 值　　　单位：V

金属	酸性溶液		碱性溶液	
	a	b	a	b
Ag	0.95	0.10	0.73	0.12
Cd	1.40	0.12	1.05	0.16
Cu	0.87	0.12	0.96	0.12
Fe	0.70	0.12	0.76	0.11
Hg	0.41	0.114	1.54	0.11
Mn	0.80	0.10	0.90	0.12
Ni	0.63	0.11	0.65	0.10
Pb	1.56	0.11	1.36	0.25
Pd	0.24	0.03	0.53	0.13
Pt	0.10	0.03	0.31	0.10
Sb	1.0	0.11	—	—
Sn	1.2	0.13	1.28	0.23
Zn	1.24	0.12	1.20	0.12

②　金属表面状态如氧化度、粗糙度也对金属溶解有明显影响。氧化的金属表面呈现钝态的性质，通过氧化膜机械隔离电解质溶液与金属的接触，使自溶解速度减慢，析氢过电位升高。光滑表面析氢过电位高，而粗糙表面析氢过电位低，因此粗糙表面比光滑表面更容易发生金属的自溶解现象，锌锰电池负极锌筒制造时，控制锌筒内表面的粗糙度是防止负极自放电的措施之一。间歇放电时的锌锰干电池更容易气胀或漏液，是因为锌负极的不均匀放电造成表面粗糙度增加，自放电（Zn自溶解）速度加快的结果。

③　电解质溶液对金属自溶解的影响，主要是电解质溶液的组成和浓度。以电解质溶液中含有的有机缓蚀剂而言，由于它们能吸附于金属表面，通过增大阳极极化或阴极极化，从而使金属的自溶解速度减小。通过阻化阳极反应使金属稳定、电位变正的缓蚀剂叫阳极型缓蚀剂，如图 3-7 所标。通过阻化阴极反应并使电位变负的缓蚀剂叫阴极型缓蚀剂，如图 3-8 所标，而既能阻化阳极反应又能阻化阴极反应且金属稳定电位基本不变的缓蚀剂叫混合抑制型缓蚀剂。在含有金属电极的化学电源中，阳极型缓蚀剂使开路电压下降，且阻化负极的正常活性溶解的放电过程，一般不予采用。阴极型缓蚀剂不仅使开路电压升高，且不影响金属的正常活性溶解，是理想的缓蚀剂种类。而混合型缓蚀剂虽然不影响电池的开路电压，但阻化负极的活性溶解，所以一般也不采用。不明显影响负极放电的混合型缓蚀剂也常被用于电池中，如中性锌锰电池中常使用的 TX-10 物质就是混合型缓蚀剂。

④　电位较正的金属杂质的影响。杂质的来源可能是金属自身所含有的，也可能是电解质溶液中含有电位较正的金属杂质离子，当金属与电液相接触时，这些电位较正的杂质离子（如 Cu^{2+}）被金属所还原，沉积于金属表面上的结果。

异种金属在同一介质中接触，由于腐蚀电位（或称稳定电位）不同，则有电偶电流流动，使电位较负的金属溶解速度增加，造成接触处的局部腐蚀，而电位较正

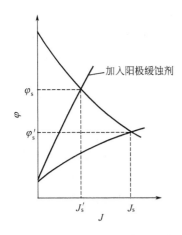

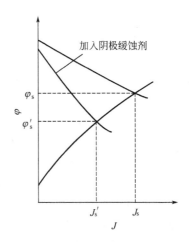

图 3-7　阳极缓蚀剂对金属
自溶速度的影响

图 3-8　阴极缓蚀剂对金属
自溶速度的影响

的金属溶解速度反而减小，这就是电偶腐蚀。亦称接触腐蚀或双金属腐蚀。它实质上是两种不同的电极构成宏观原电池的腐蚀。在各类锌锰电池中，锌负极表面上无论是存在原子态还是离子态电位比锌正的金属（离子态会被锌置换后转化为原子态），都会形成电偶腐蚀。从本质上说是形成了腐蚀微电池，在锌的表面上，因其与电位较正的金属接触而产生阳极极化，结果是锌的溶解速度增加，而电位较正的金属因与锌相接触而产生阴极极化，结果导致其自身溶解速度下降，但析气速度增加。这种现象在锌与中低析氢电位金属（如 Cu、Pt 等）相接触时更加突出，所以电池的除杂及选用纯净材料是防止析氢的关键因素之一。

　　尽管构成锌合金的合金元素（如 Pb、Cd、In、Bi 等）是高析氢过电位金属，在其表面不易析氢，如果在构成锌合金的加工过程中，由于冷却速度、熔锌温度等原因造成锌合金化程度低，或出现金属偏析等不良现象，实际上合金元素与锌之间也构成了电偶腐蚀条件，导致锌腐蚀速度与析氢速度加快，这也是相同技术规格的锌粉或锌皮不同析气结果的原因之一，所以实现锌高合金化程度是防止电池气胀的又一主要措施。

　　电偶腐蚀的主要影响因素如下。①面积比，即电偶对中阴极和阳极面积的相对大小。随着阴极对阳极面积的比值增加。作为阳极体的金属腐蚀速度也增加，结合各类锌锰电池的实际情况，电极内杂质含量越高，尤其是电池内可溶性金属杂质离子的浓度越高，以及阴极过程导致锌表面原子态杂质的量越大，导致锌与金属杂质构成电偶腐蚀的概率与腐蚀微电池的数量就越多，在氢引起去极化腐蚀时，锌负极的腐蚀就越严重，析气量也越多，电池越易气胀。②介质的电导率。当金属发生全面腐蚀时，介质电导率高，金属腐蚀速度就大，反之则小。但对电偶腐蚀而言，介质电导率的高低对阳极金属的腐蚀程度的影响有所不同。在高电导率的介质内，两极间溶液的电阻小，可忽略溶液的欧姆压降，电偶电流可分散到离接触点较远的阳极表面上，阳极所受的腐蚀较为"均匀"，但如果两极间介质的电导率低，溶液的欧姆压降就大，腐蚀就集中到离接触点较近的阳极表面上进行，结果把阳极的有效表面积"缩小"，使阳极的局部表面上溶解速度变大，形成"不均匀"腐蚀。对于碱性锌锰电池采用高导电率的 KOH 溶液而言，锌膏拌和后贮存有利于电池性能的稳定。这是由于在贮存过程中锌粉表面的全面腐蚀使锌粉表面性质更趋均一的结果，即使锌膏不贮存也可以达到同样的效果；而对于中性锌锰电池，由于铵型电池正极采用部分 NMD，杂质含量高；而高氯化锌电池采用较纯净的正极材料，杂质含量低，因此铵型电池构成电偶腐蚀的概率要比高氯化锌电池的高得多，加上铵型电池电解液的电导率要比氯化锌电池电解液的电导率大，所以铵型纸板电池较锌型纸板电池更易于气胀与漏液。

在锌锰电池存放过程中，在间歇期内，由于放电导致负极内部杂质或合金元素的裸露，从热力学角度出发，比锌电位正的合金元素均可以与锌构成电偶腐蚀，所以，与未放电的负极相比，部分放电的锌负极通常电偶腐蚀加剧。锌负极正常溶解后，负极表面的光洁度降低，粗糙度增加（这种现象以片状锌负极更为突出），加上阳极溶解导致锌负极表面钝化膜的破裂，如果由于放电导致锌的再钝化能力降低，就会导致孔蚀及缝隙腐蚀等的加剧，无论是哪一类或几类腐蚀的加剧，都会导致析气量的增加，引起电池的气胀、漏液，甚至穿孔。

在含有电位较正的金属杂质元素的金属电极中，发生自溶解腐蚀的金属负极放电时，由于外加阳极极化引起其内部腐蚀微电池电流的改变，即金属自溶解速度的改变，这种现象称为差异效应。如果外加阳极极化引起内部腐蚀电流的减小，则称为正差异效应，相反，引起腐蚀微电池电流增加则称为负差异效应。Al、Mg 电极阳极极化时，常出现负差异效应。所以在包含有金属电极的电池中，金属材料及电液的纯度是防止因电偶腐蚀引起金属自溶解的必然要求。

3.5 电池设计中的表界面现象与应用

由于电化学反应是发生在非均相界面上（固液界面、固液气界面）的电化学过程，只要影响这种非均相界面性质的一切因素，都会直接或间接地影响到电化学反应过程，本节就与电池设计和生产中相关的一些表界面现象加以说明。

3.5.1 表界面的含义与分类

体系中存在两个或两个以上不同性质的相，表界面是由一个相过渡到另一个相的过渡区域，根据物质的聚集态，表界面通常分为以下五类：固-气、液-气、固-液、液-液、固-固。

气体和气体之间总是均相体系，因此不存在表界面。习惯上把固-气、液-气的过渡区域称为表面，而把固-液、液-液、固-固的过渡区域称为界面。

实际上两相之间并不存在截然的分界面，相与相之间是个逐步过渡的区域。所以，表界面不是几何学上的平面，而是一个结构复杂、有一定厚度的准三维区域，因此常把界面区域当作一个相或层来处理，称作界面相或界面层。根据研究的角度和目的的不同，表界面可分为物理表面和材料表面。

（1）物理表面　物理表面，物理学中一般将表面定义为三维的规整点阵到体外空间之间的过渡区域，这个过渡区域可以是一个原子层或多个原子层。在表面下数十个原子层深称为"次表面"，次表面以下才是被称为"体相"的正常本体。物理表面又分为以下3种。

① 理想表面，即除了假设确定的一套边界条件外，系统不发生任何变化的表面；理想表面实际上是不存在的。

② 清洁表面，不存在任何污染的化学纯表面，即不存在吸附、催化反应或杂质扩散等物理化学效应的表面。在原子清洁的表面上可以发生多种与本体内部结构不同的结构与成分变化，如弛豫、重构、台阶化、偏析和吸附等。所谓弛豫就是表面附近的点阵常数发生明显的变化；所谓重构就是表面原子重新排列，形成不同于体相内的晶面；台阶化是指出现一种比较有规律的非完全平面结构的现象；吸附和偏析则是指化学组分在表面区的变化。

③ 吸附表面，即吸附有外来原子或分子的表面。吸附原子或分子可以形成无序的或有序的覆盖层，其结构可以具有和体相相同的结构，也可以形成重构的结构。

（2）材料表面　材料科学研究的表面包括各种表面作用和过程所涉及的区域，其空间尺寸和状态决定于作用范围的大小和材料与环境条件的特性。最常见的材料表面类型按照其形成途径划分为：

① 机械作用界面，即受机械作用而形成的界面；

② 化学作用界面，即因表面反应、氧化、腐蚀、黏结等化学作用而形成的界面；

③ 固体黏合界面，即由两个固体直接接触，通过真空、加热、加压、界面扩散和反应等途径所形成的界面；

④ 黏结界面，由无机或有机黏合剂使两个固体相结合而形成的界面；

⑤ 焊接界面，在固体表面造成熔体相，然后两者在凝固过程中形成冶金结合的界面；

⑥ 粉末冶金界面，通过热压、热锻、热等静压、烧结、热喷涂等粉末工艺，将粉末材料转变为块体所形成的界面；

⑦ 凝固共生界面，两个固相同时从液相中凝固析出时共同生长所形成的界面；

⑧ 液相或气相沉积界面，物质以原子尺寸形态从液相或气相中析出而在固态表面形成的膜层或块体的界面。

以上不同的材料表面在电池中均有体现，不过，不同的电池系列对材料表面的要求不同，视具体情况而定。

3.5.2 液体表面

（1）液体表面自由能及表面张力　任何一个相，均可分为体相和表（界）面。在体相内部分子之间存在短程的相互作用力，称为范德瓦耳斯（van der Waals）力，从统计平均来说这种分子间力是对称的，且相互抵消，如图 3-9 中 A 所示。

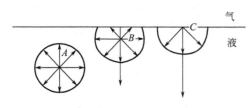

图 3-9　表面分子与体相分子不同受力示意图

但处于表面的分子，没有受到同种分子的包围，在气液表面上受到指向液体内部的液体分子的吸引力，也受到指向气相的气体分子的吸引力，由于气体方面的吸引力比液体方面的吸引力小得多，因此气液表面的分子净受到指向液体内部并垂直于表面的引力，如图 3-9 中的 B、C。这种液体分子间的引力主要是 van der Waals 力，它与分子间距的 7 次方成反比，所以表面分子所受到临近分子的引力只限于第一二层分子，离开表面几个分子直径的距离，分子受到的力基本上是对称的。从液相内部将一个分子移到表面层要克服这种分子间引力而做功，从而使体系的自由焓增加；反之，系统自由焓下降，因为系统的自由焓越低越稳定，故液体表面具有自动收缩的能力。

把一部分分子由体相内部移到表面上来，克服向内的拉力所做的功称为表面功，即扩展面所做的功。表面扩散完成后，表面功转化为表面分子的能量。因此，表面分子比内部分子具有更高的能量。

恒温恒压下，对于一定的液体来说，扩展表面所做的表面功 dw 应与增加的表面积成正比，若以 σ 表示比例系数，则

$$dG_{T,p} = \sigma dA \text{ 或 } \sigma = \left(\frac{\partial G}{\partial A}\right)_{T,p} \tag{3-49}$$

由上式看出，σ 的物理意义是：恒温恒压下，增加单位表面积引起系统吉布斯自由能的增量。也就是单位表面积上的分子比相同数量的内部分子"超额"的吉布斯自由能，因此，σ 称为"比表面吉布斯自由能"，简称比表面能，单位为 J/m^2。由于 $J = N \cdot m$，所以 σ 的单位也可以为 N/m，此时 σ 称为液体的表面张力，其物理意义是相表面切面上，垂直作用于表面上任意单位长度切线的表面紧缩力。

表面张力或比表面自由能是强度性质，其值与物质种类、共存另一相的性质、温度、压力等因素有关。温度升高，使液体分子间力减弱，故表面分子自由能减小，表面张力减小。表面张力与物质的本性有关，不同的物质，分子间相互作用力不同，相互作用力越大，张力越大。纯液体的表面张力通常指液体与其饱和蒸气的空气相接触时的界面张力。

（2）弯曲液面的附加压力　由于表面能的作用，任何液面都有尽量紧缩而减小表面积的趋势。如果液面是弯曲的，则这种紧缩趋势会对液面产生附加压力（图

3-10)。附加压力（Δp）与弯曲液面的半径（r）及表面张力的关系由拉普拉斯（Laplace）公式表示：

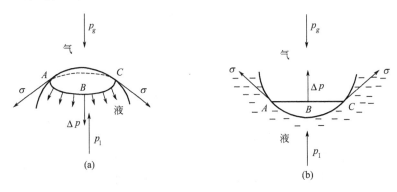

图 3-10 弯曲液面的附加压力

$$\Delta p = \frac{2\sigma}{r} \tag{3-50}$$

它表明附加压力与液体的表面张力成正比，而与曲率半径成反比。应当强调指出：由于表面张缩总是指向曲面的球心，球内的压力一定大于球外。

（3）溶液的表面吸附 吸附现象可以发生在各种不同的相界面上，液液表面对溶液中的溶质也可以产生吸附作用，使其表面张力发生变化。若溶质在表面层中的浓度大于它在溶液体相（内部）中的浓度则为正吸附，反之，则为负吸附。试验表明：对水溶液来说，能使溶液表面张力略有升高，发生负吸附现象的溶质主要是无机电解质，如无机盐，不挥发性的无机酸、碱等。这类物质的水溶液表面张力随

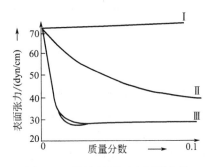

图 3-11 溶液浓度对表面张力的
影响（1dyn＝10^{-5}N）

浓度的变化趋势如图 3-11 曲线 I 所示。能使溶液表面张力下降主要是可溶的有机物，如醇、醛、酸、酯等，且随浓度的变化如图 3-11 曲线 II 所示。少量溶质的溶入可使溶液的表面张力急剧下降，但降到一定程度之后变化又趋于平缓，如图 3-11 曲线 III 所示这类物质叫表面活性剂。常见的有硬脂酸钠、长碳氢链有机酸或烷基磺酸盐等。表面活性剂通常具有润湿作用、增溶作用、乳化作用。

3.5.3 固体表面

所谓固体是指能承受应力的刚性物体。在室温下它的分子或原子处在相对固定的位置上振动，但不可自由流动。因此，固体有一定的体积和形状。

（1）固体表面分子（原子）的运动受缚性 固体表面的特性之一是表面分子（原子）的运动受到束缚，不能像液体分子那样自由移动。固体表面分子同液体表

面分子一样，其受力也是不对称的，表面分子同样受到指向固体内部的力。一种由分子（原子）组成的固体物质，在形成新表面的过程中，可以认为包括以下两个步骤：首先体相被分开露出新表面，分子或原子仍保持原来的体相位置；然后表面的分子或原子重排，迁移到平衡位置。对于液体分子可自由移动，新表面很快转变为平衡位置，这两个步骤实际上同步发生。但对于固体，由于固体分子很难迁移，构成新表面后，分子或原子难以达到平衡构型，仍保留在原来的位置上。显然，当分子或原子处于体相时，受周围原子间的作用是平衡的，但它变为新表面上时，处于受力不平衡的状态，也就是说，固体表面的分子或原子受到应力，这种力称为表面应力。在表面应力的作用下，固体表面分子慢慢向平衡位置迁移，应力逐渐减小，当分子达到了新的平衡位置时，表面应力趋近于表面张力。所以，固体的形状不像液体那样取决于表面张力，固体的形状取决于材料形成的加工过程。

固体表面分子或原子的相对定位，不等于说固体分子或原子不能移动，事实上，固体也具有表面流动性。如两块金属接触的界面上会发现原子的相互扩散现象。因此，固体表面的分子或原子在一定条件下还是具有迁移性的。

（2）固体表面的不均一性　　固体表面的突出特性之一是其不均一性。固体表面不均一性表现：第一，表面凸凹不平，即使宏观看来非常光滑的表面，实际上也是凸凹不平的，且表面是粗糙的；第二，固体中晶体晶面的不均一性，晶体表面可能存在晶格缺陷、空位、位错、台阶等；第三，固体表面几乎总是被外来物质所污染，外来分子或原子可占据不同的表面位置，形成无序或有序的排列，从而影响其均一性。

（3）固体表面分子的吸附性　　固体表面分子或原子具有剩余力场，当气体分子趋近其表面时，受到固体表面分子或原子的吸附力，被拉到表面，在固体表面富集，产生吸附现象。这种吸附只限于固体表面包括固体孔隙中的内表面，如果吸附物质穿入到固体体相中，则称为吸收，吸附与吸收往往同时发生，很难区分。如金属氢化物电极充电时，氢原子形成于储氢合金表面，即发生吸附，然后扩散进入合金体相中即吸收。根据吸附力的本质，可将固体表面的吸附作用分为物理吸附与化学吸附。物理吸附作用是 van der Waals 力，而化学吸附作用力与化合物形成化学键的力相似，这种力远大于 van der Waals 力。物理吸附往往是可逆的，易于脱附，而且只要条件合适，任何固体可吸附任何气体，可以是多分子层吸附。而化学吸附时固体表面与吸附质之间要形成化学键，所以吸附有选择性且总是单分子层的。固体的吸附性能与其表面能密切相关。表面能越大，越易发生吸附现象。

应当指出：固体表面结构可能与其底物体相结构不同，表面原子进行重新排列，这种重组的表面影响体相物质的表观行为。产生表面原子重排的机理有：①表面弛豫作用，即当某一个表面形成时，为了降低体系的能量，表面原子移到一个新的稳定的平衡位置，它改变了最顶层与第二层的间距（多数是缩短层间距，引起表面的收缩），形成折皱的周期起伏的表面；②表面相转变机理，即重组的表面是由于表面相变而造成的；③表面化学组成变化，即表面的重组是由表面化学组成改变而造成的。

3.5.4 高分散体系的表面能

由于表面分子与体相内部分子性质不同，所以严格来说完全均匀一致的相是不存在的，表面分子总是比体相内部分子具有更高的能量，一个物系的分散低，其表面分子在所有分子中占的比例不大，系统的表面能对系统总吉布斯自由能的影响很小，可以忽略不计。但是，如果增大物系的分散度时，表面分子数量逐渐增加，物系的表面能不断增加，这时系统的表面能对系统的总吉布斯自由能的影响就随分散度的升高而不断加大，使系统的自由能升高。例如，1g 水作为一个球滴存在时，表面积为 $4.85 \times 10^{-4} m^2$，表面能约为 $3.5 \times 10^{-5} J$，这是一个微不足道的数值，但如将 1g 水分散成半径为 $10^{-7} cm$ 的小液滴时，可得到 2.4×10^{20} 个，表面积共计 $3.0 \times 10^3 m^2$，表面能约为 218J，相当于 1g 水温度升高 50℃ 所需要共计的能量。所以，高分散体系使表面能大幅度增加，过高的表面能能使系统处于一种不稳定状态。在电池中，人们通常通过增加活性材料的分散度（减小颗粒半径），增加其表面积的方法来提高其电化学表观活性，但如果分散度过高，又带来活性材料的自动"团聚"现象，在生产中不易分散，导致电池均匀率的下降等后果，所以合理选择分散度，即合理选择高分散体系的分散工艺和方法是必要的。

3.5.5 固-液界面现象

3.5.5.1 润湿现象及其影响因素

（1）润湿现象　液体对固体表面的润湿作用反映液体与固体表面的亲和状况。一般来说，在理想的光滑且组成均匀的表面上，液体若能润湿固体表面，则如图 3-12(a) 所示，呈凸透镜状，若不润湿，则如图 3-12(b) 所示，呈椭球状。

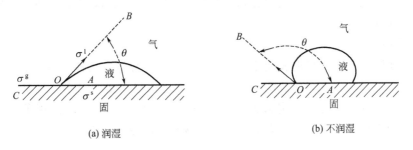

(a) 润湿　　　　　　　　　　　　　　(b) 不润湿

图 3-12　接触角与各界面张力的关系

图 3-12 为气（g）、液（l）、固（s）三个相界面的投影图，图中 O 点为三个相界面投影的交点。润湿的程度可用接触角（或润湿角）来衡量。所谓接触角就是固液界面与气液界面在 O 点切线的夹角 θ。一般以 $\theta = 90°$ 为分界线，$\theta < 90°$ 时为能润湿，$\theta = 0°$ 为完全润湿，$\theta > 90°$ 为不润湿，$\theta = 180°$ 时为完全不润湿。在固体表面为光滑表面时，接触角与三个相界面张力的关系由杨氏（Young）方程表示：

$$\cos\theta = \frac{\sigma_{(s\text{-}g)} - \sigma_{(s\text{-}l)}}{\sigma_{(l\text{-}g)}} \tag{3-51}$$

润湿过程有三种类型：黏附润湿过程、浸湿过程、铺展浸湿过程。

能被某液体润湿的固体称为该种液体的亲液性固体，反之，则称为该种液体的憎液性固体。某种液体的润湿与不润湿往往与固液分子的结构有无共性有关，例如水是极性分子，所以极性固体皆是亲水性的，而非极性固体大多是憎水性的。

在化学电源中，所涉及的润湿现象通常是封口组合面及活性材料表面与电解质溶液之间的关系，封口组合面通常为光滑表面，而活性材料表面通常为粗糙表面，不同的表面性质对润湿现象的表现是不同的，合理利用润湿与不润湿现象对提高电池某些性能是重要的，例如，以 PP 为基材的碱性电池密封圈与以尼龙为基材的密封圈相比，碱液与前者之间的接触角为 125°，而与后者之间的接触角为 135°，所以从不润湿的角度出发，选择后者作为碱性电池的密封口材料更有利于防止爬碱现象。另外，电池极板工艺中，为实现电极具备某些性能，通常通过配方调整来实现电极材料与电液之间的相容性的变化，使同一电极内既有亲液性表面又有憎液性表面，例如，三相气体扩散电极，金属氢化物电极内部都含有亲液和憎液表面，从而实现电极性能具有多重的功能要求。

(2) 润湿现象的影响因素

① 固体表面能的影响。

固体的表面能越高，张力越大，越易被一些液体所润湿，一般液体的表面张力除汞外都在 100mN/m 以下，据此把固体表面分为两类，一类为低能表面，如有机固体及高聚物，其自由焓约为 $25\sim100\text{mJ/m}^2$，它们的润湿性能与液固两相的表面组成及性质相关。另一类是高能表面，有较高的表面自由焓，每平方米大致在几百至几千毫焦之间，例如，常见的金属及其氢氧化物，硫化物，无机盐等，它们易为一般液体所润湿。

② 表面粗糙性的影响。

许多实际表面都是粗糙表面或是不均匀的表面，静置在这种表面上的液滴可以是处在稳定的平衡态（即最低能量态），也可以是亚稳平衡态，出现接触面的滞后现象。一般来说，相对于光滑表面，粗糙表面使接触角增大，润湿现象降低。另外，不均匀表面和有多相性的表面也易引起接触角的滞后现象。

③ 表面污染的影响。

无论是液体还是固体表面，表面污染往往来自于液体和固体表面的吸附，导致表面张力的变化，从而使润湿性及接触角发生显著变化。

④ 温度的影响。

通常温度升高，使表面张力下降，润湿作用加强。

在化学电源中，很多电极活性物质及相关材料均为不均匀表面或粗糙表面，为了增加这些材料与电解质的相容性，即增加电液对活性物质的润湿作用，形成电化学活性表面，一般两种方法：其一是加入亲水性物质，如 PA，HPMA，PVA 等，改善固体材料的表面性质，达到加强润湿作用的目的，其二是改善环境条件来实现的。如干电池中正极材料拌粉后，密闭保存一定时间，实现粗糙表面电液的均匀分布及电液对固体材料充分润湿的过程；镍氢电池封口后活化分容前在一定温度下存放一定的时间，也是为了实现电液对粗糙表面充分润湿和均匀分布的目的。

3.5.5.2　毛细现象

当毛细管浸入液体中，如液体能完全润湿管壁，则会发生液体沿毛细管上升的现象，液体呈凹液面，反之，则液面下降，管内液面呈凸液面，这种现象叫毛细现象。毛细现象如图 3-13 所示。

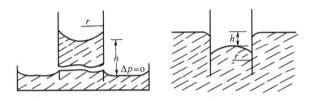

图 3-13　毛细管中液体上升或下降的现象

毛细现象是由表面张力所引起的，与固液表面性质有关。液体的上升高度 h 与界面张力 σ、弯曲液面曲率半径 r、毛细管曲率半径 R 之间的关系为

$$h=\frac{2\sigma}{\rho g r}\quad 或\ h=\frac{2\sigma\cos\theta}{\rho g R} \tag{3-52}$$

界面张力越大、弯曲液面半径与毛细管曲率半径越小，液面上升或下降高度越大。

在化学电源中，电极材料多为粉状体，由此构成的电极均为多孔电极，毛细现象受多孔电极中孔的尺寸（孔径）及其分布的影响，从而影响到电解质溶液在电极内部的渗透深度与电液的分布。对于薄型极板，电解液可充分渗透到电极内部，且极板内部与极板外电液距离短，有利于电液的扩散，从而使大电流工作时不致出现严重的浓度极化，而厚型极板受电极结构及电液渗透深度影响，电极内部易产生较大的浓差极化，所以不适于大电流放电。在选择极板厚度时应充分考虑电极结构性质及电解液性质对毛细现象的影响。

在实际生产中，通过改变电极内部表面性质来增大或减小毛细现象的作用。例如干电池炭棒是多孔结构，易产生毛细现象，通过炭棒浸蜡处理，一方面使炭棒内孔的表面变化为不润湿表面，另一方面石蜡凝固后还会堵塞炭棒的毛细孔口，从而达到防止电液沿毛细孔爬渗的目的。镍氢电池负极中既含有亲水性黏合剂，如 CMC，PVA，HPMC 等，也含有疏水性物质，如 PTFE，SBR 等，从而使负极内部毛细孔既具有亲水表面又具有疏水表面，亲水表面被电液润湿形成电化学活性表面，而疏水表面不完全润湿，则有利于形成类似的三相多孔电极的表面，以有利于电池充电时实现氧的复合。

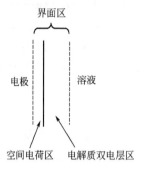

图 3-14　电解溶液界面示意图

3.5.6　电极/溶液界面的双电层现象

在电极与溶液相接触时，来自体相中的游离电荷或偶极子，在固液界面附近重新排布，在界面附近出现一个性质跟电极和溶液自身均不相同的三维空间，可称为界面区，如图 3-14 所示。溶液一侧的界面区称为电解质双电层区，固体一侧的界面区称为空间电荷区。根据两相界面区双电层在结构上的特点，可将它们分为三类：离子双层、偶极双层和吸附双层，如图 3-15～图 3-17 所示。

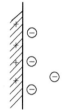

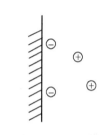

图 3-15　离子双层　　　　图 3-16　偶极双（分子取向）层　　　　图 3-17　吸附双层

电极反应发生在电极与溶液界面之间，界面的性质显然会影响到电极反应的速度。这种影响，一方面表现为界面区存在电场所引起的特殊效应，另一方面表现在电极的催化作用上。

首先，在电极/溶液相界面间存在的双电层所形成的界面电场，由于双电层中符号相反的两个电荷层之间的距离非常小，因而能给出巨大的电场强度。例如，双电层电位差（即电极电位）为 1V，界面两个电荷层间距为 10^{-8} cm 时，其场强可达 10^8 V/cm，而电极反应是电荷在相间转移的反应，因此，在巨大的界面电场作用下，电极反应速度发生极大的变化，甚至在某些场合下难以发生的化学反应也得以进行。例如，金属的高温氧化反应速度很慢，但是在金属表面上存在电解质溶液时，因界面电场的作用，金属的氧化速度（金属的腐蚀速度）相较前者却很大，前者属化学反应，而后者则是电化学反应。特别有意义的是电极电位可以被人为的连续地加以改变，因而可以通过控制电极电位来有效地连续地改变电极反应速度，这也是电极反应区别于其他化学反应的一大优点。

其次，电解液性质和电极材料及其表面状态均影响电极/溶液界面的结构和性质，从而对电极反应性质和速度产生影响。例如，在同一电极电位下，同一种溶液中，析氢反应 $2H^+ + 2e = H_2$，在铂电极上进行的速度比在汞电极上进行的速度大 10^7 倍以上。溶液中表面活性物质或络合物的存在也能改变电极反应的速度，如水溶液中苯并三氮唑的少量添加，就可以抑制铜的腐蚀溶解。

此外，电极/溶液间界面张力及微分电容随电极电位或电极表面剩余电荷密度的改变而改变。

3.6 电池组合原理

在实际使用电池时，常常需要较高的电压和较大的电流，这就要求将若干个单体电池通过串联、并联或复联（串并联）起来，我们称此为电池组合。电池的组合是很讲究的，如果电池组合合理，不仅可以获得较大的容量和功率，而且使用时也方便安全。铅酸电池、镉镍电池通常是通过复联的形式来提高工作电压，达到输出高功率、大容量的目的。

3.6.1 电池的串联

如果有 S 个单体电池串联如图 3-18 所示，每个电池的开路电压为 V，内阻为 ρ，串联后电池组的开路电压为 SV，电池组的内阻为每个串联电池的内阻之和，故串联电池组的电流 I 为

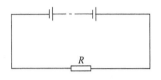

图 3-18 S 个单体电池串联图

$$I=\frac{SV}{R+S\rho}=\frac{SV}{R}\times\frac{1}{1+S\rho/R}\qquad(3\text{-}53)$$

式中，R 为负载电阻。

由公式可见，如果电池组的总内阻 $S\rho$ 比外电阻 R 小很多，则增加串联电池数 S，可以增大电池组的放电电流，降低单体电池的内阻与提高电极材料的活性（降低极化内阻）是提高串联电池组输出电流的重要方法，反之，电流是缓慢增加的。由此可见，串联的目的是增加电压，在设计中可根据工作电压要求，来选择串联单体电池的数目。

在串联的电池组合中，受法拉第定律的要求，电池充放电时，同一时间每一个电极（池）上，通过的电量相等，所以要求电池设计时，单体电池之间，正极与正极之间，负极与负极之间实际容量一致。为了保证实际容量的一致，要求活性材料的放电活性和内阻一致。当电池组充电或放电时，对于容量不一致的串联电池组，容量较小的单体电池过放电，从而导致电池组性能的下降。对于内阻不一致的串联电池组，内阻大的单体电池温升快，发热严重，不仅影响电池组的能量转换效率，而且可能导致整个电池组热失控现象。对于某一系列的电池生产，生产工艺的稳定性与均匀性及工装水平的稳定性是保证活性材料放电活性及电阻均匀一致的基本条件和要求。否则，串联的电池中，某一个单体电池或某一个电极性能恶化，就会造成电池组性能的下降或寿命的终结。总之，串联电池组对单体电池的基本要求是容量一致和内阻一致。

3.6.2 电池的并联

P 个单体电池并联如图 3-19 所示，这时电池组的开路电压等于单个单体的开路电压，而并联电池组的总内阻为 ρ/P，并且电池组的电流 I 应为

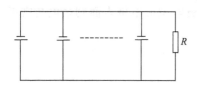

图 3-19　P 个单体电池并联图

$$I=\frac{V}{R+\dfrac{\rho}{P}}=\frac{V}{R}\times\frac{1}{1+\dfrac{\rho}{RP}} \qquad (3-54)$$

由上式知道：当并联电路中外电阻 R 不变时，通过线路的电流随并联的电池数 P 的增加仅有缓慢的增加，并联的目的主要是增加电池的容量，使通过每个单体电池的电流减小，这时要想增大电流只有将 R 减小，电池是完全可以承受较大的电流，且并联电池数越多承受能力越大。在设计电池时，要根据需要，来选择并联单体电池的数目，用以保证电池组的输出电流和额定容量。

从并联的组合电池电路可以看出，不同单体电池之间构成了闭合的回路，单体电池电压不同时，单体电池电压高的，就会给单体电池电压低的充电，如果这时电压高的单体电池的容量大于电压低的电池的容量，这种充电作用就会加强，一方面使容量大的单体电池容量损失，另一方面使容量小的单体电池可能产生过充电现象，从而使电池组性能下降，所以并联的电池组中单体电池容量和电压的一致是基本要求。另外，对于内阻不同的单体电池进行并联组合时，根据并联电路支路分流与各支路电阻的关系，流经内阻大的支路电流小于流经内阻小的支路的电流，从而造成单体电池间的放电电流或充电电流的不同，所以会引起并联电池组中单体电池之间的不均衡充电或放电，加速并联电池组的性能下降或寿命的缩短。通电时，电化学电池的内阻包括极化内阻和欧姆内阻，极化内阻与活性材料有关，保证单体电池内阻活性材料活性的一致，如工艺稳定、投料均匀、工装一致等，是极化内阻一致的基本要求。总之，并联电池组实现性能稳定的基本要求是单体电池的容量一致、电压一致、内阻一致。

3.6.3　电池的复联（串并联）

由 S 个单体电池串联然后由 P 个串联电池组并联如图 3-20 所示，整个复联电池组通过的电流为

$$I=\frac{SV}{R+\dfrac{S\rho}{P}}=\frac{SV}{R}\times\frac{1}{1+\dfrac{S\rho}{PR}} \qquad (3-55)$$

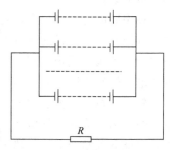

图 3-20　电池的复联

由上式知，要想获得较大的电流，必须使 $\dfrac{S\rho}{PR}$ 较小且提高串联电池组的电压，也就是说增大单体电池串联数、串联电池组并联数，以及降低单体电池内阻是提高电池复联输出电流的基本措施。具体进行电池的组合时，要根据用电器的要求、运用场合及所选用电池的性能综合考虑和设计。

应当指出：组合的电池数越多，电池组的可靠性越差，如启动型铅酸电池，往往是由于一个极板破损后，就会增加其他极板的负载，加快了其他极板的损坏，最后导致单体电池的失效，致使整个电池不能使用。

一般在组合电池时应采用同一系列，同一规格尺寸的电池。对于贮备电池，在电池组合时，还必须考虑电池本身的贮液罐、瞬时加液装置、保温设备和加固设备等，所以电池的组合，并不是简单的串、并联，而应理解为包括适用要求的一整套装置，在设计中予以全面考虑、合理设计。

第4章 化学电源设计过程

化学电源设计，是从事化学电源专业方面的技术人员所必须掌握的基本技术手段和技术技能之一。为了适应科学技术发展和社会生活的需要，无论是军用还是民用电池产品，都要求化学电源向着小型化、轻型化、高比功率及高比能量的方向发展。因此，对各个系列的化学电源，必须不断地改进老产品和研制新产品，以及不断地研究开发新型化学电源，才能满足各方面的用电需求。

4.1 电池设计的终极目标与实现

4.1.1 电池设计的终极目标

电池设计是为满足用电器具的要求而进行的。一方面为满足用电器具提供最佳使用性能的工作电源，另一方面为电池制造商创造最大的利润。这就要求电池设计产品具有最低的制造成本和最优化的电池性能，合理的设计是电池性能和其成本之间的一种平衡。降低单位产品的成本最行之有效的方法是减小构成电池中各部分的投料成本和提高生产效率，投料成本的降低可能导致电池某些性能的下降，为了克服这种下降，就必须提高电池投料的有效利用，如降低电池无效投料的程度，提高活性材料的利用率，以及提高产品合格率（成品率）等，所以说，电池设计的终极目标是实现物质效用的最大化。对用户来说，电池具有最好的性价比，对制造商来说，电池制造利润最大化。

4.1.2 电池设计终极目标的实现

提高生产效率和投料的有效利用是实现电池设计的终极目标的基本方法。在相同生产速度的前提下，电极设计终极目标的实现是实现电池合理有效投料的过程。有效投料是指在电池生产过程中，投料均能被有效利用。对于生产过程而言，主要是指减小生产过程中的物料损失和浪费，降低废次品率（提高成品率）等；对于单位电池而言，主要是指提高活性物质的利用率，以及在保证电池要求的条件下，尽可能地降低其他组成部分的投料成本，如降低壳体材料成本，选择合理的电解质溶液、组成与用量等。

从以上论述角度出发，从形式上讲，电池设计的内容应包括：工艺设计、工艺计算、结构设计等。工艺设计包括材料选择与工艺方式的选择与实现、工艺流程（投料顺序）与前后工序间的合理衔接以及确定工艺与工装设备之间的关系等；工艺计算包括工艺参数与工艺配方的确定、物料恒算以及不同工序间的合理配置等；结构设计主要包括电池各组成部分结构设计及其排列方式等。工艺设计、工艺计算与结构设计并不是孤立存在的，而是相互关联、相互影响的，设计时不可顾此失彼。对于大多数常规电池而言，电池生产工艺方式、工艺流程、电池结构、工装设备、电池材料与配件等都是定型或基本定型的，所以电池设计过程侧重在工艺计算上。

从实质上讲，电池设计终极目标的实现是实现化学能最大限度地向电能转化的过程。以锌锰电池正极生产为例，其正极活性物质为 MnO_2，在放电时，其一电子放电过程一般认为符合质子-电子理论，即

$$MnO_2 + H^+ + e \longrightarrow MnOOH \tag{4-1}$$

其放电产物（MnOOH）还会以歧化反应或固相扩散方式进行转化。就其一电子放电过程而言，一方面，MnO_2 本身电化学活性较低，且是不良导体，要想实现投入电池正极中的 MnO_2 分子均能被有效利用，降低 MnO_2 的颗粒粒径，增加表面 MnO_2 分子的数量，增加正极的 H^+ 数量（通常被称为提高正极的含水量）、降低正极的固相电阻（实际的做法是正极加入碳材料）是最常见的方式。但是，在电池体积固定后，过高的物质分散度，过多的电液量及导电物质，将增加工艺实现的难度，以及影响 MnO_2 的投料量。另一方面，放电产物 MnOOH 的形成不仅覆盖于 MnO_2 颗粒表面，使 MnO_2 颗粒体相内部分子不能参与反应，而且使正极固相电阻升高（这是锌锰电池放电过程中正极内阻升高的原因之一），从而影响到电池能量的输出，所以如何使 MnOOH 及时地转化，成为电池能量输出的关键因素之一。P型电池就是通过改变正极材料与配方、电液组成，以及提高 H^+ 浓度及数量（提高含水量）的方法实现加快电极反应速度及提高 MnOOH 转化速度，从而达到提高P型电池输出电流和输出能量的目的。应当指出：电池（电极）反应式是建立在分子学基础上的表达式，实际电池放电是无数个活性物质分子同时反应的宏观结果，所以，电池设计的目标是投入电池内部每一个活性材料分子尽可能地均参与电化学反应，实现宏观和微观的统一，也就是说把化学能尽可能地转化为电能。

应当注意，相对于有效投料，电池中的投料也有无效投料，即不能被有效利用的投料，有的无效投料是合理的，有的是不合理的。合理的无效投料通常是必需的，如为保证电池的放电容量，非限制电极活性物质的合理过剩以及限制电极中未被完全利用的活性物质等，而不合理的投料是在已保证电池正常要求的情况下的过剩投料，如过多的电液量、过多的活性物质，过剩、过厚的电池壳体与隔离层等。不合理投料一方面增加电池的投料成本，另一方面还可能影响到电池生产及电池性能。例如，碱性锌锰电池设计中，当负正极容量比大于 1.2：1 时，即负极过剩超过 20%，会影响到电池总的加液量及过放电性能，同时注锌膏的工艺难度也相应增加。

4.2 电池设计的基本程序

电池设计的基本程序一般包括四步：①综合分析，找出关键问题；②性能设计；③结构设计；④安全性设计。

4.2.1 综合分析

根据电池与用电器具之间的关系，综合分析主要考虑两方面的问题，其一是用电器具所要求的主要技术指标，包括：工作方式（是连续的还是间歇的、是固定的还是移动的等）、工作电压、电压精度、工作电流、工作时间、机械载荷、使用寿命、工作环境条件（压力与温度范围）等，其二是设计电池所能达到的技术水平与制造成本。电池设计目标应是尽可能地满足用电器具的要求，所以，综合分析主要应考虑在用电器具要求的条件下，电池所要达到的技术水平及达到这一目标电池的制造成本。

应当特别注意用电器具的工作方式、使用温度范围对电池性能的影响，以及电池技术指标（性能）与价格之间的关系。例如，动力型锂离子电池设计除了满足容量的要求外，应特别注意电池的安全性问题；启动型及动力型铅酸电池应特别注意温度的影响，特别是低温的影响；高电压大容量电池组应特别注意单体电池的一致性及大电流放电时环境温度的影响，避免和减小热失控现象的发生成为设计的重要内容之一。

4.2.2 性能设计

性能设计主要是指电池电性能设计。根据设计要解决的关键问题，在以往已经积累的实验数据和生产中积累的经验基础上，来进行电池的性能设计。主要包括：工作电压、工作电流、容量、寿命等方面的设计。

① 工作电压设计。根据用电器具的电压要求，确定电池（组）以及单体电池的开路电压与指定放电制度下的工作电压及工作电压精度。

② 工作电流设计。根据用电器具的电流要求，确定电池（组）的峰值电流及指定放电制度下的工作电流。如汽车启动电流、手机通话工作时的电流等为峰值电流，而手机待机状态时要求的电流为工作电流。

③ 容量设计。根据用电器具所要求的放电制度下的最低容量值，确定电池（组）额定容量、设计容量等，从容量设计来确定活性物质的用量。

④ 寿命设计。根据用电器具的寿命要求，确定电池（组）的贮存寿命、循环寿命等，寿命设计是选择电池相关材料及其纯度的基础。

不同方面的电池性能设计构成了电池整体性能设计，从而达到满足用电要求的目的。如工作电压及其精度与工作电流是为满足用电功率要求来进行的。诸性能之间相互依存和相互影响。例如，设计过高的工作电流值会影响到工作电压及其精度，以及实际放电容量值。设计过低的工作电流值，可能得到较高的工作电压、电压精度及实际容量，但可能引起电池输出功率的减小。所以设计时要综合考虑，不可偏废任何一个方面。仅就电池自身而言，为达到性能设计的要求，应着重从构成电池四要素（电极、电液、隔膜、壳体）的角度出发来进行优化设计。一般地，对电池的主要组成部分的设计要求如下。

（1）活性物质 采用"优选法"或"正交设计方法"可选择电极的制备工艺、

电极配方、活性物质与添加剂的比例，选择活性物质的粒度、氧化度及成型电极的孔率等。

值得注意的是选择活性物质的粒度。它不仅可以影响电极的表面状态和结构，而且可以影响活性物质的利用率。通常粒度较小时，电极表面积较大，利用率也较高。但粒度过小时，颗粒因过高的表面能易于团聚，且电极微孔孔径会随粒度的变细而变小，电解液在电极微孔内扩散困难，液相电阻升高，反之，过大的孔径容易造成颗粒之间的接触不良而可能引起固相电阻增大，以及活性物质的脱落。

对于一些二次电极的负极，需要加入适当的"膨胀剂"和"添加剂"以防止电极物质的"凝结"。

另外，电极活性物质的纯度也要高，以防止造成自放电和析氢现象。但过分强调纯度，势必增大电池成本，因此要根据电池的使用具体对象来考虑。

（2）集流体 集流体的作用是传导电流和支撑活性物质。因此集流体必须具备足够的机械强度和导电能力。一方面集流体在生产和使用过程中不断断裂和变形，另一方面集流体应制成均匀的网格，保证电极的电流、电位均匀分布。

另外，对于正极集流体，还应考虑到集流体对正极活性物质的抗氧化能力。此外集流体必须在电液中或在电极极化时要稳定。

（3）隔膜 隔膜必须具备足够的机械强度，以保证电池在装配和使用过程中不被破坏。隔膜还必须具有电子绝缘和离子穿过能力，以保证两极的隔离和离子的导电能力。

另外，隔膜必须具有较高的孔隙率和较小的孔径，以防止活性物质微粒的迁移，隔膜材料还应具有较高的抗氧化、还原能力，以防止正极或负极上的强氧化剂或还原剂，或被电池工作时产生的强氧化剂或还原剂所氧化或还原。

（4）电解质溶液 电解质溶液俗称"电液"，首先它必须具有足够高的电导率，以保证液相电阻最小，其次它在电池中应具有适当的数量，用以避免成为电池容量的"限制因素"，但是它的量也不能过多，否则，除影响电池的比特性外，也对电池的密封带来困难。

由于组成电池的各个部分对电池性能都有影响，而且在一定条件下，还可能成为主要影响因素，因此，在电池设计时，不可顾此失彼，从各个角度综合考虑，以求获得电池使用的最佳性能。

另外，电池性能设计是目标设计，即性能指标是设计的应达值，要通过结构设计来实现。

4.2.3 结构设计

根据电池性能设计的要求及用电器具对电池体积或质量的要求，电池结构设计是为实现合理有效投料及降低电池内阻而进行的电池（组）结构、单体电池结构件、封口结构等方面的设计。

（1）电池（组）结构设计 主要包括单体电池结构设计及单体电池间的连接方

式设计等。

单体电池结构设计以实现单体电池有效投料与投料方式及降低单体电池内阻为主要目标，在有效的电池内腔内，进行不同组成部分空间体积的合理分配与排布，保证各组成部分的投料为合理有效投料。

单体电池间的连接方式设计主要为实现组合电池体积满足用电器具所提供空间体积的要求，并使连接电路的电阻最小化。单体电池间的连接方式大体上分为两种：内连接方式（如铅酸电池穿壁焊连接方式）和外连接方式（如铅酸电池连接条连接方式），电池组与电池组之间的连接方式均为外连接方式。无论是内连接还是外连接方式，均应考虑在峰值电流或大电流电池放电情况下的发热，甚至熔断问题。

（2）单体电池结构件设计 主要包括电极结构及正负极排列方式设计、隔膜结构设计、电解质溶液用量设计、电池壳体设计、封口结构件设计等。

电极结构设计的目的在于保证合理有效的电极物质的投料量、提高活性物质的利用率以及降低电极内阻等。一般包括极板外形尺寸（长度、厚度、高度等）与质量的确定、极板孔隙率与孔结构的确定、活性物质与导电集流体之间的关系确定等。在电极结构设计中，集流体结构设计也是其重要组成部分，集流体结构能使电极内阻最小，且使电极各处电位、电流均匀分布，从而达到最佳的电能输出效果。在电极结构设计中，通常电极厚度、孔性、电极形成工艺方式等是设计的重点。

正负极之间排列方式的设计目的是：①实现正负极之间正对面积的确定，以保证两极上电流、电位的均匀分布；②电极间距的合理确定，以保证两极间能够容纳电池所需的电解液和隔膜体积的要求，并具有最小的内阻。常见的两极排列方式有平板式电极以极群形式正负极交错地平行排列方式和带式极板以卷绕形成的圆弧平行排列方式两种形式。铅酸电池正负极的排列方式、叠片式软包装锂离子电池两极的排列方式、叠层锌锰电池两极的叠片方式等属于平板式电极以极群形式正负极交错地平行排列方式；圆柱形锂离子电池、镍氢电池、镉镍电池两极的排列方式属于带式极板以卷绕形成的圆弧平行排列方式。单体锌锰电池只有一个正极构件（电芯）和一个负极构件（锌筒），它的排列为内正外负、圆柱体与环柱体同心同轴平行方式，碱性锌锰电池则相反。

应当注意的是在电极间的排列方式中，电极间距的一致性影响到极片表面上不同位置的电流、电位分布，可能导致同一极板（或极片）上不同位置的反应效率（活性物质的利用率）不同，即影响电极上的均匀放电过程，从而影响其大电流工作效果，甚至影响单体电池的均匀性及电池的循环寿命。

隔膜结构设计依据不同的电池系列有很大的差异，从一般意义上讲，隔膜结构设计主要是实现隔离正负极的作用，尤其是隔离两极粉状物质的相互渗透与扩散，达到防止电池内部短路的作用，但隔膜置于两极之间，这就要求隔膜对离子导电过程不能产生较大的影响，所以隔膜结构一般是高孔率、低孔径、孔分布均匀的结构方式。

电解液设计主要包括溶剂的选择、电解质的组成与浓度以及电解液的用量等。除了满足离子导电能力最大化外，还应注意到是否参与成流反应、存在形态、温度特性以及与电极物质的相溶性等问题。

壳体设计主要包括电池壳体最大外形尺寸的确定，电池壁厚与电池组中间隔厚度的确定，单体电池有效内腔尺寸的决定以及封口结构及封口方式的设计。

（3）其他部件的设计　对于电池的其他零部件（如盖、极柱、导电板等）的设计要求是选择和确定最适当的尺寸和外形。在保证足够的机械强度下，设计尺寸与材料应尽可能的少或小，无论单体电池还是电池组对其外壳和包装的设计除要求一定的强度外，还应考虑到轻巧与美观。

另外，对于大功率电池还必须进行散热设计；对于低温工作电池，应进行保温和加热设计；对于高空电池，应进行密封和合理排气设计。

（4）电池体积的类偏摩效应　很多电池在其充放电过程中，其体积会发生膨胀或收缩，这种膨胀或收缩现象往往会导致电池的早期失效，所以在设计电池时必须予以充分考虑。这种体积膨胀现象，不是常见的热胀冷缩物理现象，而是由于化学反应过程所引起的体积变化。物质在化学过程中的体积变化，在化学热力学中被称为体积的偏摩效应。以下式表示：

$$V = \sum i V_i \tag{4-2}$$

式中，V 为 i 种物质混合前后总体积的变化；V_i 为 1mol$i$ 物质在混合过程中的体积变化。

我们可以仿照混合过程的偏摩效应公式来处理电池充放电过程中的体积变化。

一般情况下，电池的总体积变化主要是由两个电极的体积变化及电解液的变化综合而成的结果。可以写成：

$$\Delta V_{电池} = \Delta V_a + \Delta V_c + \Delta V_s \tag{4-3}$$

式中，$\Delta V_{电池}$ 为电池总体积的变化；ΔV_a 为负极的体积变化；ΔV_c 为正极的体积变化；ΔV_s 为电解液体积的变化。

如果电池放电过程中其产物是不溶性的，而且该物质比容增大，则 ΔV_a、ΔV_c 为正值，反之则为负值，很多电池系列其体积是会膨胀的，这种膨胀可能会引起电池外壳的破裂，破坏电池的密封，也可能胀断集流体，所以在设计电池时必须应予重视，在确定电池容积（或电池内径尺寸）时，应引入电池装配松紧度参数。

在考虑电池体积的类偏摩效应时，应当注意电池充电时正、负极体积膨胀的，在放电时两极体积则收缩；反之，充电时体积收缩的，放电时其体积则膨胀。利用装配松紧度来调解电池体积类偏摩效应对电池性能的影响时，应同时兼顾其充电过程与放电过程，尤其注意，两极体积变化率的差异。

此外，合理的极板孔隙率也是调节类偏摩效应的一种措施，高的孔隙率可降低电极体积的增加，低的孔隙率易于电极膨胀。

4.2.4 安全性设计

电池安全的概念与人民生命财产不受损害密切相关。安全是指没有不可接受的伤害风险。安全是避免伤害风险和要求产品性能满足其他要求之间的一种平衡，安全是相对的，不可能有绝对的安全，即使是安全度最高的产品，也只能是相对的安全，因此在风险性评估和安全性判断的基础上来确定产品的安全性。

电池的安全性是指保证在电池正常使用以及合理的可预见误用的情况下电池的安全使用性能，合理的可预见误用是指可以预见到的、人们因习惯而不按供方指定的方式使用产品的过程和服务。实现电池具有安全性的过程叫安全性设计，一般安全性设计应满足：

① 通过设计防止温度异常升高，超过生产厂家规定的值；

② 通过设计控制电池内部的温度升高；

③ 通过设计电池可释放过高的内部压力等。

对不同的电池系列，其安全性差异很大，实现其安全性的方法、途径以及安全性的评价方法也各不相同，设计时可按照相关标准，有针对性地进行安全性设计。

综上所述，在电池设计的基本程序中，对于各部分的考虑，应着眼于主要问题，对次要问题进行折中和平衡，最后确定合理的设计方案，并在生产实际中不断加以完善，才能达到最优化设计的目标。

4.3 电池设计前的准备

电池设计，具体地说：就是为了提供某些仪器设备、工具或用具的工作电源或动力电源，因而必须针对性地、具体地对电池的使用要求来进行设计，确定电池的电极、电解液、隔膜、外壳以及其他零部件的参数，并将它们合理地组成具有一定规格和指标（如电压、容量、体积和质量等）的电池或电池组。电池设计得是否合理，关系到电池的使用性能，因此必须尽量达到设计最优化。

为了达到最优化的设计指标，设计人员在着手设计电池之前，首先必须了解用户对电池的性能指标要求及电池使用条件，一般包括如下几个方面的内容：

① 电池的工作电压及要求的电压精度；

② 工作电流，即正常放电电流及峰值电流；

③ 工作时间，包括间歇或连续放电时间，以及使用寿命；

④ 工作环境，包括电池的工作状态及环境温度等；

⑤ 电池允许的最大体积和质量。

有些电池用于特殊场合，因而还有特殊要求，如耐冲击、耐振动、加速度、高安全性以及低温低压等。

根据以上几方面的要求条件，选择合适的电池系列，同时需结合下列一些问题进行考虑：①材料来源；②电池特性的决定因素；③电池性能；④电池工艺；⑤经济性；⑥清洁生产等。

4.3.1 材料来源

设计电池，在选择电池系列的同时，要考虑电池材料来源问题，还要兼顾到产品开发及其经济性。

例如锌-锰电池系列，其主要材料来源是丰富而又价廉的，因而在一次电池中，其产值、产量都是最高的一种电池，直到目前为止，在一次电池当中仍占首要位置。

又如二次电池中，铅酸电池系列，其主要材料来源也很丰富，价格也较锌-银、镉-镍、氢-镍电池系列便宜，故其产值、产量及应用范围在二次电池中亦居于首位。

4.3.2 电池特性的决定因素

4.3.2.1 电极活性物质

（1）电极活性物质的选择　活性物质的理论比容量与其电化学当量有关。活性物质的电化当量越小，则它的理论比容量就越大。从元素周期表来看，在元素周期表上面的元素，由于具有较小的摩尔质量，所以这些元素就有较大的理论比容量。

如第一周期的氢，其摩尔质量为 1.008g/mol，它的电化当量是 1.008/26.8＝0.0376 [g/（A·h）]，所以其理论质量比容量为 1000/0.037＝26600（A·h/kg），而第六周期的铅，其摩尔质量为 207.2g/mol，其电化当量为 103.6/26.8＝3.866 [g/（A·h）]，它比氢的电化当量大约 100 倍，而铅的理论质量比容量为 1000/3.876＝258.6（A·h/kg），它是氢的理论质量比容量的约 1/100。

此外，由于

$$反应物质的电化当量 = \frac{摩尔质量}{n} \times \frac{1}{26.8} \tag{4-4}$$

式中，n 为物质反应时的得失电子数。

所以物质的理论质量比容量，不但与物质的摩尔质量有关，而且与物质反应时得失电子数有关。如第三周期的元素 Na、Mg、Al 三种物质，其摩尔质量（g/mol）分别为 22.99、24.32、26.98，其顺序为 Na＜Mg＜Al，而它们参加反应时的电子数变化分别为 1、2、3，它们的化学当量（g）分别为 Na，22.99；Mg，12.16；Al，8.99；其电化当量 [g/（A·h）] 分别为 Na，0.858；Mg，0.454；Al，0.335。其顺序为 Na＞Mg＞Al，显然，电化当量顺序与摩尔质量顺序相反，此时，得失电子数的变化起了主导作用。

此外，在同一族元素中，其化学当量自上而下的变化，比之同一周期内自左而右的变化要大得多。第Ⅰ主族中纵向自元素 Li 到元素 K，其电化当量从 0.259g/（A·h）变到 1.459g/（A·h），其值约增大了 5 倍，而第Ⅱ周期横向自元素 Li 到元素 C，电化当量从 0.259g/（A·h）变到 0.112g/（A·h），其值只降低了约一倍。

因此，在设计电池时，选择理论比容量大的电极活性物质，应主要从第Ⅰ、Ⅱ、Ⅲ周期元素中来选择。表 4-1 列出了一些常见的活性物质的电化当量。

电池的电动势是电池体系在理论上能给出最大能量的量度之一。所以在设计电池时，选择正极物质平衡电极电位越正，选择负极平衡电极电位越负，则电池的电动势就越高。电极的标准电极电位具有周期表的规律性，周期表左边的元素标准电位最负，而周期表右边的元素（如第Ⅵ、Ⅶ主族）的标准电极电位为最正。在选择电极活性物质时，也要兼顾到原材料来源、经济性及其加工工艺的难易程度。

表 4-1 活性物质的电化当量

活性物质	得失电子数	电化当量 /[g/(A·h)]	活性物质	得失电子数	电化当量 /[g/(A·h)]
Li	1	0.2589	Na	1	0.858
K	1	1.4587	Mg	2	0.4537
Al	3	0.3354	Mn	2	1.025
Fe	2	1.042	Fe	3	0.6947
Ni	2	1.0947	Ni	3	0.7298
Pt	4	1.8212	Cu	2	1.1854
Ag	1	4.0252	Ag_2O	1	4.3239
AgO	2	2.162	AgCl	1	5.348
Zn	2	1.220	Cd	2	2.097
Hg	1	7.485	Pb	2	3.866
H	1	0.0376	O	2	0.2985
F	1	0.7089	Cl	1	1.323
Br	1	2.982	I	1	4.735
S	2	0.5931	PbO_2	2	4.463
MnO_2	1	3.243	NiOOH	1	3.422

表 4-2 列出了在碱性介质和酸性介质中的一些常见的电极反应的标准电位值（相对于标准氢电极）；表 4-3 列出了一些常见的电池理论比能量和实际比能量的数值，以供参考。

在选择活性物质时，应选择那些电化当量较小的强氧化还原体系，如位于周期表中左上角的那些还原性强的金属元素作负极与表中右上角的那些氧化性强的非金属元素作正极组成的氧化还原体系。这是组成高比能量电池系列的基础。表 4-4 列出了这些体系的基本电化学参数的理论值（计算时，按反应生成物为最简单的固态化合物）。

表 4-2a 常见电极反应的标准电极电位（碱性介质）

电极反应	标准电位/V	电极反应	标准电位/V
$Ca(OH)_2 + 2e = Ca + 2OH^-$	−3.02	$Ce(OH)_3 + 3e = Ce + 3OH^-$	−2.87
$Mg(OH)_2 + 2e = Mg + 2OH^-$	−2.69	$H_2AlO_3^- + 3e + H_2O = Al + 4OH^-$	−2.33
$Mn(OH)_2 + 2e = Mn + 2OH^-$	−1.55	$Zn(OH)_2 + 2e = Zn + 2OH^-$	−1.243
$ZnO_2^{2-} + 2e + 2H_2O = Zn + 4OH^-$	−1.215	$Fe(OH)_2 + 2e = Fe + 2OH^-$	−0.877
$2H_2O + 2e = H_2 + 2OH^-$	−0.828	$Ni(OH)_2 + 2e = Ni + 2OH^-$	−0.72
$Fe(OH)_3 + 3e = Fe + 3OH^-$	−0.56	$O_2 + e = O_2^-$	−0.563
$S + 2e = S^{2-}$	−0.447	$Cu_2O + H_2O + 2e = 2Cu + 2OH^-$	−0.358
$MnO_2 + 2H_2O + 2e = Mn(OH)_2 + 2OH^-$	−0.05	$HgO + H_2O + 2e = Hg + 2OH^-$	+0.098
$O_2 + 2H_2O + 4e = 4OH^-$	+0.401	$2AgO + H_2O + 2e = Ag_2O + 2OH^-$	+0.607

表 4-2b　常见电极反应的标准电极电位（酸性介质）

电极反应	电位/V	电极反应	电位/V
$Li^+ + e = Li$	-3.045	$Ba^{2+} + 2e = Ba$	-2.906
$Na^+ + e = Na$	-2.714	$Mg^{2+} + 2e = Mg$	-2.363
$Mn^{2+} + 2e = Mn$	-1.180	$Zn^{2+} + 2e = Zn$	-0.7628
$Pb + SO_4^{2-} = PbSO_4 + 2e$	-0.3588	$PbO_2 + 4H^+ + 2e = Pb^{2+} + 2H_2O$	$+1.455$
$MnO_2 + 4H^+ + 2e = Mn^{2+} + 2H_2O$	$+1.23$	$Pb^{2+} + 2e = Pb$	-0.126
$AgCl + e = Ag + Cl^-$	$+0.2222$	$Hg_2SO_4 + 2e = 2Hg + SO_4^{2-}$	$+0.6151$
$Ag^+ + e = Ag$	$+0.7991$	$Mn^{3+} + e = Mn^{2+}$	$+1.51$

表 4-3　几种常见电池的理论比能量与实际比能量

电池种类	理论比能量/(W·h/kg)	实际比能量/(W·h/kg)
铅酸蓄电池	175.5	30～50
镉-镍蓄电池	214.3	25～35
铁-镍蓄电池	272.3	20～30
锌-银蓄电池	487.5	100～150
镉-银蓄电池	270.2	40～100
锌-汞蓄电池	255.4	30～100
锌-锰蓄电池	251.3	10～50
锌-锰碱性电池	274.0	30～100
锌-氧电池	1080	
锌-空气电池	1350(不计 O_2 重)	100～250

表 4-4　可能组成电池体系的电动势与理论比能量

负极物质	正极物质							
	$\frac{1}{4}O_2$		$\frac{1}{2}Cl_2$		$\frac{1}{2}F_2$		$\frac{1}{2}S$	
	E/V	$W/(W\cdot h/kg)$	E/V	$W/(W\cdot h/kg)$	E/V	$W/(W\cdot h/kg)$	E/V	$W/(W\cdot h/kg)$
$\frac{1}{2}H_2$	$\frac{1}{2}H_2O$(液)		HCl(液)		HF(液)		$\frac{1}{2}H_2S$	
	1.23	3660	1.36	1000	3.05	4090	0.17	270
Li	$\frac{1}{2}Li_2O$		LiCl		LiF		$\frac{1}{2}Li_2S$	
	2.90	5200	3.98	8510	6.06	6260	2.50	2900
Na	$\frac{1}{2}Na_2O$		NaCl		NaF		$\frac{1}{2}Na_2S$	
	1.95	1690	3.98	1820	5.60	3580	1.88	1290
$\frac{1}{3}Al$	$\frac{1}{6}Al_2O_3$		$\frac{1}{3}AlCl_3$		$\frac{1}{3}AlF_3$		$\frac{1}{3}Al_2S_3$	
	2.72	4290	2.20	1320	4.25	4070	0.85	912
$\frac{1}{2}Zn$	$\frac{1}{2}ZnO$		$\frac{1}{2}ZnCl_2$		$\frac{1}{2}ZnF_2$		$\frac{1}{2}ZnS$	
	1.65	1090	1.92	753	3.59	1860	0.95	525

（2）电池反应生成物的状态　对于大多数电池活性物质来说，其充电态和放电态物质存在状态或比容上的差异，在充放电过程中因为这些差异导致电极体积及其性能上的变化，所以，设计电池要考虑到电池反应生成物的状态。对于一次电池，电池放电产物允许是溶解型的，而对于二次电池，其反应生成物则一般必须是仍以难溶性形式存在于电极基体上。同时还要考虑到电池活性物质在充放电过程中的比容（体积）变化。如 Li/CuO 系列，放电反应：$CuO + 2Li \longrightarrow Li_2O + Cu$，生成物为 Li_2O，其比容大于 Li，电池往往会发生外壳变形，甚至破裂。

又如 Cd-Ni 电池系列，有极板盒式的正极，经充放电循环，电极显著膨胀，二次 Zn-AgO 电池，会出现锌极变形与下沉的现象，并导致电池失效。铅酸电池因放电反应消耗 H_2SO_4，导致 $PbSO_4$ 溶解度的升高，从而导致 $PbSO_4$ 枝晶的形成，造成电池内短路现象。

锂离子电池充电时负极膨胀，放电时收缩，易引起电池装配效果的变化，铅酸电池在循环过程中 $\alpha\text{-}PbO_2$ 向 $\beta\text{-}PbO_2$ 转化，引起正极结构变化，正极板软化乃至脱粉，在设计中均应加以考虑。

（3）活性物质的稳定性　活性物质的稳定性关系到电池的荷电保持能力以及使用寿命。从一般意义上讲，活性物质在电池开路条件下不与电池内任何组分发生任何作用，否则，电池易于产生自放电现象，造成容量损失。一般造成活性物质稳定性下降的主要原因是电池内部杂质、电池发生内外物质交换（如封口不严、电池失水、O_2 进入电池等）等。

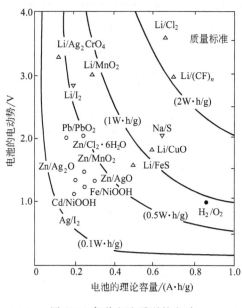

图 4-1　各种电池系列的电动势与质量理论比能量的关系

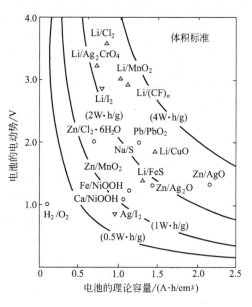

图 4-2　各种电池系列的电动势与体积理论比能量的关系

（4）电池的质量比能量与体积比能量的差 由于各种活性物质的电化当量不同以及物质的密度不同，因而其各类电池的质量比能量和体积比能量相差很大，这在图 4-1 和图 4-2 中已清楚地看出。在设定的体积内进行电池设计时，选择高体积能量密度的电池系列；在给定的质量内进行设计时，应选择高质量能量密度的电池系列。提高电池质量或体积比能量是设计的基本要求之一。

图 4-3 为同体积的 Li/Bi$_2$O$_3$ 电池与 Li/CuO 电池放电性能相比较，图 4-4 为同质量（0.2g）的 Bi$_2$O$_3$ 与 CuO 单极放电特性比较。显然，从质量比能量相比，Li/CuO 电池大于 Li/Bi$_2$O$_3$ 电池的比能量，而从体积比能量相比，则由于 Bi$_2$O$_3$ 的相对密度大而且电压较高，因而 Li/CuO 电池优于 Li/Bi$_2$O$_3$ 电池。这两类电池的比能量比较，进一步说明了体积和质量比能量的差异性对设计电池选择能量密度的影响。

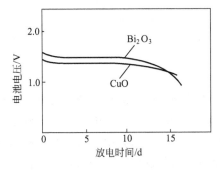

图 4-3　Li/Bi$_2$O$_3$ 与 Li/CuO 电池放电曲线

放电电阻：12kΩ；电池尺寸：ϕ11.6×2.0

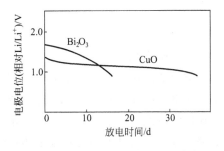

图 4-4　Bi$_2$O$_3$、CuO 单极放电曲线

放电电流：2.5mA；正极物质质量：0.2g

图 4-5 为各种扣式电池的体积比功率和体积比能量的对比图。明显看出 Zn/空气电池具有很高的比能量，而比功率却很小，这是由于电池结构的关系。因为电池的空气入口很小，放电电流受到了限制，而 Cd/Ni 电池却有较高的比功率，但比能量较小，因而是适用于大电流放电的二次电池。

因此，在设计电池时，必须根据电池的使用目的及使用条件来选择合适的电池系列及其结构。

（5）活性物质的活性 活性物质

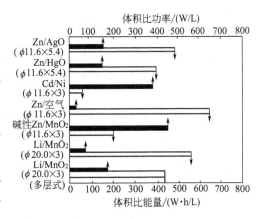

图 4-5　各种扣式电池体积比特性图

的物理状态，如晶形、粒度和表面状态以及材料的纯度等，均影响其活性。例如，锌锰干电池的正极活性物质，由于 MnO$_2$ 的种类不同而表现出的电化学活性差别也

很大，电解 MnO_2 的活性要比天然 MnO_2 的活性高得多。图 4-6 为几种不同的正极 MnO_2 材料的干电池放电特性比较。图 4-7 为几种不同晶型结构的 Li-MnO_2 电池的放电特性比较。

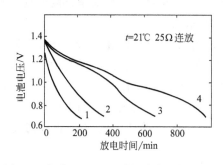

图 4-6　各种 Zn-MnO_2 干电池放电特性比较

1—天然 MnO_2；2—电解 MnO_2；3—电解 MnO_2（高 $ZnCl_2$ 型）；4—电解 MnO_2（碱性中）

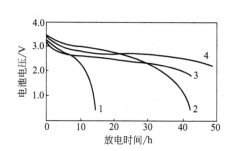

图 4-7　各种晶相结构的 Li-MnO_2 电池放电特性曲线

1—α-MnO_2；2—γ-MnO_2；3—β-MnO_2；4—γ，β-MnO_2

4.3.2.2　电解质溶液

电解质溶液作为电池的重要组成部分，在正负极之间起着输送离子传导电流的作用，对电池的性能有很大的影响。常用的电池电解液有水系电解液和有机电解液。在传统电池中，电解液均采用以水为溶剂的电解液体系，由于许多物质在水中的溶解度较好，而且人们对水溶液体系物理化学性质的认识已很深入，故电池的电解液选择范围很广。但是，由于水系电解液的理论分解电压只有 1.23V，因此以水为溶剂的电解液体系的电池的最高电压也只有 2V 左右（如铅酸蓄电池）。而对于电池电压高达 3～4V 的锂离子电池，传统的水溶液体系已不再适应电池的需要，而必须采用非水电解液体系的电解液。对高压下不分解的有机溶剂和电解质的选择是非水体系的关键问题。

从相态上来分，电池电解液可分为液体、固体和熔盐电解质 3 类。

$$
电池电解液
\begin{cases}
液体电解质
\begin{cases}
无机电解质溶液 \\
有机电解质溶液
\end{cases} \\[2ex]
固体电解质
\begin{cases}
无机固体电解质 \\
有机固体电解质
\begin{cases}
纯固体聚合物电解质 \\
胶体聚合物电解质
\end{cases}
\end{cases} \\[2ex]
熔盐（Me\,AlCl_4 或 EtAlCl_4\text{-}LiAlCl_4 等）电解质
\end{cases}
$$

（1）电解质应具备的基本条件

① 电解液的稳定性要高。

电解液是电池主要组成之一，其性质直接关系到电池的特性。电解液要长期保

存于电池中，所以它要求具有很高的稳定性，电池开路时，电解质不应发生任何反应。此外，某些电池电压较高（如超过3V）或由于电极物质活泼，则水溶液易被分解，而应采用非水有机溶剂电解液。

通常在水溶性电解液中，由于两极活性物质浸于其中，它们存在有不同程度的溶解作用而导致电池的容量损失。

② 电解液的电导率要高。

电解液的电导率直接影响电池的欧姆内阻。一般应选用电导率较高的为佳。但应注意到电池的使用条件，如在低温下工作时，还要考虑到电解液的冰点情况。又如还应考虑电液对电极的腐蚀作用。

图4-8为几种电解质水溶液的电导率；图4-9为KOH和H₂SO₄溶液的冰点和质量分数的关系。对于非水有机溶剂电解液，

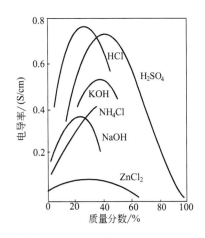

图 4-8　几种电解质水溶液的电导率

一般是有机溶剂的介电常数越大越好，而其黏度越小越好。图 4-10 为 LiClO₄ 在几种有机溶剂中的电导率。表 4-5 和表 4-6 分别列出某些有机溶剂和混合溶剂的物理特性。

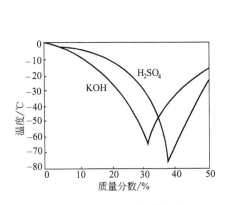

图 4-9　浓度与冰点的对应关系

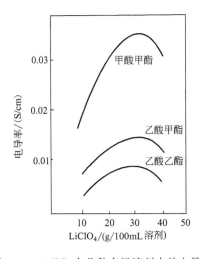

图 4-10　LiClO₄ 在几种有机溶剂中的电导率

（2）电解质溶液的选择　电解质溶液主要是保证电池正常工作时正负极间的离子导电作用。对于不同的电池系列，电解质所要起的作用或通过电解液组成的改进，赋予不同的功能和作用。就一般情况而言，电解质溶液应具有高的稳定性和高的电导率就能够满足电池最基本的要求。

表 4-5　部分有机溶剂的物理性能（25℃）

溶剂	熔点/℃	沸点/℃	黏度/(mPa·s)	偶极矩/(10^{-30}C·m)	相对介电常数	DN	AN
乙腈	−45.7	81.8	13.142	13.142	38	14.1	18.9
EC	30	242	1.86(40℃)	16.011	89.6(30℃)	16.4	
PC	−49.2	241.7	2.530	12.379	64.4	15.1	18.3
DMC	3	90	0.59		3.1		
DEC	−43	127	0.75		2.8		
EMC	−55	108	0.65		2.9		
MPC	−49	130	0.78		2.8		
γ-丁内酯	−42	206	1.751	13.743	39.1	18.0	18.2
DME	−58	84.7	0.455	3.569	7.2	24	10.2
DEE		124					
THF	−108.5	65	0.46(30℃)	5.704	72.5(30℃)	20	8
MeTHF		80	0.475		6.24		
DGM		162	0.975		7.40	10.5	9.9
TGM		215	1.89		7.53	14.2	10.5
TEGM			3.25		7.71	16.7	11.7
1,3-DOL	−95	78	0.58		6.79(30℃)	18.0	
环丁砜	28.9	287.3	98.7(30℃)	15.678	42.5(30℃)	14.8	19.3
DMSO	18.4	189	1.991	13.209	46.5	29.8	19.3

注：EC 为乙烯碳酸酯；PC 为丙烯碳酸酯；DMC 为二甲基碳酸酯；DEC 为碳酸二乙酯；EMC 为碳酸甲乙酯；MPC 为碳酸甲丙酯；DME 为 1,2-二乙氧基乙烷；DEE 为二乙氧基乙烷；THF 为四氢呋喃；MeTHF 为 2-甲基四氢呋喃；DGM 为缩二乙二醇二甲醚；TEGM 为缩四乙二醇二甲醚；1,3-DOL 为 1,3-二氧环戊烷；DMSO 为二甲亚砜；DN 为给体数；AN 为受体数。

表 4-6　溶有锂盐的有机溶剂的电导率和黏度

溶剂	电导率 γ/(mS/cm)	黏度 η/(mPa·s)
环状碳酸酯及其混合溶剂		
电解质：1mol/L LiClO₄		
EC	7.8	6.9
PC	5.2	8.5
BC	2.8	14.1
EC+DME(50%,体积分数)	16.5	2.2
PC+DME(50%,体积分数)	13.5	2.7
BC+DME(50%,体积分数)	10.6	3.0
PC+DMM(50%,体积分数)	7.9	3.3
PC+DMP(50%,体积分数)	10.3	2.9
环状与链状		
电解质：1.5mol/L LiAsF₆		
THF	16	
2-MeTHP	4	
DOL	12	
4-MeTHP	7	
MF	35	
MA	22	
MP	16	
环状碳酸酯与链状碳酸酯混合溶剂		
电解质：1mol/L LiPF₆		
EC+DMC(50%,体积分数)	11.6	
EC+EMC(50%,体积分数)	9.4	
EC+DEC(50%,体积分数)	8.2	
PC+DMC(50%,体积分数)	11.0	
PC+DEC(50%,体积分数)	8.3	
PC+DEC(50%,体积分数)	7.4	

对于仅起导电作用的电解质溶液而言，主要考虑其电导率和稳定性的影响，通常温度的影响是重要的，应考虑的参数有：黏度、冰点、沸点、熔点、燃点等。

对于参与成流反应的电解质而言，还要考虑加入量和加入方式，如铅酸电池的 H_2SO_4 在较高的电导率的浓度范围内，其加入量应满足在整个放电过程中的离子导电和反应所需。糊式锌锰干电池，NH_4Cl 也参与成流反应，并与 $ZnCl_2$ 构成缓冲溶液，为保证溶液体系 pH 的稳定及反应所需，需要加入大量的 NH_4Cl 物质。考虑到 NH_4Cl 的溶解度随温度变化很大，虽在水中易于溶解，但温度降低时也易于结晶，所以，NH_4Cl 以两种形式加入电池，其一以溶液形式，其二以固体形式，一般固体 NH_4Cl 加入量占合成粉质量的 $16\%\sim18\%$。

对于要求低温放电的电池，要注意电解质溶液冰点的影响。糊式电池低温放电性能差，改进电解液体系的组成与浓度，降低其冰点，如加入 $CaCl_2$、$LiCl$ 等是提高其低温性能的重要方法。对于要求低温大电流放电的电池，还应考虑到温度对活性物质的影响，如超低温启动型铅酸电池，在保证 H_2SO_4 溶液低温具有较高的电导条件下，主要是防止负极的表面收缩，因为海绵状的金属铅具有较高的表面能，受低温的影响，自动收缩作用加强，所以，改进负极膨胀剂也是主要考虑的内容。

对于通过改进电液配方（如加入所谓的电液添加剂）的电液体系来提高电池的某些性能，以不影响电液主要功用为基本前提，否则，会顾此失彼。例如，以锂离子电池电液中经常加入成膜添加剂、阻燃添加剂等，这些添加剂量过高时，将影响其导电能力，从而降低电池倍率放电性能及循环寿命。

值得注意的是，作为电解质是否参与成流反应的评判，不能仅看电池总反应，也要从单电极反应来看电解质是否参与成流反应。电池反应是分区进行的氧化还原反应，反应式是建立在分子学基础的一种分子变化的表达式，前者是宏观的，后者是微观的，对于厚型电极或极间距较大的电池，这种宏观和微观上的差异就凸现出来，在这种情况下，电解质溶液的加入量及其在电池中各组成部分的分布，将至关重要。选择电解质溶液时，也要考虑电液的状态。一般常见电池，如镉镍、锌银、铅酸电池等，采用液态电解液。有些小功率电池，如用于心脏起搏器的锂碘电池，采用固体电解质。而有些用于大功率贮备式的电池，可采用熔盐电解质，这类电池，贮存寿命长，而且不存在自放电问题。

对于有机电解质溶液而言，要得到高电导率的电解液，最好是选择介电常数大、黏度低的溶剂。但溶剂的介电常数大，黏度也高。阴离子半径大的锂盐容易在溶剂中电离，但在溶剂中移动困难。因此，在选择电解液时，必须对溶剂体系和导电盐进行综合分析。表 4-7 列出了锂离子电池用电解液的导电率。

表 4-7　锂离子电池用电解液（1mol/L 锂盐，25℃）的导电率 γ_{max}　　单位：mS/cm

电极 ε_r η_0/mPa·s	PC/DME	GBL/DME	PC/MP	PC/EMC	PC	GBL
	35.5	1.04	33.6	27.4	64.9	41.8
	1.06	0.90	1.04	1.25	2.51	1.25
溶剂 $LiBF_4$	9.37	9.4	5.0	3.3	3.4	7.5
$LiClO_4$	13.9	15.0	8.5	5.7	5.6	1.90
$LiPF_6$	15.9	18.3	12.8	8.8	5.8	10.9
$LiAsF_6$	15.6	18.1	13.3	9.2	5.7	11.5
$LiCF_3SO_3$	6.5	6.8	2.8	1.7	1.7	4.3
$Li(CF_3SO_2)_2N$	13.4	15.6	10.3	7.1	5.11	9.4
$LiC_4F_9SO_3$	5.1	5.3	2.3	1.3	1.1	3.3

4.3.2.3 电池的结构、形状和尺寸

（1）扣式电池厚度的影响　同一系列的电池，可能由于电池的结构、形状以及尺寸的不同而影响到电池的某些电化学参数，进而改变电池的性能，图 4-11 为扣式电池的厚度与电池容积、电池容量的关系。

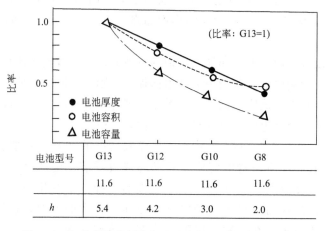

图 4-11　扣式电池的厚度与电池容积和电池容量的关系

（2）圆柱式电池直径的影响　电池直径对于其比功率有较大的影响。图 4-12 为不同型号（直径）的锌-锰干电池的体积比功率和质量比功率的比较，明显看出：直径较大的电池具有较小的比功率，而直径较小的具有较大的比功率。

图 4-13 为不同型号的碱锰干电池的体积比功率和体积比能量的比较，可以看出：从 LR20 到 LR1 型电池，其体积比能量相差甚小。而体积比功率相差很大。其中 LR20 体积比功率最小，而 LR1 体积比功率最大。这是由于 LR20 电池直径较大，使得电池正负极间相对的反应面积相差较大，并且受到正极厚度的影响，从而造成直径较大的 LR20 电池的体积比功率相对于 LR1 型要小得多。

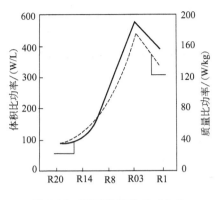

图 4-12　不同直径的 Zn-MnO₂
干电池的比功率

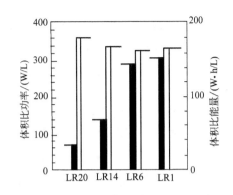

图 4-13　不同尺寸的碱锰干电池的
比功率及比能量

（3）正、负极的装配结构的影响
如扣式电池中，电极装配结构可为单层
平 板 式 （CR2430 型） 或 多 层 平 板 式
（CR2430H 型）。由于电极装配结构的
不同，而对电池性能有所影响。图 4-14
为两种结构的示意图，图 4-15 为两种
结构不同电池的放电特性比较。

（4）电解液隔离层的影响　电解液
隔离层是指吸附电液隔膜隔离层的统
称。电解液起着正、负极间的离子导电

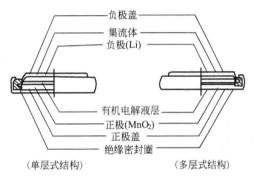

图 4-14　扣式电池结构示意图

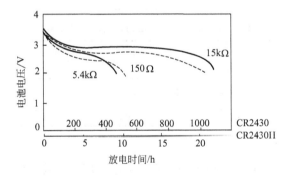

图 4-15　扣式电池的特性比较
—— CR2430 型；- - - CR2430H 型

作用，隔离层保证正负极对的机械隔离，防止活性物质微粒对迁移。因而要求电液
层具有一定的厚度。根据电池系列的不同，以电液需用量及内阻情况来选择适当的
厚度。如锌银电池、锌汞电池，其电液层稍厚些，可保持较多的电液，而对于固体
电解质电池或非水有机电解质电池，因其内阻较高，则电液层薄些为佳。

（5）电池零部件材料性能的影响　电池所用的金属材料，必须具有很好的化学稳定性，集流体对活性物质和电液应无作用及对绝缘材料要求具有一定的可塑性、耐热性及抗老化性能等。原材料质量的好坏（纯度及其性能），对电池的电性能及贮存性能有很大影响。表4-8～表4-10分别列出一些常用的隔板隔膜及塑料的某些性能。

值得注意的是，随着新材料的产生及其在电池中的应用，将对电池零部件的性能必然有所提高，在设计电池时应采用性优的材料。

表 4-8　几种用于铅酸蓄电池的隔板性能

隔板种类	电阻/(Ω/cm^2)	孔径/μm	孔隙率/%	拉伸强度/(kgf/cm^2)	寿命/周期
软质 PVC	0.0017	11	88	22	116
硬质 PVC	0.0022	31	46	17.5	—
微孔橡胶	0.0032	—	63	54	218
玻璃纤维	0.0094	48	—	—	525

注：$1kgf/cm^2 = 98.0665kPa$。

表 4-9　几种用于锌银电池的隔膜性能

	品种	水化纤维素膜	接枝膜 PE-AA	尼龙毡	尼龙布	石棉
吸碱液量	动态/%	93.7		87.9	95.2	95.5
	静态/(g/g)		2.3	2	1.05	2
	速率/(mm/30min)				82	
电阻	比电阻	8～10	10～20	3～4	6	5.6
	方波测定	0.07		0.049	0.66	0.10
强度	干态拉伸强度/(kgf/cm^2)	12		0.2～1.37	—	0.10～0.17
	湿态拉伸强度/(kgf/cm^2)	9.2		0.12～1.03		0.03～0.09
耐碱损失/%		2.93				

表 4-10　几种用于电池的塑料的某些性能

材料	冲击强度/(kgf/cm^2)	耐热温度/℃	耐寒温度/℃	相对密度
PS	1.36～2.18	65	−20	1.04～1.06
PE	8.18～10.9	121	−70	0.94～0.96
AS	2.73	60～90	−30	1.07～1.10
ABS	6～53	60～121	−40	1～1.15

4.3.3　电池性能

（1）工作电压的平稳性　电池在一定的放电制度下，其工作电压受其活性材料活性及内阻变化的影响。锌银电池或锌汞电池，随放电过程在正极上反应产物为导电良好的金属银或金属汞，因而放电电压较为平稳；而锌锰干电池则由于正极的固相扩散的迟缓而极化增大，内阻上升，因而电压平稳性较差。因此在设计电池时，要根据不同的需求来选择工作电压平稳性不同的电池系列。对于那些要求电压精度高的场合，则需电压平稳性好的电池系列，反之，则应从实际和经济方面来考虑。

（2）工作温度范围　电池的工作温度范围主要取决于电解液的性质（如电导、

冰点、沸点及熔点等）。中性锌锰电池 NH_4Cl 电解液中加入 $CaCl_2$ 可使电液的冰点下降，制成低温电池，改善了电池的低温性能。碱锰电池中电解液 KOH 的冰点很低，因而扩大了它们的使用范围，而非水有机溶剂锂电池，则因为其电液沸点升高，冰点降低，而使电池具有较宽的使用温度范围。

（3）贮存性能　影响电池贮存性能的主要因素有：电极活性物质的特性和纯度；电极活性物质与电液的作用；组成电池各物质中有害杂质的影响；隔膜的稳定性与抗氧化性。例如活性物质的自溶解或微电池作用而形成的自放电。另外，开口电池还可能受到空气中氧化作用及碱性电液的碳酸盐化问题。此外，贮存温度的影响也不可忽视，较高的温度会加速上述那些因素的作用，因而电池贮存在较低温度为宜。

（4）二次电池的循环寿命　凡影响电池贮存性能的各种因素也都对其循环寿命起作用。此外，电池结构与充放电制度的是否合理，将影响到电极的变形与活性物质的脱落。放电深度及过充电、隔膜的抗氧化、抗枝晶穿透能力等，这些都是影响电池循环寿命不可忽视的因素。

4.3.4　工艺方面的准备

4.3.4.1　电极制造与选择

电极是电池的核心。一般电极都由三部分组成，一是参加成流反应的活性物质，二是集流体或为改善电极性能而加入的导电剂，三是少量黏结剂、添加剂、缓蚀剂等。

化学电源常用的电极形式有片状电极、两相多孔电极和气体扩散电极。电极的制造方法有很多种，由于制造工艺的不同，电极结构形式也各不相同，各有特点。

（1）片状电极　片状电极一般由金属片或板直接制成，锌锰干电池以锌饼冲成圆筒作负极，锂电池的负极用锂片。

（2）两相多孔电极　两相多孔电极应用极广，因为电极多孔，真实表面积大，电化学极化和浓差极化小，不易钝化。电极反应在固液界面上进行，充放电过程中生成枝晶少，可以防止电极间短路。

根据电极的成型方法不同，常用的两相多孔电极有以下几种。

① 管（盒）式电极：管（盒）式电极是将配制好的电极材料加入表面有微孔的管或盒中，如铅酸电池正极是将活性物质铅粉装入玻璃丝管或涤纶编制管中，并在管中插入汇流导电体。也有极板盒式的，镉镍电池则利为盒式电极。此类电极不易掉粉，电池寿命长。

② 压成式电极：压成式电极是将配制好的电极材料放入模具中加压而成。电极中间放导电骨架。镍氢电池发泡镍干粉压成正极、铜网干粉压成负极等。

③ 涂膏式电极：将电极材料用电解液调成膏状，涂覆在导电骨架上，如铅酸电池的电极、锌银电池的负极、锂离子电池的电极。

④ 烧结式电极：将电极材料先通过一定工艺成形，并经高温烧结处理，也可

以烧结成电极基板，然后，浸渍活性物质，烘干而成。镉镍电池、锌银电池用电极常用烧结法制造。烧结式电极强度高，孔隙率高，可以大电流、高倍率放电，电池寿命长，但工艺复杂，成本较高。

⑤ 发泡式电极：采用发泡镍作为导电骨架所制成的电极形式。将泡沫塑料进行化学镀镍，电镀镍处理后，经高温碳化后得到多孔网状镍基体，将活性物质填充在镍网上，经轧制成泡沫电极。泡沫镍电极孔隙率高（90％以上），真实表面积大，电极放电容量大，电极柔软性好，适合作卷绕式电极的圆筒形电池。目前主要用于氢镍和镉镍电池。

⑥ 黏结式电极：将活性物质加黏结剂混匀，滚压在导电镍网上制成黏结式电极。这种电极制造工艺简单，成本低。但极板强度比烧结式的强度低，寿命不长。

⑦ 电沉积式电极：电沉积式电极是以冲孔镀镍钢带为阴极，在硫酸盐或氯化物中，将活性物质电沉积到基体上，经辊压、烘干、涂黏结剂，剪切成电极片。电沉积式电极可以制备镍、镉、钴、铁等高活性电极，其中电沉积式镉电极已在镉镍电池中应用。

⑧ 纤维式电极：纤维式电极是以纤维镍毡状物作基体，向基体孔隙中填充活性物质，电极基体孔隙率达93％～99％，具有高比容量和高活性。电极制造工艺简单，成本低，但镍纤维易造成电池正、负极短路，自放电大，目前尚未大量应用。

（3）气体扩散电极　气体扩散电极是两相多孔电极在气体电极中的应用。电极的活性物质是气体。气体电极反应在电极微孔内表面形成的气-液-固三相界面上进行。目前工业上已得到应用的是氢电极和氧电极，如燃料电池的正、负极和锌-空气电池的正极都是这种气体扩散电极。典型的电极结构有：双层多孔电极（又称培根型电极）、防水型电极、隔膜型电极等。

以上电极以压成式电极最为普遍，所用设备简单，操作方便，较为经济，一般电池系列均可采用，涂膏式电极也较为普遍，多用于二次电池；烧结式电极，寿命较长，也多用于二次电池；箔式电极生产自动化程度高，电极比表面积大，适用于大功率一次及二次电池；而电沉积式电极，孔隙率高，比表面积大，活性高，适用于大功率、快速激活电池。

在设计电池时，根据对电池的使用

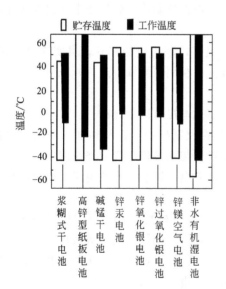

图 4-16　一些电池的贮存温度和工作温度

要求、生产条件及其经济性来综合确定。

4.3.4.2 电池的装配结构

电池的结构设计，同样需要根据电池的使用条件，结合电池系列的特殊性来进行。合理的电池结构，有利于发挥电池的最佳性能，为了保证电池的可靠性和安全性，除了在工艺上采取必要的措施（极群的连接、两极的配比、密封方式、安全阀、防爆栓等）外，还应注意到电池的使用条件，尤其是电池的工作温度和贮存温度，对电池性能及寿命有很大影响。图 4-16 列出了一些电池的贮存温度和工作温度的范围。

4.4 电池设计的一般步骤

设计主要包括参数计算和工艺制定两个方面的内容。本节仅介绍一般的基本计算和设计步骤。

4.4.1 确定组合电池中单体电池数目、工作电压和工作电流密度

根据要求的电池工作总电压、工作电流等指标，参考选定的电池系列的"伏安曲线"（经验数据或试验所得）来确定。

（1）单体电池数目的确定 单体电池数目由电池组的工作总电压和单体电池工作电压来确定，其公式为

$$单体电池数目 = \frac{电池组工作总电压}{单体电池工作电压} \tag{4-5}$$

（2）选定单体电池工作电压和工作电流密度 根据选定系列电池的伏安曲线，来确定单体电池的工作电压和工作电流密度。同时应考虑到工艺（如制造方式，电极结构形式等）的影响，以及电流密度对工作电压及活性物质利用率的影响等。

4.4.2 计算电极总面积和电极数目

根据要求的工作电流和选定的工作电流密度，计算电极总面积（以限制电极为准）：

$$极片的总面积（cm^2）= \frac{工作电流（mA）}{工作电流密度（mA/cm^2）} \tag{4-6}$$

根据要求的电池外形最大尺寸（电池总容积），选择合适的电极尺寸，计算电极数目。应注意的是：在选择方形电池电极尺寸时，要考虑到该电池电极的长宽比。

$$电极数目 = \frac{电极总面积}{极片面积} \tag{4-7}$$

4.4.3 电池容量计算

（1）额定容量计算 额定容量（A·h）由要求的工作电流和工作时间来决定。

$$额定容量 = 工作电流 \times 工作时间 \tag{4-8}$$

（2）确定设计容量 一般情况下，为保证电池的可靠性和使用寿命，设计容量

应大于额定容量的 10％～20％，而锌-银蓄电池的设计容量应大于额定容量的 20％～50％。

$$设计容量＝（1.1～1.2）×额定容量 \tag{4-9}$$

4.4.4 计算电池正、负极活性物质的用量

① 根据限制电极的活性物质的电化当量、设计容量及活性物质利用率来计算单体电池中控制电极的物质用量。

$$单体电池限制电极物质用量＝设计容量×电化当量÷利用率 \tag{4-10}$$

② 计算非限制电极活性物质用量。

$$单体电池非限制电极物质用量＝$$
$$设计容量×电化当量÷利用率×过剩系数 \tag{4-11}$$

非限制电极活性物质过量，一般 1＜过剩系数＜2。

例如，选定 Zn-AgO 系列，并确定工艺为烧结式，控制电极为 AgO 电极，则单体电池正极物质（Ag 粉）用量为设计容量乘以 4.025g/（A·h），再除以利用率。烧结式银电极孔隙率与利用率关系见图 4-17。

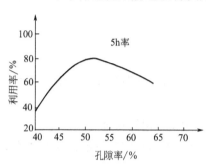

图 4-17 烧结式银电极孔隙率与利用率的关系

非控制电极为锌电极，并选定工艺为涂膏式，则

$$单体电池负极混合物用量＝\frac{设计容量×1.22g/（A·h）}{（w_{Zn}＋w_{ZnO}×\frac{65.37}{81.37}）×利用率}×过剩系数$$

由于涂膏式锌电极常含有黏结剂，则：锌膏质量＝混合锌粉量×（1＋A），其中 A 为黏合剂占总质量的比例。

③ 活性物质利用率的确定。

首先，电极板厚度对活性物质的利用率也有较大影响。如果极板有理想的孔隙率，电解液能充分扩散到电极内部，则在小电流放电时，极板容量应随厚度的增加而成比例的增加，但实际上是随着厚度的增加，容量的增长率逐渐减小，特别是在高倍率放电时更为突出。因此，在谈到极板容量与厚度关系时，离开放电率的限制是没有意义的。在相同放电率下放电时，随极板厚度的增加，活性物质总量增加，活性物质深处越来越难以参加反应，所以利用率随厚度的增加而下降，越高倍率放电，活性物质利用率下降得越显著。

在高倍率放电时，电解液向极板孔内的扩散赶不上放电进程，反应只在极板表面进行，并且有可能电极反应生成难溶性产物（如铅酸电池放电时，生成难溶性产物 $PbSO_4$）将极板表面的孔堵塞，越发使极板内部活性物质难以进行反应，其结果使活性物质利用率下降。反之，当用小电流缓慢放电时，电解液可以充分扩散，

由于增加极板厚度而使容量增加的优越性才能较明显的表现出来。

表 4-11 铅酸电池极板厚度，在不同放电率下与利用率的关系。

表 4-11　极板厚度与活性物质利用率的关系

极性	极板厚度/mm	活性物质量/g	理论容量/A·h	5h 放电率		1h 放电率	
				实际容量/A·h	利用率/%	实际容量/A·h	利用率/%
正极板	2.1	63	14.1	6.6	47	4.3	31
	3.8	110	24.6	8.6	35	5.1	21
	5.3	160	35.9	9.6	27	5.9	16
	6.8	209	46.8	10.5	23	6.4	14
	8.3	253	56.7	12.0	21	7.0	12
负极板	2.1	55	14.2	9.2	65	6.1	43
	3.5	94	24.4	13.9	57	8.2	34
	5.1	139	36.0	17.3	48	9.3	26
	6.6	183	47.4	18.5	39	10.2	22
	8.2	225	58.3	19.2	33	11.2	19

从表中看出：正极板 5h 放电率，利用率为 50% 以下，而负极也不超过 65%。极板厚度增大时，利用率的下降幅度是相当大的。

以上所述，仅就活性物质的整体而言，考虑的只是平均利用率，实际上极板上的各个部位的电位、电流分布不均匀，每一部位的利用率也不相同，而电流分布、电位分布与极板面积、极板宽、高比、极耳位置与数量等因素有关，这些因素对极板容量和活性物质的利用率有很大影响，所以选择活性物质利用率时，要对各个因素综合考虑，然后确定适宜的活性物质利用率，进而确定活性物质的用量。

4.4.5　电池正负极的平均厚度

由于每片电极物质用量 $= \dfrac{单体电池物质用量}{单体电池极片数目}$，那么每片极片的厚度为

$$每片电极平均厚度 = \frac{每片电极物质用量}{物质密度×极片面积×（1-孔隙率）} + 集流网厚度$$

$$(4-12)$$

其中集流网厚度 $= \dfrac{网格质量}{物质密度×网格面积}$（或选定）

如果电极活性物质不是单一物质而是混合物时，则物质密度应换成混合物质的密度。例如选定锌负极工艺为压成式，则负极物质为 Zn、ZnO 及 HgO 的混合物，混合物的密度为

$$d_混 = \frac{W}{V}$$

$$(4-13)$$

式中，W 为混合物质量；V 为混合物实体积；$d_混$ 为混合物密度，g/cm^3。

混合锌粉的密度（g/cm^3）为

$$d_{混} = \cfrac{W}{\cfrac{XW}{d_{Zn}} + \cfrac{YW}{d_{ZnO}} + \cfrac{ZW}{d_{HgO}}}$$

$$= \cfrac{1}{\cfrac{x}{d_{Zn}} + \cfrac{y}{d_{ZnO}} + \cfrac{z}{d_{HgO}}} \tag{4-14}$$

式中，x 为混合物中 Zn 的质量分数；y 为混合物中 ZnO 的质量分数；z 为混合物中 HgO 的质量分数；d_{Zn} 为 7.14g/cm³；d_{ZnO} 为 5.58 g/cm³；d_{HgO} 为 11.14 g/cm³。

4.4.6 隔膜材料的选择与厚度、层数的确定

不同的电池系列应选择不同的隔膜材料。碱性介质应选用耐碱膜材，酸性介质应选用耐酸膜材。如锌银系列隔膜，常选用再生纤维素膜或聚乙烯接枝膜，镍镉系列常选用尼龙毡等。

隔膜层数及厚度要根据隔膜本身性能及具体设计电池的性能要求来确定。

4.4.7 电解液的浓度与用量的确定

电液的浓度与用量要根据选定的电池系列特性以及结合具体设计电池的使用条件（如工作电流、工作稳定等）来确定或根据经验数据来选定。

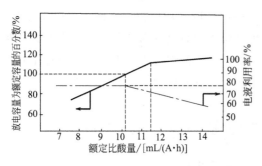

图 4-18 启动型铅酸蓄电池用酸量与容量及电液利用率的关系

对于启动型铅酸蓄电池的用酸量与容量及电液利用率，如图 4-18 所示。

由图可知，当额定比酸量在 11.4mL/（A·h）以前，电池容量随电液量增加而加大，其速率为每毫升提高容量 9%，而过此点后，容量提高就缓慢了，故称此点为"有效额定比酸量"，当电池达到额定容量时，所对应的额定比酸量为 10.2mL/（A·h），当小于 10.2mL/（A·h）时，容量由合格转为不合格，故称此点为"最低额定比酸量"，此值所对应的电液利用率为 78%，此数值在容量合格的前提下，电液的利用率最高。由讨论知，对启动型铅酸蓄电池的最低用酸量（mL）：

$$最低用酸量 = 10.2 \times C$$

式中，C 为电池容量，A·h，要求当 H_2SO_4 密度为 1.28～1.29g/cm³ 时才能使用上式。

4.4.8 确定电池的装配松紧度及单体电池容器尺寸

装配松紧度由单体电池极板总厚度与隔膜厚度及电池内径来决定。

$$松紧度 = \frac{单体电池极片总厚度 + 隔膜厚度}{单体电池内径} \times 100\% \qquad (4\text{-}15)$$

对于圆柱形电池，可通过横截面积来计算。

$$松紧度 = \frac{极片总长度 \times 极片厚度 + 隔膜总长度 \times 隔膜厚度}{电池横截面积} \times 100\% \qquad (4\text{-}16)$$

考虑到电池放电过程中存在的类偏摩效应，因而在设计装配电池时必须保证具有一定的松紧度。其值要根据选定的系列电池特性及设计电池的电极厚度来确定，一般经验数据为 $80\% \sim 90\%$ 左右为宜。

单体电池或组合电池容器尺寸要根据电池内径及电极尺寸来确定。另外还应根据选定的壳体材料的物理性能与力学性能，确定适宜的电池容器，电极高度则需要依据壳体高度、电液量及空气室容积等情况来选定。

第 5 章　化学电源的隔膜及壳体材料

5.1　常规电池用隔膜材料

5.1.1　概述

隔膜用来将电池的正负极隔开，起到避免电池内短路的作用。考虑电池加工工艺及其自身作用，除了隔膜具有足够的机械强度和化学稳定性外，要求隔膜电阻越小越好，它直接影响到电池的内阻，进而影响到电池的使用性能，特别是对大功率工作的电池尤为显著。为了保证电化学反应的离子自由畅通，要求隔膜具有较高的孔性。隔膜材料微孔的大小、孔隙率的高低将直接影响到离子通过的难易程度。若孔径过大，则电极活性物质颗粒很容易迁移，造成短路，甚至在充放电过程中形成的枝晶穿透隔膜，同样也会造成电池的内短路；若孔径过小，则易被活性物质颗粒堵塞，影响离子的扩散能力，膜电阻升高。此外，过大的孔隙率，则影响膜材的力学性能，减少膜材的寿命，过小的孔隙率，电液扩散困难，电池内阻过大，所以要求隔膜材料具有合适的微孔尺寸和孔隙率。

随着科学技术的发展，新材料不断涌现，目前已研制出具有选择性阻挡功能的膜材。这种膜材具有选择地阻挡有害离子或基团在电液中的迁移和抑制金属枝晶生长的功能。如采用含硅胶的橡胶微孔隔板具有较为理想的阻挡铅蓄电池充电时溶解

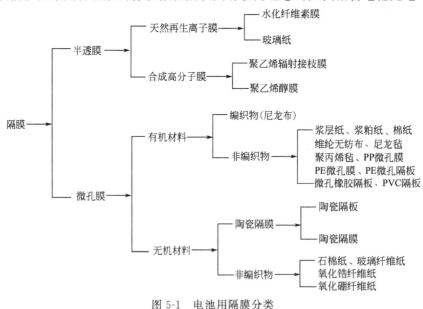

图 5-1　电池用隔膜分类

出的锑离子向负极迁移的功能；在锌银蓄电池中，要求膜材具有阻挡 $Ag(OH)_2^-$ 的迁移和阻挡或抑制锌枝晶的穿透功能。

此外，隔膜材料的性能要受使用温度的影响，因而要求其具有一定的耐温性（包括耐高温或耐寒）。图 5-1 列出了常见隔膜的种类，表 5-1 列出了各类常见电池常用的隔膜。电池对隔膜的技术要求及相应的性能名称见表 5-2，表 5-3 列出了常用隔膜的性能指标。对于不同用途的电池可有针对地选择性能指标。

表 5-1　各类电池的常用隔膜

电池种类		隔膜种类
酸性电池	铅酸电池	酚醛树脂浸渍纤维素隔板,微孔聚氯乙烯隔板 微孔橡胶隔板,袋状微孔聚乙烯隔板 聚乙烯/二氧化硅隔膜,玻璃纤维/浆粕纸隔板 袋状聚丙烯毡状隔板
	密封铅酸电池	超细玻璃纤维纸,聚丙烯毡
碱性电池	镉镍电池 铁镍电池	尼龙毡,维纶无纺布 聚乙烯辐射接枝膜
	氢镍电池 金属氢化物-镍电池	聚丙烯毡,氧化锆纤维纸 聚丙烯毡,维纶无纺布
	锌银电池	水化纤维素膜,聚乙烯辐射接枝膜,玻璃纸,尼龙布 水化纤维素纸,棉纸,聚丙烯毡,钛酸钾纸
锂电池		聚丙烯毡,超细玻璃纤维纸 玻璃纤维毡,聚丙烯微孔膜(Celgard膜)
热电池		烧结陶瓷隔板,氮化硼纤维纸
钠硫电池		烧结陶瓷管
燃料电池		聚四氟乙烯黏结陶瓷粉末制成微孔膜 聚四氟乙烯黏结编织物或纸 离子交换树脂膜,石棉膜

表 5-2　电池对隔膜的要求及其相应性能名称

电池对隔板的要求			控制隔板性能的名称
总要求		具体要求	
化学性能： 化学稳定性		膜材质本身耐电液、耐热、耐氧化,膜长期不分解,且不析出足以影响电池性能的杂质量	①含金属杂质量；②pH；③含有机物量；④电液中失重量
物理性能	隔离性	能隔绝正负极活性物质微粒迁移和耐枝晶的穿透	①最大孔径；②平均孔径；③孔隙率；④纤维隔板的纤维直径
	吸液性	亲液性好,能被电液充分润湿,吸收反应所需足够量的电液,并能长期保持电液	①孔隙率总加压；②吸收量加压自由；③吸液速度及吸液高度；④表面积；⑤水分
	透气性	在膜吸液程度达到85%~90%的状态下,气体能顺利穿过隔膜,具有90%以上的气体复合率	透气率
	机械性	适合电池装配要求,在正常操作中不扯断开裂。有一定的回弹力(厚度方向上),保证紧装配及吸液量。要求膜与极板平整、均匀接触	①拉伸强度(纵向、横向)；②耐折强度；③厚度的控制误差；④外观平整、均匀；⑤皱褶度
离子导电性		良好的离子导电性,适于大电流充电和大功率放电	直流比电阻

表 5-3　电池用隔膜的主要技术性能

类别	型号	厚度/mm	定量/(g/cm²)	电阻/(Ω/cm²)	膨胀率/%		吸液率/%	拉伸强度/(N/cm²)		应用范围
					纵向	横向		纵向	横向	
水化纤维素膜	83型	0.030±0.005		≤0.15	<8	<15	355	≥10000	≥8000	
三醋酸纤维素膜		0.040±0.005		<0.06				≥7350	≥7350	
玻璃纸		0.020±0.005					≥280	≥9000	≥6000	MH-Ni电池
聚乙烯辐射接枝膜(PE)	CN-1000	0.02±0.005		0.05~0.07	−3~5	−3~5	≥150	≥700	≥700	镉-镍开口电池
	CN-2050(9)	0.03±0.008		0.14~0.24	−3~5	−3~5	≥150	≥700	≥700	锌-银、锌-锰电池
	CN-2020(3)	0.02±0.008		0.07~0.12	−3~5	−3~5	≥150	≥700	≥700	锌-锰、锌-空气电池
	SL-060(1)	0.01±0.003		0.04~0.06	−3~4	−3~4	≥200	≥1000	≥1000	镉-镍、碱性锌-锰电池
	SL-080(1)	0.015±0.005		0.06~0.09	−3~4	−3~4	≥200	≥1000	≥1000	MH-Ni电池
复合膜①	PPA-L₁	0.02±0.0025		0.12~0.16	−3~5	−3~5	≥400	≥500	≥400	锌-锰、碱性锌-锰电池
接枝PP	HNS-G₁	0.20±0.03	70	0.09±0.01			>300	>1000	>400	镉-镍、MH-Ni电池
PP	HNS-S₁	0.18±0.025	55	0.09±0.01						密封矩形镉-镍电池
接枝聚丙烯毡	PPA-20	0.20±0.002	40	0.08±0.01			>700	≥500	≥220	MH-Ni电池
	PPA-12	0.12±0.015	24					≥450	≥220	
尼龙布		0.10		0.07			124			锌-银电池
维纶	C-2(干法)	0.19	68	0.09			345	3000	1920	镉-镍、MH-Ni电池
无纺布	JH-2(湿法)	0.11	37	0.07			419	2390	1600	镉-镍、MH-Ni电池
聚丙烯毡		0.012		3.15			400			铅酸电池
水化纤维素纸		0.08~0.09	25	0.05			490	286		锌-银电池
棉纸		0.035		0.02			400			锌-银电池
石棉纸	820型	0.09	26	0.06			735	260	180	MH-Ni电池
超细玻璃纤维纸(国产)	CZ-1	0.80	168	0.096						密封铅酸电池
	CQ	0.77	145	0.110						
	DH-1	0.65	137	0.094						
	AFR	0.78	160	0.120						

类别	型号	厚度/mm	定量/(g/cm²)	电阻/(Ω/cm²)	膨胀率/% 纵向	膨胀率/% 横向	吸液率/%	拉伸强度/(N/cm²) 纵向	拉伸强度/(N/cm²) 横向	应用范围
橡胶隔板		51		0.96～1.59						铅酸电池
纤维素隔板		0.43～0.76		0.80～0.96						
PVC微孔隔板		0.31～0.51		0.48～0.96						
PE微孔隔板		0.18～0.76		0.26～1.27						
玻璃纤维毡		0.56～0.66		0.32						
聚丙烯隔膜(PP)	L-10B	0.10±0.0015	16±3					≥300	≥150	扣式锂电池
	L-15B	0.15±0.002	25±5					≥800	≥300	
	L-20B	0.20±0.025	35±5					≥900	≥400	
	L-15T2	0.15±0.025	35±4					≥800	≥400	
	L-20T	0.20±0.025	35±5					≥100	≥300	
	L-10T	0.10±0.015	20±3					≥300	≥150	
Celgard膜一层PP	2400	0.025								Li-MnO₂电池 锂离子电池
三层 PP/PE/PP	2300	0.025								锂离子电池

① PPA-L₁，接枝聚丙烯毡，接枝PE膜复合。

5.1.2 铅酸电池隔板

20世纪60年代以前，铅酸电池普遍使用木隔板和纸纤维隔板，现在已基本不用；60年代后较普遍使用的是微孔橡胶隔板和烧结式PVC隔板。目前国内大量使用的仍然是这两种隔板，有些厂家也使用玻璃纤维复合隔板。近年来，由于铅酸电池向免维护方向发展，与之相配套的隔板材质、结构和性能也有了迅速发展和改进。

目前国际上，特别是美国、西欧汽车型蓄电池大量使用的是软质聚乙烯袋式隔板（简称PE隔板）。PE隔板具有极小的孔径、极低的电阻和薄的基底，易于做成袋式，适于蓄电池的连续化生产，但是目前尚未国产化；而聚丙烯（PP）和片状硬质超细玻璃纤维隔板，也逐渐为汽车型蓄电池生产厂家所接受。PP隔板具有较低的电阻、优良的化学纯度、极少的酸置换量、极小的尺寸收缩、良好的柔韧性和低廉的价格，国内已有多家企业生产 PP 隔板。

(1) 微孔硬橡胶隔板　生产用微孔橡胶有两种，一种是由蒸浓胶乳制成的微孔橡胶，另一种是用烟胶片制成的微孔橡胶。它们都是天然橡胶，是与硅胶和硫磺混合，混合物再经硫化而成。

带沟槽的微孔橡胶隔板有两种制造方法。第一种是制成平板，然后用刨刀在上面刨出沟槽。这种方法的优点是沟槽与凸筋规整、耐久，缺点是刨屑损失材料多，成本高。第二种方法是在平滑的微孔硬橡胶板上用模压机压出圆形或椭圆形的凸棱，以代替凸筋。这种方法可避免原料损失，但压出的凸棱往往不耐久，当装入电池经放电使用一段时间后，凸棱逐渐变平，失去沟槽作用。

微孔硬橡胶隔板很好地满足了大部分要求，尤其是防止内短路的要求，用微孔橡胶隔板，能制成板间距短、寿命长的一系列新型结构的蓄电池，显出其优越性。

微孔橡胶隔板的缺点是电解液浸渍的速度较慢，资源不丰富，制造工艺复杂，成本较高，以及很难制成厚度在 1mm 以下的产品，即难于进一步降低其电阻。对隔板的技术要求见表 5-4 和表 5-5。

表 5-4　隔板物理力学性能（JB 3385—91）

项目名称	厚度/mm	电阻/Ω	拉伸强度/MPa	耐腐蚀/(h/mm)	孔隙率/%	透水性/(s/mm)	最大孔径/μm
指　标	0.80 0.90 1.00 1.10	≤0.0032 ≤0.0036 ≤0.0040 ≤0.0044	≥3.00	≥340	≥58(胶) ≥45(塑)	≤5	≤10(胶) ≤45(塑)

表 5-5　隔板的化学性能

项目名称	铁含量/%	游离氯离子/%	还原高锰酸钾(0.02mol/L)有机物/(mL/g)	锰含量/%	pH 值	水分/%
指标	≤0.04	≤0.003	≤15	≤0.003	6~7	≤1

(2) 聚氯乙烯（PVC）塑料隔板　聚氯乙烯塑料隔板主要有两种，即烧结式微孔塑料隔板和软质塑料隔板。

用烧结法制成的微孔塑料隔板，可以在短时间内被电解液浸透，具有一定的机械强度、很好的化学稳定性和较低的电阻，可制成多种规格的微孔塑料隔板，包括 2~3mm 厚的隔板。聚氯乙烯树脂原料也不缺乏，因此，这种隔板在相当长的时间内应用很普遍。

微孔塑料隔板制造工艺比较简单。将原料树脂干燥过筛，去掉夹杂物后，铺在镀镍钢带上进行烧结成型，经冷却后切割成所需尺寸。应采用颗粒较细的聚氯乙烯原料，颗粒较粗时制成的隔板孔径过大，不适宜在蓄电池中使用。

软质聚氯乙烯隔板性能优于烧结式的隔板，其特点为：

① 孔径小，是普通隔板的 1/100~1/10；

② 开口孔隙率高，根据制造方法不同，可达 50％～90％，而一般隔板仅为 30％～60％；

③ 电阻低，是微孔橡胶隔板的 1/2～1/3；

④ 耐酸性和耐氧化性比普通隔板高一倍；

⑤ 薄、韧、轻，因脆性小，电池装配时损失少；

⑥ 热封性好，可制成袋式隔板。

软质聚氯乙烯隔板的缺点是：较烧结式成本高。

（3）超细玻璃纤维隔板　一般以碱玻璃为原料，经高温熔化制成一次纤维，再经高温高速气流牵引形成超细纤维。纤维直径一般小于 3μm，因不含有机杂质，故耐氧化性能好。在隔板成型中，需经过胶黏剂浸渍方能具有一定的硬挺度，通常以有机胶黏剂为主。在保证隔板达到规定厚度的条件下，为增加隔板的机械强度、节约原材料、减小酸置换，可在隔板的一面加上一定规格、形状的筋条，筋条的材料多为聚氯乙烯树脂或其他有机和无机材料，各种纤维性能见表 5-6。

表 5-6　各种纤维性能

纤维名称	涤纶			腈纶	维纶		丙纶		氯纶		丙烯腈与氯乙烯共聚物（商品名迪尼尔）
	短纤维	长丝		短纤维	短纤维		短纤维	长纤维	短纤维		
		普通	强力		普通	强力			普通	强力	
断裂强度（干）/g	4.7~6.5	4.3~6.0	6.3~9.0	2.5~5.0	4.0~6.5	6.8~10.0	4.5~7.5	4.5~7.5	2.0~2.8	3.3~4.0	2.5~4.0
断裂强度（湿）/g	4.7~6.5	4.3~6.0	6.3~9.0	2.5~4.5	3.2~5.2	5.3~8.5	4.5~7.5	4.5~7.5	2.0~2.8	3.3~4.0	3.5~4.0
面密度/(g/cm²)	1.38			1.14~1.17	1.26~1.30		0.91~1.39				1.26~1.30
吸湿率（RH65％，20℃)/％	0.4~0.5			1.2~2.0	4.5~5.0						0.6％~1.0％
耐热性能	软化点238~240℃ 熔点255~260℃			软化点190~230℃	软化点220~230℃		软化点140~150℃ 熔点200~210℃		软化收缩60~90℃ 熔点210~220℃		软化点150~160℃
耐酸	75％的 H_2SO_4 无影响			65％ H_2SO_4 无影响	30％ H_2SO_4 无明显影响，浓的导致分解		除浓含氧酸外抵抗性能好		浓 H_2SO_4 无明显影响		良好
耐碱	10％ NaOH、28％氨水无影响			50％ NaOH、28％氨水，强度不变	50％ NaOH 中强度几乎不变		浓 NaOH 溶液，对强度无明显影响		50％ NaOH、氨水中强度几乎不变		良好

超细玻璃纤维隔板的生产流程示意如下：

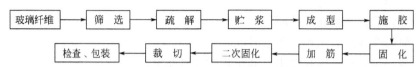

超细玻璃纤维隔板的主要生产过程是以抄纸法进行的，故成型工艺较为简单。在生产过程中需要严格控制的是原材料玻璃纤维的配比，使用胶黏剂的类型和数量、工艺参数的确定。

（4）熔喷法聚丙烯（PP）隔板 PP隔板所用的原料为聚丙烯树脂，要求树脂的相对分子质量分布范围要窄，流动性要好。

熔喷法生产隔板的原理是：熔融指数在20以上的拉丝级聚丙烯为原料，PP熔体经高温空气流牵伸形成极细的短纤维，并凝集在接收装置上形成纤网，通过自身黏合或热黏合而形成非织造布。这种无纺布具憎水性，因此需再经亲水处理。

目前几种常用隔板的主要性能比较见表5-7。从表中数据可以推测，在保证蓄电池冷启动电流和防止枝晶穿透方面，PE隔板是最优的，PP隔板和超细玻璃纤维隔板电阻也很小，但孔径略大，防枝晶能力不及橡胶隔板。

表 5-7　隔板性能典型值

隔板类型	电阻/Ω	最大孔径/μm	孔隙率/%
PVC隔板	0.0024	<25	40
超细玻璃纤维隔板	0.0008	<30	85
橡胶隔板	0.0034	<2	58
PP隔板	0.0008	<38	70
纤维素隔板	0.002	<45	65
PE隔板	0.0005	<1	60

（5）玻璃丝隔板及复合隔板 玻璃丝隔板与其他隔板并用组成复合式隔板，其玻璃丝的一侧朝向正极，可防止活性物质脱落，从而延长蓄电池的寿命。这种隔板主要特点是防振好，有减振作用，故现在仍然有蓄电池厂在汽车型电池上使用。

超细玻璃纤维隔板按成型方法分为片型（P）和毡型（Z），用汉语拼音的大写字母表示。P型隔板的物理化学性能应符合表5-8所列数据。

（6）蓄电池用排管及玻璃丝管 管式正极用玻璃丝管已有若干年，目前较先进的采用涤纶排管。排管的编织参数应符合表5-9的要求。排管的物理化学和力学性能应符合表5-10要求。

5.1.3　碱性蓄电池隔膜

碱性蓄电池用隔膜材料因电池种类不同，其性能要求也不相同。这类隔膜种类繁多，从化学领域分为：有机隔膜材料和无机隔膜材料。常见的有机隔膜材料有：水化纤维素膜、树脂膜、接枝膜、离子交换膜、纤维纺织膜及纤维毡等；而常见的无机隔膜材料有：铝硅酸盐制成的刚性及软性隔膜、石棉纸等。

表 5-8 片型超细玻璃纤维隔板性能

序号	项 目	控制标准
1	抗张强度/(kPa)	厚度指标(mm):≤1.00、1.00~1.30、1.30~1.50、≥2.00、 ≥2.50、3.00
2	电阻/Ω	≤0.0010
3	润湿性(a)	≤5
4	孔隙率/%	≥80
5	最大孔径/μm	≤35
6	浸酸失重/%	≤4.00
7	还原高锰酸钾有机物质/(mL/g)	≤15
8	铁含量/%	≤0.008
9	氯含量/%	≤0.003
10	水分/%	1

表 5-9 排管编织参数

编织方式	股线(原线支数/股数)	经密/(根/cm)	纬密/(根/cm)
平纹方孔	40/2	20~22	20~22

表 5-10 排管的物理化学和力学性能

序号	性 能		指 标
1	抗拉强度/kPa	≥	2000
2	直流电阻/($\Omega \cdot dm^2$)	≤	0.0035
3	孔隙率/%	≥	58
4	受力变形载荷/N	≥	50
5	耐酸系数	≥	0.70
6	寿命		优
7	氯含量/%	≤	0.003
8	酸蚀质量变化/%		25
9	还原0.002mol/L高锰酸钾的有机物/(mL/g)	≤	1.50~0.30

5.1.3.1 碱性电池隔膜种类

(1) 三醋酸纤维素皂化膜(简称水化膜) 该膜是由纤维素与醋酸充分作用使纤维素分子中每个葡萄糖残基上的三个烃基完全乙酰化而制成的三醋酸纤维素酯,这种酯类具有可塑性和可溶性,因而可用流延成型的方法制成薄膜,然后经过皂化处理和化学处理,而得水化膜。其优点是:具有较好的阻挡胶体银迁移能力,较低的电阻值,亲水性强及膨胀性好。是一种综合性能比较好的隔膜。然而它存在抗氧化性差及在碱中易降解的缺点,从而影响了它的使用寿命,该类隔膜主要应用于锌银电池中。

(2) 接枝膜 接枝膜是由接枝的高分子化合物制成的。较理想的接枝膜是聚乙烯-丙烯酸(PE-AA)接枝膜。它以聚乙烯为基体,通过原子辐射引发或化学引发剂引发,将丙烯酸接枝上去,形成接枝隔膜,再经化学处理即可使用。其优点是:具有突出的化学稳定性和良好的机械强度,使用寿命长,电阻小。但阻挡银迁移能力差，必须用银镁盐处理，可以提高活性物质的迁移阻挡能力。目前为了更合理地发挥其优点，往往采用接枝膜与水化膜复合使用，可使锌银电池寿命大大延长。在锌汞电池中接枝膜与聚丙烯毡配合使用效果较佳。

（3）离子交换膜　离子交换膜是一种具有离子选择性透过功能的隔膜。离子交换膜是由离子交换树脂制成的，可分为阳离子交换膜、阴离子交换膜和混合离子交换膜。阳离子交换膜只能允许阳离子通过；阴离子交换膜只让阴离子透过，阻挡阳离子迁移，显然它可以阻挡金属枝晶的生长。

离子交换膜具有良好的化学稳定性，电池反复充放电时，不用再生处理，可长期使用，同时离子交换膜有交换离子的能力，可把银离子或锌离子交换到隔膜上，而把膜上的钾离子交换到电液中，使之无害地通过隔膜，从而防止银、锌离子的迁移。

采用弱酸性阳离子交换树脂粉末（羧酸型甲基丙烯酸树脂）与氯乙烯-丙烯酸共聚体混合，涂覆在尼龙纱布上制成的隔膜，性能较好。

（4）以尼龙为基的隔膜　主要以尼龙布、绸、毡的形式应用。因其耐碱作用强，很适合在碱性蓄电池中使用。尼龙毡隔膜在吸液能力及在高、低温与振动状态下的放电容量都高于石棉纸和尼龙布，但存在易氧化和高温下易降解的缺点。为克服上述缺点，可采用复合膜-尼龙毡和耐碱棉纸，这种隔膜在镉镍及锌汞电池中都得到一定应用。

（5）聚丙烯毡隔膜　该膜比尼龙毡性能要好，其有高度的化学稳定性及良好的强度。但是聚丙烯毡吸液能力低于尼龙毡，必须经过化学处理。

（6）维尼龙毡　它的特点是亲水性强，高、低温性能好。维尼龙毡有四种编织方法：毡、布、无纺布及绸，其中维尼龙无纺布膜在碱性蓄电池中使用性能良好，在高温循环后，自放电仍然较小。

（7）无机隔膜　该类隔膜有钛酸钾、烧结陶瓷及石棉等。这类膜耐氧化能力和耐酸碱腐蚀均很强，其性能不受温度的影响，使用寿命长。

5.1.3.2　碱性电池隔膜材料性能

不同的碱性电池，针对其不同的应用，有各自最优化的隔膜，大体上可分为三大类：大孔湿毡型膜（表5-11）、微孔隔膜（表5-12）及离子半透膜（表5-13）。

在所有可能用于碱性电池大孔隔膜的生产工艺中，用热纸机生产湿绒毡占主导地位，它能用长短不同的各类纤维生产出具有均一小孔结构的大孔膜材料。PVA毡一般只用在原电池中，而聚酰胺毡与聚烯烃（特别是聚丙烯）毡相比，后者在高温下更稳定且不造成电解质炭化作用。但是它们只有氟化或在纤维表面涂覆亲水性物质（如聚丙烯酸）进行交联处理后才能被浸润。近来生产出的熔吹聚丙烯毡具有非常细的纤维，是低成本的亲水性产品，能满足小孔径和抗拉伸的要求。

作为离子半透膜，在碱性电池中基本上只使用再生纤维素，它不但对氢氧离子有好的穿透性，而且还能阻止锌离子和银离子的穿透。这类隔膜对于大功率、高能量密度的蓄电池的发展起着重要作用。

表 5-11　碱性电池的大孔湿毡型膜性能

项目	润湿的 PVA 纤维毡	润湿的聚酰胺纤维毡	润湿的聚烯烃纤维毡	润湿的接枝聚丙烯纤维毡	熔吹接枝聚丙烯纤维毡
商品名称	Vilcdon FS2183	Vilecon FS2117	Vilcdon FS2123EI	Sci MAT 700/25	Sci MAT 700/35
面密度/(g/m²)	70	70	72	70	60
厚度/mm	0.35	0.33	0.26	0.23	0.18
抗张强度/(N/15mm)	≥60	≥21	≥45	45	45
气体渗透性/[L/(s·m²)]	450	700	400	—	—
KOH 吸附量/(g/m²)	≥350	≥300	150	200	120
孔隙率/%	84	81	71	—	—
孔径/μm	36	40	40	20	20
湿膜电阻/(mΩ·cm²)	40	40	70	—	—

表 5-12 列出了碱性电池的几种不同微孔隔膜。极薄（大约 25μm）的拉伸聚丙烯膜"Celgard"通常与毡一起使用。而充满超高分子量聚乙烯微孔的烧结 PVC 隔膜以单一形式用于碱性电池工业。

表 5-12　碱性电池的微孔隔膜性能

项目	微孔聚丙烯膜	微孔聚丙烯膜	充满超高分子量聚乙烯微孔隔膜	烧结 PVC 隔膜
商品名称	Celgard3401	Celgard3501	PowerSep	Sintered PVC
厚度/mm	0.025	0.025	1.3	1.3
背网厚度/mm	0.025	0.025	0.2	0.3
孔隙率/%	38	15	40	33
孔径/μm	<1	<1	0.2	15
湿膜电阻/(mΩ·cm²)	80	40	200	300

表 5-13　碱性电池离子半透膜性能

项目	再生纤维素膜	再生纤维素膜	用银处理过的再生纤维素膜	浸润再生纤维素膜的聚酰胺无纺物膜
商品名称	350POO	SEPRA-CEL	C 19	SEPRA-CEL
厚度/mm	0.025	0.025	0.025	0.175
孔径/μm	2.5	2.5~5	2.5	—
KOH 吸附量/(g/m²)	—	60	55	275
湿膜电阻/(mΩ·cm²)	40	未知	<120	90

5.1.3.3　各类碱性电池用隔膜

（1）镉-镍电池隔膜　对大电流重负荷下使用的烧结式镉-镍电池而言，采用较小孔径的隔膜是必要的。这类材料大多很敏感，其多层结构可以起到不同的作用。两个电极都包在相对开放的毡或聚酰胺纺布（尼龙）中，高温条件下用聚丙烯纤维，以保证电极表面有足够的电解质而使电阻较低。其中的一种离子半透膜，通常是用再生的纤维素作气体阻隔层。在湿的环境中，它膨胀达到所需的孔径和性能，而尼龙纤维可从两栖面提供所需的支撑。辐照处理过的聚乙烯或微孔聚乙烯薄膜有稳定的力学性能，但是电阻相对较高。

密封镉-镍电池的工作原理是基于内部实现氧循环基础上的，负极比正极的容量大。因此在充电过程中正极较早达到完全充电的状态并开始产生氧气，氧气穿过隔膜孔隙迁移到负极，与负极已形成的金属镉发生反应，故一个先决条件是隔膜必须有透气性。要达到这个条件隔膜的孔径必须有特定的尺寸，并且不是所有的空洞都被电解质充满，需留下一些气体通道。聚酰胺毡聚乙烯或聚丙烯纤维都能符合这种要求，这是由它们的孔径分布决定的，这种分布可吸收足够量的电解质，并允许氧气通过。

在卷绕式电池结构中，隔膜的机械强度是很重要的指标，隔膜层是螺旋形地缠绕在两电极之间，它们的生产是高速自动化的。熔吹聚乙烯毡有极佳的拉伸性能，因而成为重要的选择。通常用两层同样或不同的材料来加强对短路的防护。

对扣式电池，甚至采用 3 层材料，然而隔膜的总厚度不能超过 0.2～0.3mm。如在高温（超过 60℃）下应用，则一般优先选择聚丙烯毡，尽管其吸液性能一般，但具有优良的化学稳定性。

(2) 镍-金属氢化物电池隔膜　该类电池对隔膜的要求在很大程度上与密封镉-镍电池近似或相同，主要有尼龙和聚丙烯两类隔膜。尼龙隔膜亲水性好，吸碱量大，但化学稳定性略差；聚丙烯隔膜具有化学稳定性好，机械强度高等优点，但聚丙烯隔膜是憎水性的，吸碱率偏低，使用时往往需进行一定的处理，如化学处理、辐射接枝处理和磺化处理等。Ovonic 公司通过对尼龙隔膜的细化处理使电池的循环寿命提高了三倍，采用化学处理的聚丙烯隔膜使电池 30d 荷电保持能力从原来的 10% 提高到 50%。而使用磺化处理的聚丙烯隔膜，电池的荷电保持能力则进一步提高到 80%。

隔膜的吸碱量、保液能力和透气性是影响镍-金属氢化物电池循环寿命的关键因素。隔膜的亲水性可保证吸碱量、保液能力，而憎水性可提高隔膜的透气性。若隔膜一部分具有亲水性，一部分具有憎水性，则能保证隔膜既具有良好的吸碱量和保液能力，又具有良好的透气性，从而提高电池的循环寿命。常用的尼龙和聚丙烯都不完全具备以上两种性能。将尼龙和聚丙烯两种纤维按一定比例混合制备隔膜，能大大提高电池循环寿命。

(3) 碱性锌-二氧化锰电池　由于碱锰电池中正极是由微细粒料通过一定的成型工艺制成的粉状物聚集体，负极也含有较细的粒料（特别是无汞碱锰电池的锌粉更细），所以，电池在采用富液式设计时，若膜孔过大，受水溶性电解质的作用正极粉化后会向负极渗透，不仅会堵塞膜孔，导致内阻升高（碱锰电池贮存时内阻升高、短路电流下降，这是其中原因之一），而且正负极微粒相遇时还会发生反应，甚至在电池内部造成"慢性短路"或"微短路"（这是碱锰电池贮存时开路电压下降的原因之一）。为了满足电池对隔膜性能的要求，选用憎水性、高聚合度、含有长支链非极性基团的高聚物用以满足隔离性、化学稳定性及黏附性的要求。选用亲水性基团的支链网状结构高聚物用以满足吸液、保液及离子迁移畅通的要求。表5-14 列出了碱锰电池常用隔膜纸的吸液保液性能。

表 5-14 不同隔膜纸的吸液保液性能

隔膜种类	面密度/(g/m²)	厚度/mm	饱和度		失水速度(×10⁻⁴) /[g/(cm²·min)]	吸液膨胀系数
			g/g	g/m²		
FVRC-140	42.87	0.125	3.87	165.9	2.51	1.33
VL-100	36.88	0.90	3.58	132.0	2.16	1.47
G-1	39.75	0.100	4.29	166.2	2.41	1.66
C-1	42.50	0.128	3.82	166.4	2.31	1.27
VH-140	41.63	0.135	3.50	145.69	2.22	1.08
FVR-140	39.63	0.118	3.53	139.9	2.19	1.19
PABS-A	36.88	0.135	4.66	171.8	2.27	1.27
VLR5-120	35.63	0.102	3.82	136.1	2.17	1.33

（4）锌-氧化银蓄电池 锌-氧化银蓄电池一般采用高强度的尼龙材料。但为了使电池既能高倍率放电，又能保证长的湿贮存寿命，并防止银迁移造成电池短路，必须选择耐氧化性高的隔膜材料以及选择合适的隔膜层数。将拉伸强度大、耐氧化性好的水化纤维素膜与强度高的尼龙材料结合起来，可制成满足要求的新型高倍率锌-氧化银蓄电池隔膜。

5.1.4 锂离子电池隔膜

5.1.4.1 概述

作为锂离子电池的隔膜，由于所用电解质溶液为有机溶液，与水溶液体系不同，因此安全问题是第一位的。除了具备一般电池所用隔膜的基本性能外，还应具有以下特性：

① 化学稳定性，所用材料能耐有机溶剂；

② 机械强度，薄膜化和电池组装工艺过程，为防止短路，要求机械强度大；

③ 膜的厚度，有机电解液的离子电导率比水溶液体系低，为了减小电阻，电极面积应尽可能大，因此隔膜必须足够的薄；

④ 隔断电流，当电池体系发生异常时，温度升高，为防止产生危险，在快速产热（温度120~140℃）开始时，热塑性隔膜发生熔融，微孔关闭，变为绝缘体，防止电解质通过，从而达到隔断电流的目的；

⑤ 保持电解液，要能被有机电解液充分润湿，而且在反复充放电过程中保持高度润湿与吸液量。

锂电池用隔膜主要分为半透膜与微孔膜两大类，半透膜的孔径一般为5~100nm，微孔膜的孔径在10μm以上，甚至到几百微米。

5.1.4.2 锂离子电池隔膜材料种类及性能

（1）多微孔隔膜材料 当前几乎所有商品化的卷绕式锂离子电池都使用多微孔

聚烯烃隔膜。隔膜主要由聚乙烯、聚丙烯，或两者混合物制成。聚烯烃化合物在合理的成本范围内可以提供良好的力学性能和好的化学稳定性。

制造多微孔膜的方法大体可分为湿法和干法。两种方法都采用一向或多向拉伸过程生成具有一定孔隙率的微孔并提高抗张强度。图 5-2 给出每一种方法制得的隔膜表面的电子扫描显微图。

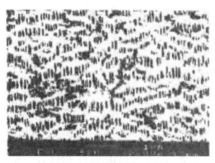

(a) Setcia 多微孔薄膜（湿法）　　　　　　(b) Celgard 多微孔薄膜（干法）

图 5-2　多微孔薄膜表面的扫描电子显微图

湿法包括将液态碳氢化合物或一些其他低分子量物质同聚烯烃树脂混合，加热混合物至熔化，将熔体挤压成薄片，再将薄片拉伸成膜，然后用易挥发溶剂抽提走小分子量液体。图 5-3 是一种典型的湿法（相分离法）制造流程。

图 5-3　相分离法的制造流程

干法包括熔化聚烯烃树脂，并将它在挤压机上加工成薄膜，退火，接着在较低温度下拉伸形成微孔膜，然后再在高温下拉伸生成多微孔膜。干燥操作不使用溶剂，因此比湿法简单。干法只使用纯聚烯烃树脂，所以污染电池的可能性小。图 5-4 是一种典型的干法（延伸法）制造流程。

图 5-4　延伸法的制造流程

由干法制得的商品名为 Celgard 的多微孔材料是非常好的电池隔膜。除了约 0.5μm 表面层外（此层孔径比里层稍小），孔分类集合成排，其结构在整个断面均一。

（2）凝胶电解质隔膜　锂离子电池中使用的液态电解质可以通过加入聚合体或超细二氧化硅进行表面处理或加入可溶性单体进行交联凝胶化。根据力学性能的不同，凝胶电解质可被用作隔膜或惯常或非惯常隔膜载体。将电解质凝胶化是为了消除电解液的泄漏并为电极提供良好的粘接。电极与电解质隔膜间粘接良好可保证界面接触良好。惯常卷绕式电池通过紧密缠绕和紧装在金属外壳内来保证界面接触良好。凝胶电解质电池则可放在铝塑膜袋中包装，所以电池可按所需形状制造。表 5-15 对比了 P 膜（VDF-HFP）与 PP 膜（Celgard ® 2400）的基本特性。表 5-16 对比了两种膜的吸液保液性能。

表 5-15　多孔 P（VDF-HFP）和 PP（Celgard ® 2400）隔膜的基本性能

隔　膜	平均厚度/μm	平均孔径/nm	最大孔径/nm	比表面积/($m^2 \cdot g$)
P(VDF-HFP)	56	16.4	25	128.02
PP(Celgard2400)	25	26	36	41.76

表 5-16　多孔 P（VDF-HFP）和 PP（Celgard ® 2400）隔膜的吸液保液性能

溶　剂	P(VDF-HFP)		PP(Celgard ® 2400)	
	吸液保湿性	表现	吸液保湿性	表现
DMC	好	透明	好	透明
DEC	好	透明	好	透明
BL	好	透明	差	白色不透明
PC	好	透明	差	白色不透明
EC	好	透明	差	白色不透明
水	差	白色不透明	差	白色不透明
1mol/L $LiPF_6$＋EC/DMC(1∶1,体积比)	好	透明	非常好	透明
1mol/L $LiPF_6$＋EC/DEC(1∶1,体积比)	好	透明	好	透明
1mol/L $LiPF_6$＋EC/BL(1∶1,体积比)	好	透明	差	白色不透明
1mol/L $LiPF_6$＋EC/PC(1∶1,体积比)	好	透明	差	白色不透明

5.1.4.3　锂离子电池隔膜的特性表征

隔膜的主要特性及测量方法列于表 5-17。Celgard 膜的一些典型性质列于表 5-18。目前，最广泛使用的锂离子电池隔膜为 $25\mu m$，所制单层膜厚度在 $7 \sim 40\mu m$ 之间。隔膜越厚，机械强度越高，电池装配过程中戳破的可能性越小，但电池筒中可容纳的活性物质总量就会减少。厚度均匀十分重要，这样卷绕的电极和隔膜才能装入筒壳中。

表 5-17　隔膜的主要特性及相关测量方法

特性	测量	特性	测量
渗透性	电阻率、电压差、气流量	化学组成	原子吸收法、微分扫描量热法等
孔隙度	由质量和骨架密度及膜体积计算	热稳定性	热电阻率、热机械分析法
孔径	镜像分析、汞气孔法	机械强度	抗张性能、抗刺穿强度
厚度	测维计		

隔膜的机械强度用抗张性能和抗刺穿强度来衡量。抗张强度（如杨氏模量、2%起始强度、断裂伸长度、断裂应力）可以通过标准手段测定。抗张性能取决于膜的制作方法。单轴向拉伸仅在一个方向上有高强度，但双向拉伸膜在横向和纵向都有强度。尽管直觉上似乎双向拉伸膜优于单向拉伸膜，事实上，两轴拉伸引入了

垂直方向的皱缩量，双向拉伸膜并没有优势。高温时，这种收缩会导致电极相互接触，而单轴向拉伸膜在高温时不发生垂直方向收缩。

表 5-18　Celgard 多微孔薄膜的典型特性

典型特性	Celgard® 2400	Celgard® 2300	典型特性	Celgard® 2400	Celgard® 2300
材料	聚丙烯	聚丙烯/聚乙烯/聚丙烯	空气渗透性/(s/in²)[①]	35	25
厚度/μm	25	25	抗刺穿强度	380	480
孔隙率/%	38	38			

① 1 in＝0.0254m。

最近，抗刺穿强度（施加在给定针形物上用来戳穿给定隔膜的质量）已被用来表示隔膜装配过程中发生短路的趋势。因为隔膜必须与两层粗糙表面相接触，在电池装配时必须耐受粗糙表面上凸出或毛刺的刺扎，所以锂离子电池对戳穿强度的要求比用金属锂箔的锂电池要高。

孔隙率或孔隙度对膜的渗透性及电池中电解质的容纳量非常重要。通常可由骨架密度、基本质量和材料尺寸计算得到，但这不是材料的"可进入"孔隙度。

理想的隔膜对离子迁移不存在大的阻碍。一般情况下隔膜的阻碍相对于电极间离子的传导限制来说不是主要的。隔膜的渗透能力可用空气渗透率来描述。Gurley值表达特定量的气体在特定压力下通过特定面积隔膜所需时间〔如 10mL 气体在 2.3cmHg 压力下通过 1 in²（1in² ＝ 6.4516 × 10⁻⁴ m²）隔膜面积的时间〕（1cmHg＝13.3322Pa）。此值与孔隙度、孔径、厚度和弯曲度（或曲率）有关，如式(5-1)：

$$t_{Gur} = 5.18 \times 10^{-3} \frac{\tau^2 L}{\varepsilon d} \tag{5-1}$$

式中，t_{Gur} 为实验所得的 Gurley 值；τ 为弯曲度；L 为膜的厚度，cm；ε 为膜的孔隙率（百分数）；d 为孔径，cm。

Gurley 值用来表征膜是因为该值容易测量且较为准确，它与某特征值的偏离可反映膜存在的问题。高于特定标准值表明膜有表面损伤，低于标准值表明存在针孔。

因为电阻（ER）是在实际的电解质溶液中进行测定的。与 Gurley 值相比，电阻的测定能更全面地反映实际情况。而且，该项测量反映了隔膜与电极的相容性（如电阻值与未被浸润的微孔有对应关系）。电阻值的大小可用来衡量电池中的欧姆压降（即欧姆极化的数值）。电池制造商可以找到有效手段测量 ER，评价由模拟电极和特定隔膜制造的卷绕电池的电导性能。

理论上，膜的阻抗 R_m 可被表述为

$$R_m = \frac{\rho \tau^2 L}{\varepsilon d} \tag{5-2}$$

式中，ρ 为电解质的阻抗。注意 ER 与微孔尺寸无关。Callaham 将式(5-1)代入式(5-2)中，将电阻与 Gurley 值联系起来，得

$$R_m = (\rho / 5.18 \times 10^{-3})\ t_{Gur} \tag{5-3}$$

已经用 Celgard 膜试验证实了这个关系式。

用于无水体系的隔膜可先用表面活性剂润湿，然后在水溶液中测量其电阻予以表征。无水膜的电阻可由公式(5-2)推得。

热电阻测试是当温度直线上升时测量隔膜的阻抗，单层材料接近各自熔点时阻抗迅速上升，阻抗达到最大值后开始下落。对于多层的聚丙烯-聚乙烯隔膜，在接近聚乙烯熔点（135℃）时电阻升高，电阻攀高至温度恰好超过聚丙烯熔点（165℃）。电阻上升对应着因隔膜熔化产生的微孔结构的丧失。

热机械分析（TMA）对熔体完整性能提供可重复的测量。TMA 测试涉及测量温度直线上升时隔膜在荷重时的形变。通常，隔膜先表现出有点皱缩，然后开始伸长，最终断裂（图 5-5）。

模拟短路测试用来表征在无电池电极干扰条件下，隔膜对短路的保护能力。隔膜缠在锂金属薄片间，并放进一 AA 电池盒中。为避免锂金属枝

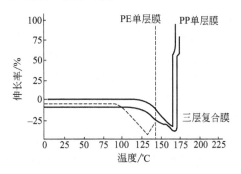

图 5-5 Celgard 多微孔薄膜的热机械分析

晶的生成，将交流电压加在电池上，监测电池的温度和盒子温度。用聚丙烯隔膜，盒子温度达到 125℃；用聚乙烯或聚丙烯-聚乙烯层压隔膜，盒子温度保持在约 115℃。近期报道了锂离子电池短路实验。该工作表明，当电池外部短路时，带有旁路 PTC 元件的隔膜会关闭。隔膜阻抗的大幅上升是电池短路引起温度升高的结果。

5.2 化学电源的壳体材料选择

化学电源的壳体（俗称外壳）是组成化学电源的重要部分。其性能的好坏也影响电池的使用寿命，若其化学稳定性差的话，就可能污染电液，从而影响电池的性能和正常使用。壳体的主要作用是容器，是使电极和电液保持在同一系统的一定体积内，构成独立使用的能源系统。壳体材料随着各种电池的应用场合和性能的差异而不同，并伴随着电池的发展而不断改进和更新。

5.2.1 化学电源对壳体材料的基本要求

（1）化学稳定性

① 多数化学电源的电液是强酸或强碱的水溶液，因此壳体材料必须经受得住电液的腐蚀，在长期与电液相接触时不被破坏，这就要求壳体材料具有良好的化学

稳定性。

② 由于组成化学电源的正极材料往往都具有较强的氧化性，可能会溶解于电液中对壳体进行腐蚀。另外，由于二次电池充电终了时，总有氧气产生，在极板附近形成相当强的氧化区，壳体必须能够承受以上所述氧化剂的氧化，否则就会影响电池的使用，造成电池寿命缩短。这就要求壳体材料具有较好的抗氧化能力。而组成化学电源的负极材料一般是具有较强还原能力的物质，大多水溶液体系的二次电池深充电或过充电时会产生还原性的氢气，这些还原性物质可能对壳体产生影响，所以要求壳体材料具有较好的抗还原能力。

③ 电池壳体材料还应具备一定的耐老化能力。对于一些特殊用途和特殊场合使用的电池，对壳体材料的化学稳定性的要求还要更高一些。

（2）较好的耐温、耐油性能　化学电源被广泛地用于工农业、国防及日常生活中的各个领域，分布地域广泛，使用环境迥异。在低温环境使用时，要求电池的壳体材料能够在低温下保持其原有的性能；而在高温使用条件下，要求壳体材料不变形、不变性。因而要求壳体材料耐温性好，并且使用温度范围宽广。

在某些场合下，电池的外壳和盖子会沾上机油、汽油等，这就要求材料具有较好的耐油性能。有些材料如聚苯乙烯碳酸酯在油的作用下，会发生应力开裂，所以在选用时要特别注意，并且设法进行材料的改性。

（3）足够的机械强度　作为电池的壳体是个受力部件，不仅承受来自电池壳体外部的机械作用，如移动型电池使用时受到冲击力和振动作用，运输过程中受到的冲击或振动等，而且还有电池内部应力的作用（如气胀、装配应力等）。因此要求电池壳体材料必须要具有足够的强度。

此外，对于特殊使用的电池，如卫星上用的高压氢-镍电池、燃料电池的贮气外壳，都格外地要求壳体材料具有较高的强度。

（4）壳体材料的杂质析出量要低　电池的性能对电液中的杂质很敏感，这就要求壳体材料的不溶性要高。通常由于壳体材料是由多种成分组成，含有很大量有机的或无机的添加剂，如果壳体材料中的有些组分是电池的有害杂质，而且它也能溶于电液中，那么这些杂质的溶解量超过一定限度后，就会影响电池的性能，甚至影响其正常使用。这一点在选择材料配方设计中，要予以充分考虑。

（5）具有较高的耐电压性能　如果壳体材料没有较好的耐电压性能，那么对于一些电压高的电池组，就有可能造成材料被击穿，失去绝缘能力，损害电池的正常工作。所以要求壳体材料具有较高的击穿电压，以保持其电绝缘性能。

（6）成型简单、易于脱模　为提高劳动生产率，形成批量生产，就要求在加工上尽量地简单，且便于脱模。

（7）具有一定的透明度　对于某些种类的电池，还要适当地要求壳体材料的透明度，以便于直接观察电液液面及电池内部变化，掌握电池的工作情况。

（8）原材料来源丰富，使用期长　蓄电池一般都有较长的寿命，对于启动型的铅酸蓄电池有1~2年的寿命，对于固定型的可用8~15年，对卫星上用的镉镍电池或高压氢镍电池，使用期还要更长一些，这就要求材料本身的寿命也要长，这具有很大的使用和经济方面的价值，选材时应予以充分考虑。

5.2.2 常用电池的壳体材料

5.2.2.1 铅酸蓄电池的壳体材料

过去移动用铅蓄电池多用硬橡胶槽（个别国家因橡胶缺乏曾用过沥青塑料槽），固定型蓄电池中小容量的多用玻璃槽，大容量的则用铅衬木槽。20世纪60年代后，塑料工业发展迅速。移动用的电池槽逐渐用PP、PE、PPE代替，固定用的电池槽则用改性聚苯乙烯（如AS）等所代替。

（1）橡胶壳体材料 橡胶外壳的生成历史悠久，具有良好的机械强度，尤其是抗震强度高，优良的耐酸性，拉伸强度和绝缘性能很好。但天然橡胶壳体加工成型复杂，成本高，橡胶相对密度大，壳体笨重。

20世纪60年代后采用人造合成丁苯橡胶代替天然橡胶，使用较多的煤料作为填充剂，用液压机硫化成型，可减小胶量，减轻质量，降低成本。

（2）塑料电池槽 伴随石油化学工业的发展，塑料壳体至今经历了三个发展阶段。第一代塑料壳体材料是采用聚苯乙烯或改性的聚苯乙烯。聚苯乙烯塑料来源丰富，成型采用注射成型，生产效率高，而且加工性能好，封口剂可用溶剂粘接，成本低，产品质轻，另外聚苯乙烯是透明塑料，可直接观察电池内部工作情况，便于维护，但是，不足之处是耐热性差，尤其是耐冲击强度低，耐汽油性弱，质地发脆，仅可作固定电池外壳。第二代塑料壳体是采用聚乙烯（PE）、改性聚苯乙烯（AS）及ABS等塑料外壳，比聚苯乙烯外壳抗冲击强度大大地提高了，尤其是ABS更突出一些，适合作为在振动、冲击等条件下工作的电池壳体材料。第三代塑料壳体是采用聚丙烯（PP）塑料，其优点是材料比强度高，工作温度范围宽，便于密封，但是其最大弱点是低温性能差，在-10℃以下就出现明显脆性，因此限制了它的广泛使用。为此常采用乙烯-丙烯共聚合和聚乙烯与聚丙烯共混的方法，改进低温性能。

① 第一代塑料壳体：采用聚苯乙烯塑料或改性的高抗冲聚苯乙烯塑料做壳体材料。其质轻可制成薄壁结构的外壳，从而提高了电池的质量比能量与质量比容量。与橡胶外壳性能的比较见表5-19。

表5-19 聚苯乙烯塑料与橡胶外壳的性能比较

壳体材料	壳体质量 A/kg	电池质量 B/kg	A/B/%	壳体壁厚/mm
聚苯乙烯壳	0.3	2.8	10.7	3
硬橡胶壳	0.7	3.1	22.5	6

② 第二代塑料壳体：第二代主要采用PE、AS、ABS等高塑料做电池壳体材料。其性能比较见表5-20。

表 5-20　塑料壳体材料性能比较

材料	抗冲击强度/(kJ/m²)	耐热温度/℃	耐寒温度/℃	密度/(g/cm³)
PS	1.36～2.18	65	−20	1.04～1.06
PE	8.18～10.9	121	−70	0.94～0.96
AS	2.73	60～90	−30	1.07～1.10
ABS	6～53	60～121	−40	1～1.15

③ 第三代塑料壳体：是采用聚丙烯（PP）塑料来制造的电池壳体。由于使用综合性能优良的 PP，从而引起铅蓄电池结构的改革，20 世纪 70 年代出现了"穿壁焊"电池。

聚丙烯壳体的主要特点：比强度高，可使壳体做得更薄，见表 5-21，从而提高了电池的比特性，其工作温度范围可在 −10～100℃ 范围内，同时对酸碱的作用极为稳定。另外，PP 为热塑性塑料，壳体与盖的连接密封可采用热焊封合，极易操作，密封效果优于胶密封。但是在 −10℃ 下，PP 就出现明显脆性，限制了它的广泛使用。

表 5-21　PP 外壳与橡胶外壳的主要尺寸比较

部　位	硬橡胶壳厚度/mm	PP 壳厚度/mm
侧壁厚度	6.35～9.52	1.98
两端厚度	5.96～8.00	2.23
中间隔厚度	3.73～5.76	1.90
槽底厚度	6.22～7.06	2.15

总之，铅蓄电池槽性能指标要求如表 5-22～表 5-24 所示。

表 5-22　硬橡胶电池槽技术要求（JB 3076—92）

项　目	条　件	指　标
锰/%		0.003
铁/%		0.3
耐酸试验	28d，尺寸变化最大值	2.0%
	质量变化最大值	5.42kg/m²
	酸渗透最大值	1.58mm
耐冲击试验	0.908kg 钢球	
	壁厚不到 7.6mm	平均 0.138kgf·m，不低于 0.092kgf·m
	壁厚 7.6mm 或更大	平均 0.230kgf·m，不低于 0.184kgf·m
膨胀试验	温度 89℃	膨胀值不大于 1.78mm
		10 次循环无故障
热冷循环电击穿试验		25.4mm 厚度时外加电压 100V，交流电峰值的最大试验电压 30000V，不得发生故障

注：1kgf·m=9.80665N·m。

表 5-23 电池槽的力学性能 (JB 3076—92)

项目	性能	ASTM 标准号	聚苯乙烯	聚丙烯
力学性能	拉伸强度/MPa	D638	56.2	27.4
	相对延伸率/%	D638	1.5～3.5	20
	挠曲强度/MPa	D790	70.3	32.3
热性能	在 1.820 MPa 条件下的热变形温度/℃	D648	78～82	缓慢
	燃烧时每分钟的毫米数/mm	D635	13～51	缓慢
物理性能	密度/(kg/L)	D792	1.04～1.07	0.90
	洛氏硬度	D785	70～80	60
	吸水率/%	D570	0.04	0.01
	成型收缩率/%	D955	0.003～0.0005	0.01～0.02

表 5-24 铅蓄电池槽性能 (JB 3076—92)

序号	检验项目		指标
1	耐酸性		①表面膨胀,不变色或失去透明,质量增减小于 0.006g/dm²; ②渗出铁含量不大于 0.02% ③渗出有机物,消耗 0.1mol/L 的高锰酸钾不大于 1.5mL/dm²
2	耐电:干法		耐交流电压 8000～12000V 经 3～5s 不击穿
	湿法		耐交流电压 5000～10000V 经 1～5s 不击穿
3	内应力		5min 后用目力观察电槽各部分,不产生裂纹
4	落球冲击强度		不产生裂痕及细小裂纹
5	热变形	整体槽	不能有 2mm 以上的变化
		单体槽	不能有 1% 以上的变化和槽体变形

5.2.2.2 碱性蓄电池壳体材料

碱性蓄电池壳体材料,因电池品种不同而不同,但都必须满足电池对壳体材料中的性能要求。材料能耐碱的长期作用;要有良好的机械强度,较宽的工作温度范围及使用寿命长等特点。

(1) 碱性镉-镍电池的壳体材料　目前,常用的壳体材料主要有尼龙、聚苯乙烯及高密度聚乙烯塑料,也有使用改性聚苯乙烯塑料壳体。而尼龙塑料外壳常采用的是尼龙-68,此外,尼龙-6,尼龙-66,尼龙-610,尼龙-1010 也可以用,可因时因地选择。

其中 HDPE 壳体性能优于 PA 及 PS 壳体。HDPE 是结晶性塑料,化学稳定性优良,有很好的强度及坚韧性,使用温度范围广,在 -70～90℃ 之间。但是 HDPE 壳体在使用中易发生膨胀变形,同时存在易老化缺点。为克服这一缺点,多采用各种稳定剂来改善 HDPE 的性能。有文献报道,对比 PA,LDPE,ABS,HDPE 及改性的 PE 性能,结果表明:改性的 HDPE 性能最佳,可满足电池的各项技术要求,是目前较好的壳体材料。

(2) 锌-银电池壳体材料　锌-银电池壳体材料主要有 PS, PMMA, AS, ABS, PE 及 PA 等。其中 PS 具有化学稳定性好,电绝缘性能优良,加工简单,成本低等优点，但使用温度低，脆性太大而不易做承受振动的电池壳体。PA 壳体，具有良好的抗震性及耐冲击性能，但低温强度不理想。PMMA 是一种透明塑料，相对密度小，吸水性低，便于密封；具有碱作用的稳定性，但抗震性差，使用中易出现应力开裂现象。

据文献介绍：锌-银电池壳体材料，多采用耐冲击的聚乙烯-丙烯腈共聚物（AS）；ABS 以及聚苯醚（PPO）塑料制造电池壳体，成功地使用在空间飞行器上。

总之，碱性蓄电池壳体材料主要采用一些透明或半透明的塑料，对使用的塑料性能要求越来越全面，尤其是要具有很好的韧性，较宽的使用温度范围及较长的使用寿命等。

5.2.3　选用蓄电池壳体材料的原则

选择壳体材料时，首先要以满足产品使用要求为前提，在达到性能指标后，不应再有过多的要求，以提高经济效益。然后要考虑造价、加工性、原材料来源等情况，在选择材料时，应尽量因地制宜，不要舍近求远。另外，要注意新材料的开发和选用。

总之，在选择壳体材料时应以如下几条为原则：

① 原材料来源丰富，价格低廉；

② 成型简单，生成效率高，成型设备投资少，生成过程无污染，劳动力使用少；

③ 塑料能更多地满足蓄电池性能要求，能提高电池的比特性；

④ 化学稳定性好，不溶出杂质；

⑤ 力学性能好，耐化学物质的侵蚀性好，且耐温性好。

在具体选择时，应根据电池的使用场合，电池使用性能要求，来具体问题具体选择。

另外，常见塑料的主要性能与成型工艺见表 5-25。在设计电池选择壳体材料时以资参考。

表 5-25　常用塑料的主要性能与成型工艺

性　能	聚乙烯		聚丙烯	聚酰胺	聚氯乙烯		聚苯乙烯（一般型）	ABS
	高密度	低密度			硬质	软质		
相对密度	0.941～0.965	0.910～0.920	0.90～0.915	1.13～1.15	1.35～1.45	1.16～1.7	1.04～1.07	1.01～1.15
吸水率/%	<0.01	<0.01	<0.01	0.1～0.6	0.07～0.4	0.15～1.0	0.03～0.05	0.1～0.8
拉伸强度/(kgf/cm²)	218～387	70～162	337～422	550～844	352～633	70.3～246	352～633	169～633
弯曲强度/(kgf/cm²)	700		422～562	562～1040	703～1125		612～984	253～949
压缩强度/(kgf/cm²)	225			471～914	562～914	63.3～127	809～1125	176～733

性 能	聚乙烯		聚丙烯	聚酰胺	聚氯乙烯		聚苯乙烯(一般型)	ABS
	高密度	低密度			硬质	软质		
缺口冲击强度(悬臂)/(kJ/m²)	1.74～4.2	破坏	1.07～4.3	2.1～11.8	0.86～42.9		0.54～0.86 (6.4mm棒)	1.5～25.7
线胀系数/10⁻⁵℃⁻¹	11～13	16～18	6～8.5	8.3～15	5.0～18.5	7.0～25	6～8	6.13
连续耐热性/℃				79～149	66～79	66～79		
热变形温度(18.5kgf/cm²)/℃				60～86	54～79		65～90	65～107
透明度	半透明-不透明		半透明		透明-不透明		透明	不透明
强酸影响	被氧化性强酸慢慢侵蚀		耐	侵蚀	无至弱		被氧化性酸侵蚀	
强碱影响	耐		耐	无	无		无	无
有机溶剂影响	耐80℃以下	耐60℃以下	耐80℃以下	耐普通溶剂	耐醇、酯、烃油		溶解在基烃、卤化烃中	
收缩率/%	2.0～2.5	2.0～2.5	1.0～2.5	1.5	0.4～0.6		0.35～0.5	0.5～0.8
成型温度	160～180		205～285	270～380	165～190		150～260	195～275
成型压力/(kgf/cm²)	200～1000		70～1400	700～1750			200～1000	500～1750

注：1kgf/cm² = 98.0665kPa。

第6章 各类电池设计举例

6.1 铅酸蓄电池设计

本节以用于电动自行车能源及启动型铅酸蓄电池设计为例，介绍有关设计中计算步骤，并对铅酸电池设计中的相关问题加以简要说明。虽然针对铅酸电池系列，但其中的某些原则和方法，对其他系列的电池设计也有一定的参考价值。

6.1.1 电动自行车电池设计

6.1.1.1 设计要求

电池用途和要求：电动自行车能源，行程50km，时速20km；

工作电压：24V；

工作电流：9A；

电池组外形尺寸：233mm×133mm×204mm；

单格内腔尺寸：60mm×33mm×178mm；

寿命：250周期。

6.1.1.2 设计基本过程与计算

（1）确定单体电池数目

$$单体电池数目 = \frac{工作电压}{单体电池额定电压}$$

$$= \frac{24}{2} = 12(只)$$

另外，根据给定的外形尺寸和内腔尺寸，确定电池组应由12个单格组成双排结构。

（2）单体电池的设计与计算

①电池容量的确定

a. 额定容量：据给定条件，电池额定容量为

$$额定容量 = 工作电流 \times \frac{行程}{时速} = 9A \times \frac{50km}{20km/h}$$

$$= 22.5A \cdot h \approx 23A \cdot h$$

b. 设计容量：设计容量为额定容量的1.1～1.2倍，本设计取1.1倍，则

$$设计容量 = 1.1 \times 额定容量$$

$$= 1.1 \times 23 = 25.3(A \cdot h)$$

②单体电池极板尺寸与数目的确定

a. 根据给定的内腔尺寸，确定极板（板栅）尺寸为

正极板（板栅）：164mm×58mm×2.0mm；负极板（板栅）：164mm×58mm×1.4 mm

值得注意的是极板的厚度设计，因为极板厚度直接影响着活性物质的利用率。极板放电产物 $PbSO_4$ 的比容较大，随放电过程的加深，极板孔隙率下降，使 H_2SO_4 的扩散发生困难，因而极板越厚，活性物质的利用率就越低，所以选择极板厚度时应全面考虑用户提出的性能要求和使用条件。首先应保证电池的性能指标，这样会影响一些次要的性能指标，如对电池主要要求大功率、低温启动，则设计极板应薄些，然而相应地电池寿命可能就会降低。反之，如对电池主要要求耐较强冲击、震动和较长的寿命，则就要设计极板厚些。此外，负极板厚度一般至少为正极板的 70%～80% 以上才适宜。

b. 单片正极容量。

据阿伦特（Arendt）经验公式：

$$C=L \times H \times 0.154 \sqrt{D} \tag{6-1}$$

式中，C 为单片容量，$A \cdot h$；L 为极板宽度，cm；H 为极板高度，cm；D 为极板厚度，cm。

每片正极容量 $C_+ = 5.8 \times 16.4 \times 0.154 \sqrt{2.0} = 6.55$（$A \cdot h$）

c. 单体电池电极数目。

$$正极板数目 = \frac{单体电池的容量}{每片极板的额定容量}$$

$$= \frac{25.3}{6.55} \approx 3.7 = 4(片)$$

而对于启动型铅酸电池，其极板额定容量的标准化数据为 14A·h/片。

考虑到铅酸蓄电池正极易于脱粉、变形及利用率较低等因素，设计时总是负极比正极多一片。此外，本设计为保证电池的容量取正极 5 片，负极 6 片，因此所用的隔膜约为 10 片。

③ 据极板厚度参照有关文献数据，本设计电池活性物质的利用率估计正极为42%，负极为 50%。

④ 极板活性物质用量的计算。

计算一般的步骤为先求出活性物质的理论需要量：理论需要值＝设计容量×电化当量，再根据此值与活性物质的利用率求出实际用量；其公式为实际用量值＝$\frac{理论值}{利用率}$，其中两极活性物质的电化当量为 PbO_2，4.463g/（$A \cdot h$）；Pb，3.866g/（$A \cdot h$）。综上所述，每片极板活性物质的实际用量由下面的公式给出：

$$每片极板活性物质的用量 = \frac{电池设计容量}{单体电池极片数} \times 电化当量 \div 活性物质的利用率$$

所以：每片正极 PbO_2 实际用量 $=\dfrac{25.3}{5}\times4.463\div0.42=53.76(g)$

每片负极 Pb 的实际用量 $=\dfrac{25.3}{6}\times3.866\div0.5=32.60(g)$

⑤ 生产上铅粉用量的计算。

由于生产上不是直接将一定量的正极（或负极）活性物质涂在极栅上，而是将一定氧化度的铅粉涂在极栅上，经化成得到活性物质，所以，还必须将上述计算活性物质的量折算成铅粉的量。

每克铅能生产出氧化度为 75% 的铅粉量为

$\dfrac{\text{氧化铅的摩尔质量}}{\text{铅的摩尔质量}}\times0.75+0.25=1.057(g)$

那么负极每片所需用铅粉量 $=32.60\times1.057=34.46$（g）

由于 1mol 的铅可转化为 1mol 的 PbO_2，所以活性物质 PbO_2 可用铅量来计算，即：$25.3\div5\times3.866\div0.42\times1.057=49.23(g)$

⑥ 生产用铅膏量的计算

a. 本设计拟采用的铅膏配方见表 6-1。

表 6-1 铅膏配方

物种	极类		物种	极类	
	正极	负极		正极	负极
铅粉	250kg	250kg	纤维	70g	70g
$BaSO_4$	—	0.7kg	H_2SO_4	37L(40.7kg)	37L(40.7kg)
活性炭	1.25kg	1.25kg			

b. 两极中的铅粉含量。

正极铅膏中的铅粉含量 $=\dfrac{250}{250+1.25+0.07+40.7}=85.61\%$

负极铅膏中的铅粉含量 $=\dfrac{250}{250+1.25+0.07+40.7+0.7}=85.4\%$

c. 据设计容量计算铅膏需用量；设计中按铅膏密度为 $4g/cm^3$ 计算。

正极板所需铅膏量 $=49.33\div0.8561=57.51$（g/片）

那么铅膏体积为 $57.51\div4=14.38$（cm^3/片）

负极所需铅膏量 $=34.46\div0.854=40.35$（g/片）

铅膏体积为 $40.35\div4=10.09$（cm^3/片）

（3）板栅的设计与计算　极板的尺寸确定之后，板栅的设计主要解决板栅的结构、板栅合金组成、板栅的体积和质量。

① 选择板栅筋条的截面形状及板栅的结构。

板栅筋条的截面形状，常见的有三角形、棱形和圆形。它们各有其特点：三角形截面形状的板栅，其主要优点是在铸造时易于脱模；但对活性物质的保持能力较差。棱形截面的筋条，对活性物质的保持能力强，要求模具精度较高，脱模比三角形的较难。圆形截面的筋条主要优点是耐腐蚀能力好，因为在其截面积与其他形状相同时，具有最小的周界长度；在活性物质保持能力和脱模难易方面，它介于三角形和棱形之间。

按本设计要求，可以选定板栅的纵筋截面形状为棱形，横筋截面积形状为三角形。板栅中纵筋和横筋的排列结构，既会影响电流的均匀分布程度，也会影响活性物质的保持能力，为较好地保持活性物质，通常是采用纵筋粗而少，横筋细而多的形式。据设计要求并参照极板尺寸数据，确定极板结构参数列于表 6-2 中。

表 6-2　板栅设计参数　　　　　单位：mm

名　称	正　极	负　极	名　称	正　极	负　极
板栅高度(H)	164	164	横筋条数(n')	32	32
板栅宽度(B)	58	58	棱形短对角线(a)	1.2	1.0
板栅厚度(b)	2.0	1.4	三角形底边长度(a')	1.2	1.0
纵向边框宽度(A)	3.0	3.0	极脚高度(d)	3.0	3.0
横向边框宽度(A')	2.5	2.5	极脚宽度	2.0	2.0
纵筋条数(n)	3	3	极耳宽度	16	16

② 板栅筋条中心距的计算。

由于选定正负极板栅的筋条形式、数目及板栅高度、宽度均相同，因而正、负极板栅的筋条中心距也相同。

$$纵筋中心距 = \frac{板栅宽度 - 2 \times 纵向边框宽度}{纵筋条数 + 1}$$

$$= \frac{58 - 2 \times 3}{3 + 1} = 13.0 (\text{mm})$$

$$横筋中心距 = \frac{板栅高度 - 2 \times 横向边框宽度}{横筋条数 + 1}$$

$$= \frac{164 - 2 \times 2.5}{32 + 1} = 4.8 (\text{mm})$$

③ 板栅体积的计算。

板栅体积可以分成由纵筋、横筋、纵向边框、横向边框、极耳和极脚等若干部分组成，其体积可按各部分等几何形状分别计算加和而成。

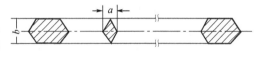

图 6-1　板栅纵向筋条横截面示意图

a. 纵筋体积计算：　据本设计确定纵筋截面为棱形，如图 6-1 所示。

$$纵筋体积 = 纵筋横截面积 \times 纵筋高度 \times 纵筋数目$$
$$= 棱形面积 \times 棱柱高度 \times 纵筋数目$$
$$= \frac{1}{2} b \times a \times (H - 2A' - d) \times n$$

式中，b 为板栅厚度（或棱形长对角线）；a 为棱形短对角线；H 为板栅高度；d 为极脚高度；A' 为板栅横向边框宽度；n 为纵筋条数。

$$正极纵筋体积=\frac{1}{2}\times0.20\times0.12\times(16.4-2\times0.25-0.3)\times3=0.562(cm^3/片)$$

$$负极纵筋体积=\frac{1}{2}\times0.14\times0.10\times(16.4-2\times0.25-0.3)\times3=0.328(cm^3/片)$$

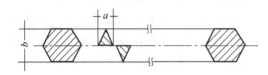

图6-2 板栅横向筋条纵截面示意图

b. 横筋体积计算：据设计确定横筋界面为三角形，如图6-2所示。

横筋体积＝横筋截面积×横筋长度×横筋数目

＝三角形面积×三棱柱长度×横筋数目

$$=\frac{1}{2}\left(\frac{1}{2}b\times a'\right)(B-2A-n\times a)\times n'$$

式中：b为板栅厚度；a'为横筋截面三角形底边长度；B为板栅宽度；A为板栅纵向边框宽度；n'为横筋条数；a为纵筋截面棱形短对角线长度；n为纵筋条数。

$$正极横筋体积=\frac{1}{2}\left(\frac{1}{2}\times0.20\times0.12\right)(5.8-2\times0.30-3\times0.12)\times32$$
$$=0.928(cm^3/片)$$

$$负极横筋体积=\frac{1}{2}\left(\frac{1}{2}\times0.14\times0.10\right)(5.8-2\times0.30-3\times0.10)\times32$$
$$=0.549(cm^3/片)$$

c. 板栅边框体积计算：本设计板栅边框面积形状为六边形，为了方便计算，可简化为矩形，板栅板框可分为4个矩形棱柱体，即两个纵向边框和两个横向边框如图6-3所示。

每一横向边框体积＝$(B-2A)\times A'\times b$

每一纵向边框体积＝$H\times A\times b$

板栅边框总体积＝

$$2[H\times A\times b+(B-2A)\times A'\times b]$$

式中的符号意义与前同。

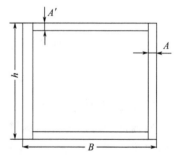

图6-3 板栅边框示意图

根据本设计板栅参数计算边框体积：

$$正极边框体积=2\times[16.4\times0.30\times0.20+(5.8-20.3)\times0.25\times0.20]$$
$$=2.448(cm^3/片)$$

$$负极边框体积=2\times[16.4\times0.30\times0.20+(5.8-20.3)\times0.25\times0.14]$$
$$=1.740(cm^3/片)$$

d. 每片板栅体积计算：

每片板栅体积＝纵筋体积＋横筋体积＋边框体积

每片正极板栅体积＝0.562＋0.928＋2.488＝3.978（cm³/片）

（4）隔板的选择与尺寸的确定　隔板的主要作用在于防止正、负极短路，但又不要使电池内阻明显增加。因此，隔板应是多孔的，允许电解液自由扩散和离子迁移，具有比较小的电阻，当活性物质脱落时，不得通过细孔而达到对方极板，即孔径要小，孔数要多，扩散面积要大，此外要求机械强度好，耐 H_2SO_4 腐蚀，以及不能析出对极板有害的物质。目前使用较多的是微孔橡胶隔板、合成树脂隔板及聚烯烃树脂微孔隔板等，近年来超薄隔板研制成功，以及新型袋式隔板等发展给开发免维护电池创造了条件。

本设计电池为负极吸收式密封铅蓄电池，隔膜选择超细玻璃纤维毡，厚度选定为 1.4mm，孔隙率为 92%。

$$隔板实体积＝隔板几何体积×（1－孔隙率）×片数$$
$$＝1.68×5.9×0.14×（1－0.92）×10$$
$$＝11.10（cm³）$$

（5）验证铅膏是否能够全部填涂于板栅上　比较板栅空体积与极板所需铅膏体积的大小：

正极板栅空体积/（cm³/片）正极板铅膏用量/（cm³/片）

15.05＞14.41

负极板栅空体积/（cm³/片）负极板铅膏用量/（cm³/片）

10.70＞10.09

正、负极板栅空体积均大于正、负极板所需铅膏体积，所以正、负极铅膏可以全部填涂于板栅上。

（6）电解液浓度的选择及其用量的估算　硫酸的离子导电电阻依浓度和温度的变化而变化。密度在 1.100～1.300kg/L 之间电阻最小。蓄电池电解液多用此范围的硫酸。电阻最低值时硫酸的密度为 1.220kg/L。但为获得所规定的电池放电容量需有一定的硫酸量，且考虑到受蓄电池电槽尺寸的限制，故而本设计采用 1.290～1.300kg/L 密度较高的硫酸。

铅蓄电池所需电液量可以从理论上计算。据电池总反应可知：每 2F（F 为法拉第）电量需 2mol 硫酸；即每 1A·h 电量需 3.66g H_2SO_4，同时放出 1A·h 电量将生成 0.67g 水，因此对每 1A·h 电量放电前后电液量的差为 3.66－0.67＝2.99（g）。

理论上可以计算出 C（A·h）电量所必需的电液量（W）。

设 H_2SO_4 的体积分数在放电前为 P_0，放电后为 P；则：放电前电液中 H_2SO_4 的数量为 P_0W；水的数量为 $W－P_0W$；放电后电液量为 $W－2.99C$；H_2O 量为 $W－PW+0.67C$，其中 $P（W－2.99C）$ 为 H_2SO_4，故水量为 $W－2.99C－（P－2.99C）$，因此，$W－P_0W+0.67＝W－2.99C－P（W－2.99C）$。

$$W = \frac{C(3.66 - 2.99P)}{P_0 - P} \qquad (6-2)$$

如果 $P = 0$，当 H_2SO_4 密度为 1.300kg/L 时，$P_0 = 0.391$

电池容量 $C = 25.3A \cdot h$

$$则\ W = \frac{25.3 \times 3.66}{0.391} = 236.8\,(mL) \qquad (6-3)$$

实际上蓄电池用 H_2SO_4 量比理论值多。对于固定型蓄电池为 1.5～5 倍，移动型蓄电池为 1.1～2 倍。本设计每单格内拟采用的实际 H_2SO_4 量 $W_实 = W \times 1.1 = 260$ (mL)。

(7) 验证电池组单格内是否能容纳所需电解液

①单格电池有效内腔体积计算。

设计按单格有效内腔高度（按电解液液面高出极板 13mm 处）计算，故：

单格内腔有效体积 $= (16.4 + 1.3) \times 6.0 \times 3.3 = 350.5\,(cm^3)$

②板栅总体积的计算。

板栅总体积 = 正极板栅体积 × 正极片数 + 负极板栅体积 × 负极片数

$= 3.978 \times 5 + 2.617 \times 6$

$= 35.5\,(cm^3/单格)$

③ 铅膏（铅粉）实体积计算。

铅粉实体积 = 极板铅膏量 × 铅膏密度 × 铅膏中铅粉含量 × （铅粉中纯铅含量 ÷ 铅密度 + 氧化铅含量 ÷ 氧化铅密度）

正极干物质实体积 $= 14.41 \times 5 \times 4 \times 0.854 \times \left(\frac{0.25}{11.3} + \frac{0.75}{10.5}\right)$

$= 23.0\,(cm^3/单格)$

负极干物质实体积 $= 10.12 \times 6 \times 4 \times 0.854 \times \left(\frac{0.25}{11.3} + \frac{0.75}{10.5}\right)$

$= 19.4\,(cm^3/单格)$

④ 单格电池内空体积计算。

单格电池内空体积 = 单格内腔有效体积 − 正极板实体积 − 负极板实体积 − 隔板实体积

$= 350.5 - 35.5 - 23 - 19.4 - 11.10$

$= 261.5\,(cm^3/单格)$

那么电池内腔空体积（261.5cm³）＞电解液的需用量（260cm³）

所以电池单格内可以容纳所需的电解液。

(8) 电池其他零部件的设计与计算

①汇流排的设计与计算

a. 汇流排长度计算：

正极汇流排长度 = 正极板栅厚度 × 片数 + 负极板栅厚度 × （负极片数 − 2）+

$$\text{隔膜厚度}\times\text{(片数}-2)$$
$$=2.0\times5+1.4\times(6-2)+1.4\times(10-2)=26.8\ (\text{mm})$$

负极汇流排长度＝正极板栅厚度×片数＋负极板栅厚度×片数＋隔膜厚度×片数

$$=2.0\times5+1.4\times6+1.4\times10=32.4\ (\text{mm})$$

b. 汇流排宽度与厚度的计算：汇流排宽度与厚度（或截面积）可根据极板的极耳截面积数据来计算，而极耳的截面积则根据承受电流密度的大小来确定，通常汇流排的截面积应接近于极耳总截面积，或视电池具体情况而定。

本设计电池单格串联为桥式连接，极柱偏向一端，故汇流排取偏梯形，宽边长度为 76mm，窄边长度为 20mm，厚度为 4mm。

② 极柱的设计与计算

a. 本设计电池为桥式连接，故极柱设计为半圆柱体，其截面积可取梯形，汇流排的截面积，即 $20\times4=80\ (\text{mm}^2)$

b. 半圆形直径计算如下。

由圆面积公式：
$$S=\frac{1}{4}\pi D^2$$
$$80=\frac{1}{2}\left(\frac{1}{4}\pi D^2\right)\quad D=\frac{2\times80}{\frac{1}{4}\pi}\approx14.3\,(\text{mm})$$

即半圆形极柱截面直径为 14.3mm。

③ 验证汇流排、极柱是否有被熔断的可能。

a. 熔断电流与截面积的关系公式如下：
$$K=\frac{S_1/S_2}{I_1/I_2}\quad\text{或}\quad S_2=\frac{I_2}{I_1}\times\frac{S_1}{K}\qquad(6\text{-}4)$$

式中，S_2 为欲求某一固定长度的导电体通过电流 I_2 时的最小截面积（即熔断电流面积），mm^2；S_1 为实验曲线的导线截面积（如图 6-4 曲线的实验用导体截面积），mm^2；I_1 为按设计确定的某一固定长度时，从实验曲线中的曲线上找到对应的熔断电流值；I_2 为通过所设计的导体的最大电流值（通常定为额定容量的 3～4 倍）；K 为比例系数，通常取 0.8。

b. 按本设计求熔断电流面积。

以本设计正极汇流排长度 26.8mm，在图 6-4 上查得对应的 I_1 值为 320A，按本设计电池的 $I_2=25.3\times3=75.9$（A）

代入式(6-4) 得：
$$S_2=\frac{42}{0.8}\times\frac{75.9}{320}$$

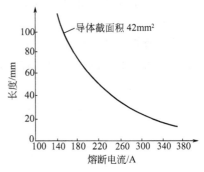

图 6-4 熔断电流与长度关系曲线

$$=12.45 \ (mm^2) \tag{6-5}$$

再加上 40% 的保险系数，则汇流排最小截面积：

$$S_2' = 12.45 \times (1+0.4) = 17.43 \ (mm^2) \tag{6-6}$$

本设计汇流排截面积，极柱截面积均大于此熔断电流面积，因而它们均不会被熔断。

④ 电池外壳材料选择及尺寸的确定从略。

6.1.2 启动型铅酸电池设计

6.1.2.1 设计要求

电池用途：汽车的启动与照明；

工作电压：6V；

电容量：10h 率；70A·h，5min 率，20A·h；

寿命：250 周期。

6.1.2.2 设计计算基本过程：

(1) 确定单体电池数目

$$单体电池数目 = \frac{工作电压}{单体电池额定电压}$$

$$= 3 \ (只)$$

(2) 单体电池的设计

①单体电池的电容量：根据设计要求，确定电池的额定电容量为 70A·h，那么设计容量为 77A·h。

②单体电池的正、负极尺寸与数目：对于启动型铅酸蓄电池，极板额定容量取 14A·h/片。那么正极板数目为

$$正极板数目 = \frac{单体电池额定容量}{每片极板额定容量}$$

$$= \frac{77A \cdot h}{14A \cdot h/片} = 5.5 \ (片)$$

为保证电池的可靠性，取正极板数为 6 片。

负极数目为 6+1=7 片。

关于极板尺寸，由于电池的最大外形尺寸受用电器的限制而确定，其极板尺寸只能在比较小的范围内变动。对于启动型铅酸蓄电池已经标准化了，可以参照其相关参数，加以确定。

如果设计非标准化的产品，可以进行下列计算：

$$极板总面积 = \frac{单体电池最大放电电流 \ (mA)}{极板允许最大放电电流密度 \ (mA/cm^2)}$$

$$极板数目 = \frac{极板总面积 \ (cm^2)}{电极板面积 \ (cm^2)}$$

极板所允许的最大放电电流密度是根据实验数据来确定。如果高于此电流密度就可能引起负极的钝化而不能确保电池容量，或因电极极化过大而不能确保电池的工作电压。对于启动型铅酸蓄电池，在极板厚度为 2.0～3.0mm 范围，以正极双面几何面积计算时，其允许最大放电电流密度为 110～120mA/cm^2，此值随极板厚度增加而增大。

根据设计要求，电池放电电流为

10h 率：$I = \dfrac{70}{10} = 7$（A）$= 7000$（mA）

5min 率：$I = \dfrac{20 \times 60}{5} = 240$（A）$= 24000$（mA）

因此，极板总面积 $= \dfrac{240000\text{mA}}{110\text{mA/cm}^2} = 2181$（cm^2）

电池的单片极板面积，可根据用户所提出的最大外形尺寸计算单体电池的体积，进而计算极板的面积。

单体电极体积 $= \dfrac{\text{电池组总体积}}{\text{单体电池数目}}$

按实际要求，电池主要用于汽车启动，大功率使用。所以极板尺寸的确定，可以根据标准化数据，本设计确定极板尺寸为

极板高度：132mm；

极板宽度：142mm；

极板厚度：正极 2.6mm，负极 2.2mm；

每片极板面积（双面）：14.2×13.2×2＝374.9（mm^3）。

所以正极板数目 $= \dfrac{2181\text{cm}^2}{374.9\text{cm}^2} = 5.8 = 6$（片）

负极板数目＝6＋1＝7（片）

③ 计算每片电极所需的铅粉量：根据每片极板的容量计算铅粉的理论用量，再依据极板厚度与利用率的关系图找出对应的数据，求出铅粉的实际用量。

在手册中查得 PbO$_2$，Pb 的电化当量分别为：4.463g/（A·h），3.866g/（A·h），则对于启动正极板理论用量 $= 14 \times 3.866 = 54.12$（g）。

式中，14 为每片极板的额定安时数。

实际用量 $= \dfrac{\text{理论需用量}}{\text{利用率}}$

图 6-5 为活性物质利用率与极板厚度的

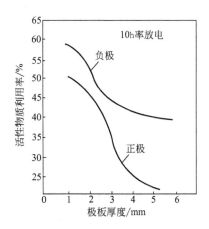

图 6-5 活性物质利用率与极板厚度的关系

关系曲线。根据选定的电极厚度在图中找出所对应的利用率为

正极活性物质利用率为 42.5%，负极活性物质利用率为 50%。

在生产中必须将活性物质的量折算成铅粉的量，每克铅生产出氧化度为 75% 的铅粉数量为

$$\frac{223.2}{207.2} \times 0.75 + 0.25 = 1.06 \text{（g）}$$

$$\text{每片负极所需的铅粉量} = \frac{\text{理论用量}}{\text{负极利用率}} \times 1.06$$

在正极的计算中要用铅的电化当量来计算，这是由于 1molPb 可转化 1molPbO_2 之故。

$$\text{每片正极所需用铅粉量} = \frac{\text{每片极板额定容量} \times 3.866}{\text{正极利用率}} \times 1.06$$

所以：每片正极需铅粉量 $= \dfrac{14 \times 3.866}{0.42} \times 1.06 = 136.6\text{(g)}$

每只单体电池正极需用铅粉量 $= 136.6 \times 6 = 819$ （g）

每片负极需铅粉量 $= \dfrac{14 \times 3.866}{0.52} \times 1.06 = 110.3\text{(g)}$

每只单体电池负极需用铅粉量 $= 110.3 \times 7 = 772$ （g）

另外对于板栅设计与计算，电解液的计算，汇流排极柱等的设计可参照设计举例之一。

6.1.3 牵引用铅蓄电池设计

牵引蓄电池的使用主要是深充放电循环，即在使用过程中蓄电池几乎完全放电。这点与启动用蓄电池主要用于大电流短时间放电和固定型蓄电池主要用于浮充电不同。该类电池的应用与要求见表 6-3。

表 6-3　牵引用蓄电池的应用与要求

应用特性	使用方式	主要要求与特点
一般使用 工厂、火车站、码头等叉车、平板车等	①起重叉车 ②牵引用	①不排放有害气体,不污染环境 ②无噪声 ③操作容易
煤矿井下防爆电机车用	牵引用	①为防止爆炸,使用中不得产生火花 ②对产生可燃气体(H$_2$)的量有一定的限制

6.1.3.1　极板的结构

牵引用铅酸蓄电池负极板一般采用涂膏式，其板栅的结构原则上与汽车用蓄电池相同，但常使用厚极板，高度较高，故活性物质利用率较低，一般为 35% 左右。

正极有两种类型，即管式和涂膏式。管式正极板的结构，是用一筋骨（骨芯）与极耳集流体相连接的骨架系统代替板栅，这个筋骨放在由针织、编织或粘接的物质包含在每个管壁和中央筋骨之间。管状正极的优越性在于以下几方面。① 使用

寿命期间活性物质保存在管中，不发生脱落，因此可以使用视密度较低的铅膏。在管式极板中，铅膏视密度的典型数据为 $3.60\sim4.0\text{g}/\text{cm}^3$。②极板孔隙率的提高有助于活性物质利用率的提高。③铅合金骨架由于被活性物质包围，其腐蚀速率也减缓。实验证明，直径为 4mm 骨架的管式正极板，可以达到 2000 次的充放电循环；而具有相同厚度板栅的涂膏式平板极板，在腐蚀作用失效前，仅有 800 次循环。管式极板的不足是，生产费时并且污染比涂膏式严重；集流体与活性物质间的接触面积小，骨芯的腐蚀减小，但在连续大电流使用时，骨芯与活性物质界面上所增加的电流密度很高，局部受热会破坏腐蚀层，使腐蚀加速。

工业企业用铲车、叉车的牵引型蓄电池适用管式正极板，在整个使用期间可提供足够的能量和功率。电动汽车，包括电动轿车、装卸车和公共汽车用的牵引蓄电池，至今仍处于开发阶段。电动车辆用蓄电池要实现商品化，起码要满足以下条件：

① 质量比能量大于 $50\text{W}\cdot\text{h}/\text{kg}$；

② 在 5h 率条件下的寿命达 $1500\sim1800$ 次循环；

③ 充电后每次可行驶 160km 以上；

④ 有足够的功率供电动车辆在 8s 内从零加速到 40km/h。

达到这一目标面临的难题是，铅蓄电池的能量、功率与循环寿命指标互相冲突。提高蓄电池的比能量和比功率所采用的方法有：提高活性物质利用率，使活性物质与板栅的比率增高，改进极板和单电池的连接，提高铅蓄电池的放电深度。然而这些方法会导致某些不良后果，诸如活性物质脱落、骨芯（板栅）腐蚀等，这将降低蓄电池的寿命，产生恶性循环。

降低管子的直径，例如采用专利"椭圆形管子"，可减薄正极板的厚度，有助于比能量、比功率的提高。在采用涂膏式极板时，为了延长寿命，使用 2 层或 3 层隔板。

6.1.3.2 单电池间的连接线

牵引用蓄电池都是成组使用的，单电池间的连接很重要。一般有两种连接方式，一种为螺丝连接，另一种是焊接。前者对于检修、更换电池较为方便，缺点是使用中易受酸腐蚀，造成接触不良，影响电性能，连接材料为铅合金或铜板镀铅。后者的导电性能好，但要求镀层结合力好，长时间使用应不剥落。前者则要求有较大的导电截面积。

对于井下防爆牵引蓄电池，由于煤矿井下的坑道内有许多可燃气体，遇到微小火花就会引起爆炸事故，所以蓄电池一般都装在专门设计的组合箱内，该组合箱应具有防爆特性，例如制成狭隙防爆结构或其他结构等。此外，为防止产生火花及发生爆炸事故，在结构设计上要考虑以下几点。

① 极群上应采用双接线柱。因为一个极柱在将断未断时容易产生火花，而用双极柱时，即使一个极柱断电，因另一个极柱导电，不致产生火花。

② 电池组整体上部连接线不得裸露，以防止因金属工具落在上面引起电池间短路而产生火花。为此，必须用不易脱落的绝缘物质，如耐酸绝缘漆或其他绝缘物覆盖极柱和接线柱。

③ 在构成电池单体的外部零件（电池槽、盖、液口栓等）及接线柱的绝缘体上，不应使用特别易燃的材料。

④ 液口栓必须是能防止电解液飞溅的结构。

6.1.3.3 设计计算实例

（1）产品设计的规格 本例仅限于蓄电池部分结构设计。

牵引蓄电池系列设计，以每片极板容量为 35A·h、45A·h 和 55A·h 作为基础，用不同片数组装为各种规格的蓄电池。其中每片 45A·h 极板的蓄电池规格见表 6-4。

表 6-4 牵引型蓄电池各种放电率的容量

型 号	5h 率容量		3h 率容量		1h 率容量	
	放电电流 /A	容 量 /(A·h)	放电电流 /A	容 量 /(A·h)	放电电流 /A	容 量 /(A·h)
D-315	63	310	88	260	189	189
D-360	72	360	99	298	216	216
D-405	81	405	112	336	243	243
D-450	90	450	124	372	270	270
D-495	99	495	136	408	297	297

（2）设计产品的主要要求

① 比现有的类似产品缩小体积，减轻重量，提高比能量。

② 外形尺寸符合 IEC 标准。

③ 产品主要性能符合现行国内标准。

（3）极板类型设计 本例按 IEC 标准中窄型产品进行设计，即单电池宽度为 160mm，设计极板宽度为 143mm。为适应用户要求，极板高度分三种，单片容量分别为 35A·h、45A·h 和 55A·h 共三种。这样可以在生产上使用一种铸造板栅模具，然后根据不同用途切断使用。

这三种极板除可以代替现有的多种蓄电池车用极板规格外，还可用于内燃机车蓄电池和固定型防酸隔爆蓄电池的极板。这样在生产上增加了通用化部件，减小了极板规格，给生产带来许多方便。

（4）正极板结构设计 采用玻璃纤维管式正极板，骨架为含锑 5% 的铅锑合金，直径为 3.2mm，玻璃纤维管内径 8mm、外径 9mm、壁厚 0.3~0.35mm。

① 管径选择的依据。

目前国内生产的玻璃套管有三种内径，即 9.7mm、9.5mm 和 8.0mm。现行 JB 1865 标准中的产品，正极板采用管径 9.0mm。以 5h 率放电计算时，根据经验，每 1A·h 实际用活性物质为 11.89g，活性物质利用率为 39.8%，即细管要比粗管利用率高。为保险起见，采用利用率为 33%，故选内径为 8.0mm 的玻璃纤维管。

② 套管壁厚的确定。

为了增大管内容积以增加容量，将壁厚由过去的 0.50mm 减到 0.30~0.35mm。

③ 正极板活性物质数量的计算。

每 1A·h 所需 PbO_2，理论上为 4.46g，今采用活性物质利用率为 33%，设计中每片极板容量分别为 35A·h、45A·h、55A·h 时，活性物质实际需要量应分别为

$$\frac{4.46 \times 35 \times 10^{-3}}{0.33} = 0.4735 \ (kg)$$

$$\frac{4.46 \times 45 \times 10^{-3}}{0.33} = 0.6085 \ (kg)$$

$$\frac{4.46 \times 55 \times 10^{-3}}{0.33} = 0.7435 \ (kg)$$

④ 每片极板上玻璃纤维套管数。

若极板宽度为 143mm，玻璃纤维管外径 9.0mm，加上管间的间隙约 0.5mm，则玻璃纤维管根数为

$$\frac{143}{9+0.5} = 15 \ (根)$$

⑤ 套管长度。

若每片极板容量为 35A·h，每根管内活性物质量为

$$473.5 \div 15 = 31.57 \ (g)$$

已知玻璃纤维管内径截面积为 $(0.8/2)^2 \pi = 0.5$（cm^2），骨架直径为 3.2mm，其截面积为 $(0.32/2)^2 \pi = 0.08$（cm^2），故纤维管内有效截面积为 $0.5 - 0.08 = 0.42$（cm^2）。

活性物质视密度的确定：按 PbO_2 的密度为 $9.4g/cm^3$ 计算，管式正极板的孔隙率根据各厂自己的配方工艺不同，今取经验值为 42.5%，则正极活性物质的视密度为 $9.4 \times 0.425 = 4$（g/cm^3），因此每根纤维管内径容积需 $31.57/4 = 7.9$（cm^3），故管长应为 $7.9/0.42 = 18.8$（cm），再加上 4% 的保险系数，最终确定管长为 19.5cm。

同样，若每片容量为 45A·h 的极板，每根管的活性物质应为 $608.5/15 = 40.56$（g），每根管的容积应为 $40.56/4 = 10.14$（cm^3），管长则为 $10.14/0.42 = 24.1$（cm），加上 4% 的裕度，应采用的管长为 25.0cm。

若每片容量为 55A·h 的极板，管长则应为 30.6cm。

另一种管长计算方法是根据经验值，即内径为 8.0mm 的套管，按某厂工艺配方，每 1A·h 需要长度为 80mm，每片容量为 35A·h 的极板，每根为 2.33A·h 容量时，其长度

$$L_0 = 2.33 \times 80 = 18.6 \ \text{(cm)}$$

再加 4%的裕度，则长度

$$L_1 = 18.6 \times 1.04 = 19.344 \approx 19.5 \ \text{(cm)}$$

此法计算结果与前面计算的基本相同。

以上计算中采用的几个经验值根据配方和工艺的不同会有差异，因此，具体设计时要根据具体情况计算参数。

(5) 负极板结构的设计　负极板为涂膏式，板栅用 5%铅锑合金浇铸制成。

① 板栅设计。设计的板栅主要是增加了栅格之间的距离，从而减少了板栅本身的体积，增加了活性物质质量的比例，见表 6-5。

表 6-5　活性物质与极板质量之比

极板类型	设计极板			D-400	GF-300	D-425	N-462	日本电池
	35A·h	45A·h	55A·h					
活性物质/极板/%	65	68	70	52	62	57	62	66
活性物质/板栅/%	1.85	2.15	2.33	1.08	1.63	1.32	1.63	1.63

② 活性物质量。

每 1A·h 电量理论上需要 3.56g，活性物质利用率按 33%计算，则每片 35A·h 的负极板所需活性物质为

$$\frac{3.86 \times 35 \times 10^{-3}}{0.33} = 0.4094 \ \text{(kg)}$$

每片 45A·h 的负极板所需活性物质为

$$\frac{3.86 \times 45 \times 10^{-3}}{0.33} = 0.5264 \ \text{(kg)}$$

每片 55A·h 的负极板所需活性物质为

$$\frac{3.86 \times 55 \times 10^{-3}}{0.33} = 0.6433 \ \text{(kg)}$$

③ 负极板厚度的计算（以 45A·h 负极板为例）。

负极活性物质与板栅质量之比取 2.1∶1.0，则板栅质量为 0.5264/2.1 = 0.2507 (kg)。

5%铅锑合金密度为 10.95g/cm³，故板栅体积为 0.2507×1000/10.95 = 22.9 (cm³)。

活性物质视密度，按纯铅密度为 11.34g/cm³ 活性物质的孔隙率按经验值为 31%计算，则：

11.34×0.31 = 3.52 (g/cm³)

故活性物质体积：0.5264×1000/3.52 = 149.5 (cm³)

极板总体积：22.9 + 149.5 = 172.4 (cm³)

由表 6-6 知极板面积：27×14.3 = 386.1 (cm²)，故极板厚度为 172.4/386.1 = 0.447 (cm)。

取极板厚度为 4.5mm。

表 6-6　负极板设计数据对比

类　别		设计极板			N-462	GF-300	D-400	D-425	日本电池
5h率额定容量/(A·h)		35	45	55	42	50	40	47	43
外形尺寸/mm	高	220	270	323	260	337	261	425	244
	宽	143	143	143	163	157	161.5	143	140
	厚	4.5	4.5	4.5	4	4.7	4.2	4	4.7
极板质量/g		630	776	924	776	1100	750	1098	610
每安时活性物质质量/g		11.7	11.7	11.7	10.3	13.6	11.6	13.2	9.5
每片活性物质质量/g		409.3	526.5	643.5	434	600	465	623	405
活性物质利用率/%		33	33	33	33.5	28.4	38.5	29.4	41
板栅厚度/mm		4.2	4.2	4.2	3.7	4.3	3.9	3.7	4.1
板栅质量/g		220.7	249.5	280.5	342	420	285	475	205
板栅-活性物质		1:1.85	1:2.1	1:2.3	1:1.26	1:1.61	1:1.63	1:1.31	1:1.97

　　以上计算采用了几个经验值，如活性物质利用率、活性物质孔隙率、活性物质视密度等，这些值都取决于各厂的工艺配方，实际设计时应考虑取舍。

　　(6) 其他计算

　　① 极群尺寸：主要根据正、负极板厚度加上隔板厚度，再留一定空隙，来确定极群中同极性极板的中心距离。例如隔板采用厚度为 1mm，则 9+4.5+1×2= 15.5 (mm)，再加上 1mm 空隙，则极群中心距离为 16.5mm。

　　② 极群总长度：根据极群中心距离和不同极板片数，可以确定极群总长度。例如电池容量 495 A·h，则每片 45 A·h 的正极板为 11 片，负极板为 12 片，极群长度为 16.5×11=181.5 (mm)。再加上槽壁厚度及适当余量，即确定了蓄电池的长宽尺寸。

　　③ 蓄电池高度：确定蓄电池高度时，需要两个经验参数，一是鞍子高度，另一是极群上部电池盖之间的高度（称为气室）。气室太低是不利的，因为行车时电液容易溅出而腐蚀车体和其他部件。

　　一般鞍子高度为 20～25mm，一般气室高度不低于 20mm。

　　④ 硫酸量：按理论需要量，铅酸电池每放出 1 A·h 电量应消耗硫酸 3.66g，同时生成水 0.67g，根据蓄电池放电前后的硫酸密度可计算出硫酸的体积。但是由于极板和隔板的孔隙率不准确，故误差较大，一般多取经验值，如每 1 A·h 用电液量约为密度为 1.280g/cm³ 的稀硫酸 12～14mL。

　　以上对蓄电池设计中几项主要指标举例说明。在实际设计中可变因素尚有不少，要根据具体情况加以应用。

6.1.4　阀控式密封铅酸电池设计中的若干问题

6.1.4.1　氧循环的基本原理

　　目前，一般认为在密封蓄电池中，负极起着双重作用，即在充电末期或过充电时，负极一方面与正极传输过来的 O_2 起反应而被氧化，另一方面又接受外电路传输来的电子进行还原。密封铅酸蓄电池的这一反应原理与密封镉-镍蓄电池是相同的，见表 6-7。

从表中反应式看出，在碱性蓄电池中析 O_2 消耗 OH^- 与在铅酸蓄电池中析 O_2 而消耗的 H_2O，均在负极获得再生。

上述氧循环的机理称为化学机理，即负极活性物质与氧进行化学反应的中间步骤，也存在着电化学机理的说法，即像表中最后净反应那样，氧直接在负极活性物质上进行还原。

两种蓄电池中氧还原的机理相同，但两种电池的密封是有区别的。在碱性电池中，由于镉的平衡电位比氢正约 100mV，所以不至于析出氢气；铅的平衡电位因比氢负 350 mV，充电态超过 90% 就有氢气析出的可能。为了安全，不能让氢气在电池中积累，此外考虑到有机物在正极氧化产生 CO_2，故在密封铅酸蓄电池中装有安全阀，因此，这种铅酸蓄电池称为阀控式密封铅酸电池。

表 6-7　氧循环的基本原理对照

极性	碱性蓄电池	铅酸蓄电池
正极	$2OH^- \xrightarrow{-2e} \frac{1}{2}O_2 + H_2O$	$H_2O \xrightarrow{-2e} \frac{1}{2}O_2 + 2H^+$
负极	① $\frac{1}{2}O_2 + Cd + H_2O \rightarrow Cd(OH)_2$ ② $Cd(OH)_2 \xrightarrow{+2e} Cd + 2OH^-$ 净反应 $\frac{1}{2}O_2 + H_2O \xrightarrow{+2e} 2OH^-$	① $\frac{1}{2}O_2 + Pb \rightarrow PbO$ ② $PbO + H^+ + HSO_4^- \rightarrow PbSO_4 + H_2O$ ③ $PbSO_4 + H^+ \xrightarrow{+2e} Pb + HSO_4^-$ 净反应 $\frac{1}{2}O_2 + 2H^+ \rightarrow H_2O$

若要使氧的复合反应能够进行，必须使氧能够从正极迁移到负极。氧的迁移过程越容易，则单位时间从正极到负极迁移并在负极上复合的氧就越多，因此就允许电池通过更大的电流而水不受损失。

氧以两种方式在电池中进行传质：一是溶解在溶液中的方式，即通过液相中的扩散，传输到负极表面；二是以气相的形式扩散到负极表面。

从理论上讲，与密封镉镍蓄电池相比，密封铅蓄电池氧循环的实现较为有利，因为 O_2 在浓度为 5mol/L 的硫酸中的溶解度 $C(O_2)$ 和氧的扩散系数 $D(O_2)$，比在 7 mol/L KOH 中（镉镍蓄电池电解液）的要大，如表 6-8 所示。

表 6-8　O_2 的溶解度和扩散系数

电解液浓度	$C(O_2)/(mmol/L)$	$D(O_2)/(10^{-5}cm^2/s)$
$c(H_2SO_4) = 5\ mol/L$	0.65	0.8
$c(KOH) = 7mol/L$	0.1	0.6

尽管 $C(O_2)$ 和 $D(O_2)$ 都较大，但在传统的富液式电池中，氧的传输只能依赖于氧在正极区 H_2SO_4 溶液中的溶解，然后依靠在液相中扩散到负极。由于正负极中间的隔板孔隙率有限，所以扩散的通道是有限的。又由于孔径曲折，扩散距较长，故只有少量的氧能够在液相中迁移，这样的富液式传统电池中只能于很低的电流水平下进行氧的复合。

如果氧呈气相在电极间直接通过开放的通道移动，那么氧的迁移速率就比单靠液相中扩散大得多。充电末期正极析出氧气，在正极附近有轻微的分压，而负极化合了氧，产生轻微的"真空"，于是在正、负极间的压差将推动气相氧经过电极的气体通道向负极移动。阀控式铅蓄电池的设计提供了这一通道，从而使阀控式铅蓄电池在浮充所要求的电压范围 2.25～2.30V/单位下工作，而不损失水。

6.1.4.2　氧复合的影响因素

（1）超细玻璃纤维膜被电液饱和程度的影响　阀控式密封电池设计的主要部件之一就是隔膜，其重要性与活性物质等同。它能使电解液不流动，从而不溢酸；又具有使正极析出的氧得以重性复合的功能。

超细玻璃纤维膜、胶状电解质、颗粒状二氧化硅均可具有上述两个功能。目前只有德国阳光公司使用胶状电解质；日本 GS 公司对颗粒状二氧化硅进行了大量的研究和开发；超细玻璃纤维膜的应用则较为广泛。在此以超细玻璃纤维膜加以讨论。

实践证明，具有高孔隙率的超细玻璃纤维膜能提供气体通道。这种膜要求有粗、细不同直径的纤维组成，孔隙率高达 92％～94％，其中的细孔充满电解液，大孔留作气体通道。这就要求控制加入电解液的量，不能使隔膜中的电解液达到饱和，故也称为贫液式密封铅蓄电池。

在给定的超细玻璃纤维膜的条件下，注入电池中电解液的体积决定了孔隙被饱和的程度，通常要求 60％～90％。图 6-6 给出了阀控式电池隔膜在不同的浸透程度下的复合电流。

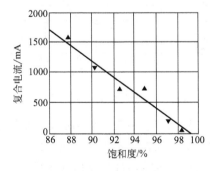

图 6-6　浸透程度与复合电流关系

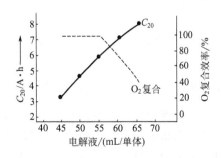

图 6-7　阀控式铅蓄电池电液体积对氧
复合和容量的影响

若复合效率低、水损失大，会减少电池的容量，其他性能参数也会降低。

图 6-7 给出了隔膜被电解液饱和的程度以及与电池容量的关系。由图可知，用超细玻璃纤维膜吸收电解液的贫液式电池，气体可完全复合，隔膜约仅有 80% 被电液饱和，可提供约 75% 的总容量。

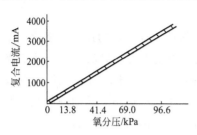

图 6-8　再化合电流与氧分压关系

电流密度 $1.310 g/cm^3$、隔板饱和度 93%、

负极面积 $0.218 m^2$、充电电压 2.34V

（2）氧分压的影响　再化合电流与氧分压有直接关系，图 6-8 表明了这种关系，但没有必要使密封电池在高内压下工作。

（3）隔膜的压缩　玻璃纤维膜与铅负极必须紧密靠近，其空隙应小于隔膜与铅电极中的大孔，否则从正极传输过来的氧气还未达到负极，就从隔膜和电极间的空隙溢到电池的气室，从而降低了氧的复合效率，因而装配时需要相当大的压缩力使隔膜与电极充分接触。这种压缩力对电池获得适宜的电性能是十分重要的。一般隔膜的压缩率比在 10%～30% 时，对再化合速度并无明显影响。

（4）充电电流　电池在充电时，正极上的析氧速率与施加的充电电压或充电电流成正比，即充电电压越高、电流越大，单位时间内析出的氧越多。而氧传输到负极并溶解到负极表面液膜中进行还原的速度受到限制，即氧的析出快于还原，这时复合效率就下降，所以在阀控式密封铅酸电池中，要求充电时控制充电电压和限制充电电流，要求浮充电电压在 2.23～2.27V。循环使用电池电压最高 2.4V，初始充电电流不大于 $0.3C_{20}$，以维持氧的析出和复合处于稳态平衡。氧复合效率与充电电流的关系见图 6-9。氧复合效率与充电电压、电流的关系见图 6-10。

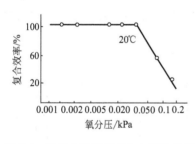

图 6-9　氧复合效率与充电电流的关系

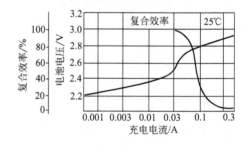

图 6-10　氧复合效率与充电电压、电流的关系

（5）板栅合金　含锑的板栅合金中，锑会转移到溶液中又沉积到负极表面，从而降低氢析出的超电位，因此要求阀控式密封铅酸电池板栅不含锑，或为低锑、超低锑（0.8%）。氧不能达到动态平衡时，会有气体在电池内部积累而气压增大，所以气室中气压的大小也可以度量氧的复合效率。不同板栅合金气室气压的变化见图 6-11。

实验证明，板栅合金本身对氧再化合速度没有明显影响，但板栅合金影响电池的分解电压或水的分解电压，换言之，板栅合金材料决定着电池充电电压所允许的上限。

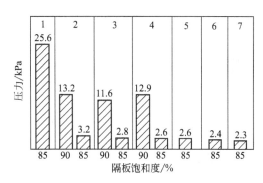

图 6-11　板栅合金类型对密封电池气体压力的影响
1—Pb-Sb 6％；2—Pb-Sb2.5％-Se；3—Pb-Sb1.8％Cd；
4—正极 Pb-Sb 2.5％-Se，负极 Pb-Ca；5—正、负极均为
Pb-Sb-Se；6—正、负极均为 Pb-Ca；7—正、负极均为纯 Pb

（6）电解液的浓度　氧再化合速度受电解液浓度的影响，这一结果用 6V，90A·h 的 Pb-Ca 板栅合金电池进行实验得到证明。电池以 7.30V 充电，再化合电流与电解液浓度的关系列于表 6-9。

表中氮气电流是指在 7.30V 充电条件下，以纯氮气流过电池时所通过的电流，表示无气体再化合时电池的充电接受电流。空气电流为通空气流时的充电接受电流。空气电流减去纯氮气的接受电流，即为电池的再化合电流。当酸密度由 $1.220g/cm^3$ 增至 $1.310g/cm^3$，氧再化合电流降低了 20％。

表 6-9　电解液浓度与氧再化合电流的关系

电解液密度/(g/cm^3)	氮气电流/mA	空气电流/mA	再化合电流/mA
1.220	343	1186	843
1.250	201	858	657
1.310	109	806	697

（7）负极配方　在充电末期，负极上实际可能有三个还原反应竞争：

$$PbSO_4 + 2e \longrightarrow Pb + SO_4^{2-} \tag{6-7}$$

$$2H^+ + 2e \longrightarrow H_2 \tag{6-8}$$

$$\frac{1}{2}O_2 + 2H^+ + 2e \longrightarrow H_2O \tag{6-9}$$

配方中的有机膨胀剂，对上述三个反应均有影响，这是人们熟知的事实，但膨胀剂对氧复合的影响，尚未见报道。天津大学教师曾对腐殖酸＋乙炔黑＋α-羟基-β-萘酸的配方进行了模拟实验，初步探讨的结果列于表 6-10。这表明，负极配方对氧复合是有影响的，然而不是很敏感，也缺乏电池的数据。

由于在电极上电流和电位的不均匀分布，局部地区可能达到氢离子还原的条件，因此，电池中还经常发现有氢存在，这对电池的安全不利，故设计时提高电极上电流和电位的均匀分布是避免析氢的有效方法。

表 6-10　不同负极配方时模拟电池内压力

负极配方	压力/Pa
腐殖酸	98.1
腐殖酸＋乙炔黑	69.7
腐殖酸＋乙炔黑＋α-羟基-β-萘酚	126.5

(8) 正、负极活性物质比　在阀控式密封蓄电池发展初期，曾提出要像碱性密封蓄电池那样，为了保证氢不析出，设计负极活性物质过量。电池组分的比例关系如表 6-11 所示。

表 6-11　电池组分的比例关系

电解质状态	游离态/%	吸收式/%	胶体/%
正极活性物质	43.6	37.8	39.0
负极活性物质	31.6	40.9	42.3
电解液	24.8	21.3	18.7
总计	100	100	100

最近几年没有采取负极容量过量的设计，而是让正极过量，这一变化并不影响氧的复合效率，而可以提高电池的循环寿命。根据有关文献报道，阀控式铅酸电池正负极活性物质按电化学当量比，由负极过量改为正极：负极为 1.2：1 或正极厚度：负极厚度＝3：2。

6.1.4.3　设计中的几个关键问题

关于设计过程及参数计算过程参照上述设计过程，在此仅就几个关键问题加以说明。

(1) 电解液用量的确定　电解液量所带来的影响如表 6-12 所示。

表 6-12　电解液量的影响

电解液太少	电解液太多
复合效率增加 电池在低倍率放电时容量降低 电池的内阻和电动势增加 使用开始时容量下降，增加隔膜的不均匀饱和，增加穿透的危险和过早失效	复合效率下降 充电时电解液可通过安全阀漏出，特别是出气口的位置垂直于表面 在电解液显著过量时，若遭受振动隔膜将破损

酸的体积通常可以按下式估算：

$$电解液的体积　V>0.8(x+y)$$

式中，x 为干隔膜的孔体积；y 为预充电态正极和负极活性物质的孔体积。

酸的浓度可按以下顺序估算。

① 理论上反应所需酸量（g）为 $3.66C_{20}$。3.66 为放电 $1A \cdot h$ 所需纯 H_2SO_4 的量。

② 放掉 C_{20} 容量后，电解液中仍保留一部分酸。例如，要求放电后电解液的密

度为 $1.08g/cm^3$，则对应酸为 $124.2g/L$。

③ 纯 H_2SO_4 总量 $=3.66C_{20}+124.2V$，V 为上面所得的体积（假设电解液体积 V 未变化）。

④ 酸的浓度 $=\dfrac{3.66C_{20}+124.2V}{V'}$ （g/L）。

阀控式密封铅酸蓄电池需要的酸体积，取决于电解液开始和最后的密度，取决于电池输出的总安时容量和放电率。表 6-13 列出在各种开始和最终的酸密度下，每安·时容量需要的酸体积。

表 6-13　硫酸用量比较

开始的硫酸密度 /(g/cm³)	最终硫酸密度下 1A·h 容量需要的酸体积/mL				
	1.050g/cm³	1.075g/cm³	1.100g/cm³	1.125g/cm³	1.150g/cm³
1.270	9.7	10.8	12.4	14.3	17.1
1.280	9.2	10.3	11.6	13.4	15.8
1.290	8.8	9.7	10.9	12.5	14.5
1.300	8.4	9.2	10.3	11.7	13.4
1.310	8.0	8.8	9.8	11.0	12.6
1.320	7.7	8.5	9.4	10.4	11.8

通常在设计时，充电态的酸密度为 $1.290\sim1.320$ g/cm³，很多电池都用 1.300 g/cm³ 的全充电态酸密度进行生产。根据 20h 率放电测定，1A·h 容量应含有 $9\sim10$mL 的硫酸，电池在 20h 率放电后，得到最终的酸密度为 $1.07\sim1.09g/cm^3$。

密封铅蓄电池最低用酸量可推导如下。

电池反应：$PbO_2+Ph+2H_2SO_4 \Longleftrightarrow 2PbSO_4+2H_2O$

由上式可知，每放出 1A·h 电量，消耗纯 H_2SO_4 $3.66g$，产生水 $0.67g$。

设放电开始时电解液密度为 ρ_1，质量分数为 m；放电终了时电解液密度为 ρ_2，质量分数为 n。当电解液密度由 ρ_1 降到 ρ_2 时，用 ρ_1 浓度的硫酸量为 VmL，则

放电前：H_2SO_4 　$V\rho_1\dfrac{m}{100}$

　　　　　H_2O 　　$V\rho_1\dfrac{100-m}{100}$

放电后：H_2SO_4 　$V\rho_1\dfrac{m}{100}-3.66$

　　　　　H_2O 　　$V\rho_1\dfrac{100-m}{100}+0.67$

$$\frac{H_2SO_4 量}{H_2O 量}=\frac{V\rho_1\dfrac{m}{100}-3.66}{V\rho_1\dfrac{100-m}{100}+0.67}=\frac{n}{100-n}$$

经整理得出：　　　　　$V=\dfrac{366-2.99n}{(m-n)\rho_1}$ 　（mL）　　　　　　　　　(6-10)

133

此式即为密封铅蓄电池为 1A·h 电量时最低用酸量公式。

当采用极板化成，拟使用密度 1.300g/cm³ 的 H_2SO_4、20h 率放电终止时，电解液密度为 1.07g/cm³，则 C A·h 容量的密封铅酸蓄电池单格用酸量，按式(6-10) 计算，即

$$\frac{366-2.99\times10.1}{(40.1-10.1)\times1.300}C=8.61C(\text{mL})$$

1A·h 容量蓄电池需要的加酸量最低为 8.61mL。

某些用途的铅蓄电池要求在高速率下放电，若以 10 min 率或更高速率放电，这时在极板孔内贮存的酸量就够。各种阀控式铅蓄电池在不同放电率时，实际使用的总酸量列于表 6-14。

表 6-14　实际使用的总酸量

放 电 率	开始的硫酸密度下 1A·h 容量需要的酸体积/mL		
	1.280g/cm³	1.300g/cm³	1.320g/cm³
30min	14～15	12～13	11～12
1h	12～13	11～12	10～11
5h	11～12	10～11	9～10
20h	10～11	9～10	8～9

由于在阀控式密封铅蓄电池中，加入的酸量和浓度很重要，因此要求定量加酸，严格控制。目前已经生产有新型超细玻璃纤维膜，其中掺杂有 5% 左右的憎水纤维，保证即使有自由酸存在，隔膜仍保持 10% 左右的孔不被"淹没"，可作为氧气从正极向负极传输的通道。

阀控式密封铅蓄电池与传统铅蓄电池不同，它们所用的硫酸溶液中一般要加添加剂。通常添加碱金属和碱土金属的硫酸盐如钾、钠、镁、铝等硫酸盐。

超细玻璃纤维隔膜质软、孔较大，抵抗枝晶穿透的能力差，而贫液式的设计，酸的浓度在充放电过程中波动很大，负极的充电过程是 $PbSO_4$ 溶解在 H_2SO_4 中形成 Pb^{2+}，在负极进行还原的过程中，由于 $PbSO_4$ 是难溶盐，在蓄电池使用的酸浓度中 Pb^{2+} 浓度很低，在此条件下，铅的沉积物呈平整状，但若 Pb^{2+} 浓度很高，则沉积物就可能形成枝晶在隔膜中沉积，引起短路，使电池失效。

电池断续使用时容易过放电，或者由于电流密度分布不均，在某些局部区域电解液可能耗尽，其 pH 增大，$PbSO_4$ 溶解度增大。根据离子积规律，$[Pb^{2+}][SO_4^{2-}]=2.2\times10^{-8}$ 是常数。当酸为 40% 时，25℃ 下的 $PbSO_4$ 溶解度为 1.52mg/L；若硫酸耗尽，则 $PbSO_4$ 的溶解度增加至 45.2 mg/L。而加入硫酸盐后，由于 SO_4^{2-} 的同离子效应，Pb^{2+} 不至于过分增加，从而能防止枝晶生成，所增加的数量大约为 0.1～0.3 mol/L，或 1.5%～3%。

(2) 安全阀的选择　阀控式密封铅酸蓄电池都装有单向阀，它的作用如下：

① 使电池保持一定的内压，以提高密闭反应效率；

② 电池过充电时或在高充电电压等不正常条件下，产生过量的氧气其至还有氢气，这时电池内部压力升高，能导致壳体变形或电池爆炸，阀门打开后可排出气体，防止发生爆炸；

③ 在电池内部压力正常的条件下，能防止外界空气进入电池；

④ 防止电解液蒸发，避免电池干涸。

单向阀的开启压力要考虑壳体材料，用聚丙烯外壳时，单向阀的限压为 5～10 kPa，超过此限度，单向阀自动开启，排出过量气体，内部压力降至 2～7 kPa。ABS 塑料材料为壳体时，单向阀的限压为 25～50 kPa，闭合压力为 10～35 kPa。

制造阀控式密封蓄电池的不同厂家，根据电池的性能、壳体材料和电池运行条件，设置不同的开启压力和关闭压力。表 6-15 列出了几家电池公司所设置的阀的开启和关闭压力值。

表 6-15 阀的开启和关闭压力值（固定式蓄电池）

厂　　家	开启值/kPa	关闭值/kPa
英国 GNB 公司	21～49	—
美国 C&D	4.9～7.7	2.1～5.6
英国 Chloirde	4.9～7.7	—
韩国	49～70	—
日本	49	1.2,0.98

阀控式密封蓄电池对阀的要求有：①阀对压力响应的灵敏度，即在规定压力下可靠准确的打开或关闭；②阀的工作环境恶劣，要求阀的材料耐酸、耐强氧化和耐老化，用于小型密封阀的寿命为 3～5 年，用于固定型密封蓄电池阀材料的寿命为 15～20 年，在寿命期间对压力的灵敏度保持不变；③阀在大约 −30～80℃ 范围内能可靠的动作。

总之，作为压力灵敏件，安全阀在一定压力下的相对位移关系，对于控制电池内压是十分重要的。这个关系取决于阀的结构、阀体材料性能以及蓄电池盖的结构和材料。

国内外各厂家密封铅蓄电池压力释放阀的结构形式很多，常见的形式有 4 种：帽状、柱状、柱塞状和片状，见图 6-12。

帽状阀是当前国内普遍采用的一种。这种阀在较高的压力下开启放气，但阀的开启压力值变化范围大，很难保证重现性。这主要是由于在此密封时阀与盖的配合状态不易完全恢复，阀与盖的粘连情况也时有发生，使用时阀上需要一挡片，保证运行时安全帽不被完全顶出来。

鉴于帽状阀有以上缺点，人们进行了大量的改进工作，有的在阀的一周加密封唇，有的在阀一周的三个点加密封唇并设导引槽，见图 6-13。

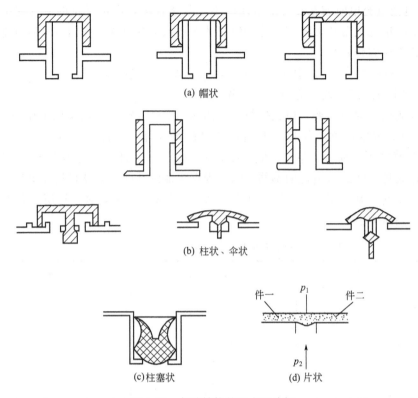

(a) 帽状

(b) 柱状、伞状

(c)柱塞状

(d) 片状

图 6-12　各种结构的压力释放阀

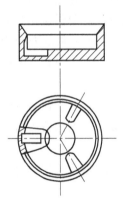

图 6-13　改进的帽状阀

这种密封唇的优点是，产生高的应力梯度，如果设计正确，保证没有变形并保证密封态至临界值开阀，从而改善帽状阀开启值的重现性。柱状阀可靠性好，但由于蓄电池盖制造复杂而较少使用。伞状阀在较低的压力下开启放气，并且阀在较低的压力值重现性好、可靠性好，阀与盖的粘连情况很少发生。伞状阀的密封唇口向薄型、精密方向发展。

柱塞状阀主要通过上部盘形唇片的弹性而与壳体保持一定的压力 p_1，一旦电池内部压力 p_2 大于 p_1 时，唇片弹开，压力释放。这种阀加工难度大，尺寸要求严格，阀体如有位移则电池内部压力 p_2 发生变化，即开启压力不能重现。

片状阀由件一和件二组成，件一是具有弹性的胶片，件二是具有弹性的多孔耐酸片。电池小盖粘接后，对件二有一定的压力，件二同时在弹性作用下也压在件一上，使件一与电池大盖起到密封作用。当电池内压 p_2 大于阀体密封压力 p_1 时，内压会沿着件一与大盖结合处进行释放，释放的气体通过件二进行过滤；当 $p_2 < p_1$ 时，阀体恢复原位而保持原有的设计，这一结构比较理想。

影响压力释放阀性能的一个重要因素是材料的性能。阀的制造需要高弹性材料，目前使用的材料主要有两大类，一类是硫化橡胶，另一类是热塑性弹性体。

阀在电池中是属于在恶劣条件下工作的部件，应长期可靠地保持其灵敏度。国内外用于制造安全阀的材料较多，在硫化橡胶里有丁苯橡胶、异丁烯乙二烯共聚物、氯丁橡胶、碳氟化合物、三元乙丙烯橡胶。三元乙丙烯因其是饱和结构，具有极强的抗氧化能力，耐腐蚀性能和温度性能均较好，但交联硫化过程比不饱和橡胶要困难，因此在生产时多采用过氧化物硫化体系。阀的材料硬度一般要求在50～60邵氏硬度，配方时要尽量采用交联剂，少用软化剂调节硬度，以避免使用中迁移渗出，保证阀的开启值不发生变化。而氟橡胶要采用柔软级氟橡胶，便于调节材料的硬度。

近年来采用热塑性弹性体作为阀体材料越来越多。热塑性弹性体是一种新型的弹性材料，它与硫化橡胶的区别在于，硫化橡胶是化学交联结构，加工时需与配合剂混炼硫化交联；热塑性弹性体是物理交联结构，是一种在常温下显示橡胶弹性，在高温下能塑化成型的材料，即具有热的可塑性，加工时像橡胶一样注射成型而且可以重复注射。热塑性弹性体是大分子结构，具有良好的化学性能和加工性能。热塑性弹性体是大分子嵌段共聚物，分子链中大部分是橡胶软链段，部分是塑料硬链段，在常温下塑料硬段呈玻璃态或结晶态，与橡胶软段不相溶而呈两相分离状态。塑料硬段是分散相，分散在与之不相溶的橡胶软段连续相中，形成许多约束成分的物理交联，同时还起补强作用。在高温下，塑料硬段呈高弹或熔融态而失去约束交联作用，可以进行注射加工，冷却后又恢复交联结构。热塑性弹性体性能主要取决于其嵌段共聚物的分子构成、嵌段序列、聚合度、分子量及其分布和微观相结构。

目前主要采用 S-EB-S 和硅氟热塑性弹性体作为压力释放阀材料。S-EB-S 是对苯乙烯-丁二烯-苯乙烯嵌段共聚物进行选择加氢的产物，其中苯乙烯是塑料硬段，丁二烯是橡胶软段。由于加氢增加了二丁烯橡胶软段的饱和性，这种材料不易氧化，而且耐高温、耐臭氧性很好，硬度为47～50邵氏硬度，伸长率大于600%。

硅氟热塑性弹性体嵌段共聚物，其中氟是塑料硬段，硅氧是橡胶软段。它综合了硅氟橡胶的优点，具有宽的工作范围，优异的耐臭氧、耐老化性，优异的电绝缘性能，合适的弹性，因此被选作铅蓄电池密封的阀体材料。

（3）滤酸片　由聚四氟乙烯与发孔剂混合、压制、烧结再溶出发孔剂，制得聚四氟乙烯多孔的片状滤酸片。将其放在注液孔处，蓄电池排出的气体先经过滤酸片，与酸雾分离后再排至环境。

电池盖装安全阀时，应先装入此滤酸片（也有先装阀体再盖滤酸片的结构），这样才能保证排出的酸雾量达到标准。因此，要求电池盖的注液孔有一环形小台，以便托住滤酸片。

（4）隔膜　使用超细玻璃纤维膜是阀控式密封蓄电池得以实现的关键。

① 隔膜参数的确定。

137

超细玻璃纤维膜性能指标之一为基础质量，单位为 g/m^2。隔膜孔隙率与基础质量的关系如图 6-14 所示。孔隙率与压力的关系如图 6-15 所示。

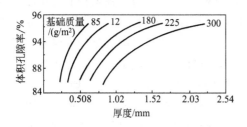

图 6-14　隔膜孔隙率与基础质量的关系　　　　图 6-15　隔膜所受压力与孔隙率的关系

由图 6-15 看出，在隔膜受到压力后孔隙率降低，其吸酸量也会减小。不同压缩比（隔膜压缩量与隔膜压缩前的厚度之比）与单位质量隔膜吸酸量的关系见表 6-16，膜的起始厚度为 2mm、面积为 100×50（mm^2）。

在阀控式密封铅酸电池的设计中，必须考虑表 6-17 中所示的几个隔膜参数。

表 6-16　隔膜压缩比与吸酸量的关系

压缩后厚度/mm	压 缩 比/%	吸 酸 量/g	单位质量膜吸酸量/(g/g)
2.0	0	16	8
1.9	5	15	7.5
1.8	10	14	7
1.7	15	13	6.5
1.6	20	12	6
1.5	25	11	5.5
1.4	30	10	5

表 6-17　设计中隔膜参数的选择

项目	参 考 值	项目	参 考 值
厚度	大于正、负极板间的距离	质量	1.5～2.0g/(A·h)
压缩比	5%～40%,最好取 15%～20%	高度	极板的高度不大于 350 mm
吸酸饱和度	60%～90%,最好取 80%～90%		

② 隔膜数量计算。

在密封铅蓄电池中无游离的酸存在，酸被全部吸收在极板活性物质孔隙中和超细玻璃纤维膜隔板中。

极板对电解液的吸收量取决于活性物质的质量和孔隙率。试验表明，极板对酸的吸收量大于计算的孔隙体积，这说明有表面液膜存在。对于 1.27～1.78 mm 厚的极板，每克活性物质所吸收的酸体积如表 6-18 所示。所吸收的酸量也是铅膏视密度的函数。

表 6-18　极板吸酸量

立方体质量(视密度)		每克活性物质吸收酸的体积/mL	
g/in³	g/cm³	正极	负极
62	3.78	0.176	—
64	3.90	0.167	0.178
66	4.03	0.159	0.170
68	4.15	0.151	0.162
70	4.27	0.144	0.155
72	4.39	0.137	0.148
74	4.52	0.130	0.14
76	4.64	—	0.135

注：1 in=0.0254m。

1 A·h 电池所需正极活性物质为 4.46/利用率；1 A·h 电池所需负极活性物质为 3.86/利用率。通常正极铅膏视密度为 $4.0\sim4.2$ g/cm³，从表 6-18 查得，这时可近似取 0.16mL 为正极活性物质的吸酸体积；负极铅膏视密度为 $4.2\sim4.4$ g/cm³，可近似取 0.155mL。对正极活性物质利用率取 45%，负极取 55%，则

1 A·h 电池所需正极活性物质吸酸量为

$0.16\times4.46/0.45=1.586$ （mL）

1 A·h 电池所需负极活性物质吸酸量为

$0.155\times3.86/0.55=1.088$ （mL）

1 A·h 电池极板总吸酸量为

$1.586+1.088=2.67$ （mL）

由密封铅蓄电池用酸量的推导中已知，用相对密度 1.300 的 H_2SO_4，其最低量为 8.61 mL/（A·h），其中 2.67 mL 为极板所吸收，则隔膜所吸收的酸量为：$8.61-2.67=5.94$ [mL/（A·h）]。

隔膜压缩对电池性能有影响，压缩比增大，酸吸收减少，如果吸收的酸量小于活性物质反应所需的量，压缩增大会使低倍率放电容量减小。但增大压缩使极板距减小，有利于高倍率放电。

电池壳体从底部到顶部常常有一些斜度，对多数电池的设计来讲，这一斜度会使电池顶部的压缩减小，隔膜压缩比取 15%～20% 是很好的折中。

电池中并非全部隔膜均受到压缩，隔膜材料超出极板边缘的那部分并未受到压缩。这部分称为"凸缘"，大约占总面积的 15%，不仅未受到压缩，而且有些膨胀，比自然状态下还要多吸收一些酸，大约为 8.5 mL/g。凸缘部分所吸收或贮存的酸，在 20h 率放电时，对活性物质反应是有用的。如果电池以高倍率放电，凸缘部分的酸就不那么重要了。依据所需要的酸量计算 1A·h 电池所需隔膜的质量（g），可用两种方法计算。

a. 根据表 6-16 的数据计算。

139

压缩比为15％时，单位隔膜质量所吸收的 H_2SO_4 量为6.5g，又前述计算可知，要求膜吸收酸量为5.94 mL/（A·h），对相对密度1.300的酸，酸量为：$5.94 \times 1.300 = 7.72$ [g/（A·h）]，则所需隔膜的量用下式求得：

$$W（膜）= \frac{要求膜吸收的酸量（g）}{压缩15\%时膜吸收酸量 \times 膜的饱和度} \tag{6-11}$$

若取饱和度为0.8，则

$$W（膜）= \frac{7.72}{6.5 \times 0.8} = 1.485 \text{ [g/（A·h）]}$$

即每1A·h电池所需隔膜1.485 g，与表6-17中的1.5～2.0 g/（A·h）接近。

b. 根据资料介绍计算。

受到压缩部分隔膜的需酸量可按下式确定：

设每克隔膜的吸酸量的体积（mL）为 V，则

$$V = 6.45 - （0.06 \times 压缩分数） \tag{6-12}$$

式中，6.45可理解为每克隔膜具有的孔体积，即隔膜饱和状态时的最大吸酸量，mL/g；0.06表示隔膜受压缩时，每压缩1％，孔体积相应减少0.06 mL。

考虑到每克隔膜有15％未受到压缩，所以上式修正为

$0.85 \times （6.45 - 0.06 \times 压缩分数）+ 8.5 \times 0.15 = 6.76 - 5.1 \times 压缩率（mL/g）$

$$需隔膜的质量 = \frac{5.94}{6.76 - 5.1 \times 0.15} = 0.99 \text{ [g/（A·h）]}$$

若也取隔膜的饱和度为80％，则每1A·h电池所需隔膜量为：$0.99/0.80 = 1.24$ [g/（A·h）]。

以上举例仅供参考。在要求隔膜质量确定以后，要求厚度也就确定了。经验证明，膜的厚度必须大于0.6mm，否则电池很容易短路。

完全由超细玻璃纤维制成的隔膜，使用时必须仔细控制其吸酸饱和度。采用改进型即在玻璃纤维中加5％左右的憎水合成纤维（如聚乙烯）时，这种隔膜具有控制吸酸的能力。它可以通过本身特有的不会被电解液堵塞的通道，使充电时正极产生的氧气顺利到达负极。这种改进型隔膜具有3个优点：

① 不必严格限制注入电池的电解液量，因而避免应用注酸时难以控制的贫液工业措施；

② 化成时不必担心电解液损失，可按常规方式充电，只要稍加注意电解液量就可以了；

③ 在使用电池时不会因为电解液的过早损失而降低电池性能，从而提高了电池的可靠性和稳定性，延长了电池的使用寿命。

6.1.4.4　电池化成注入酸浓度和体积的估算举例

化成槽电液长期使用很难避免杂质的污染，所以对阀控式铅酸电池来说，最好采用电池化成工艺。一次注酸化成后即要达到要求的酸密度，又要无游离酸，以及

隔膜吸酸未达到饱和，这就要对注入电池中化成的酸浓度和体积进行仔细估算，取得经验数据再根据实际情况进行调整。

注入电池中的 H_2SO_4 体积和浓度，需要根据纯的 H_2SO_4 物料衡算进行估算。

电池中 H_2SO_4 的物料衡算公式为

铅膏带入的 H_2SO_4＋注入电池中纯 H_2SO_4 量＝电池放电反应消耗的 H_2SO_4 量＋电池放电后剩余的 H_2SO_4 量

以 10 A·h 容量电池为基准进行估算。

（1）放电反应消耗的 H_2SO_4 量（g） 已知每放电 1A·h，理论消耗 H_2SO_4 量为 3.66g，10A·h 电池则为 36.6g。

（2）铅膏带入的酸量 铅膏配方中在正极铅膏酸含量：40gH_2SO_4／（kg 铅粉），负极配方中铅膏酸含量：45 gH_2SO_4／（kg 铅粉）。根据电池设计，正极干铅膏为 100g，负极干铅膏也为 100g。设正极带入酸量为 x，负极带入酸量为 y。则

（40＋1000）：40＝100：x

（45＋1000）：45＝100：y

带入电池中总 H_2SO_4 量为

$$\frac{40 \times 100}{1040} + \frac{45 \times 100}{1045} = 3.85 + 4.30 = 8.15 \text{（g）}$$

（3）注入电池中 H_2SO_4 的体积 阀控式电池为贫液式设计，无游离自由酸存在。酸完全被吸收在活性物质和隔膜的孔体积中。为了氧的复合，隔膜还不能达到饱和吸酸。

① 活性物质吸收的酸体积。

极板吸收的酸体积按表 6-18 数据计算，活性物质量按干铅膏量近似计算。本设计取铅膏视密度为 4.2 g/cm³，则

正极板吸酸量：100×0.15＝15（mL）

负极板吸酸量：100×0.16＝16（mL）

活性物质吸酸量总计为 31mL。

② 隔膜吸收的酸体积。

按前面给的公式，每克隔膜吸酸体积数（mL）＝6.45－（0.06×压缩分数）。

所需隔膜量可按以下顺序求得：按极板尺寸求得隔膜尺寸；根据设计要求电池装配松紧求得膜的厚度和压缩百分数；根据使用隔膜的基础质量（g/cm³）则可求得一只 10A·h 电池总计所需要的隔膜量（g）。

本例取经验值，每 1A·h 取隔膜 1g，隔膜压缩取 10％。

隔膜包住极板部分受到压缩，而上边缘及两侧边缘隔膜未受到压缩，此部分隔膜吸酸后会膨胀，比自然态吸酸多，一般约为 8.5mL/g；被压缩隔膜约占 85％，其余 15％隔膜未受到压缩，本设计隔膜吸酸量为

10×0.85（$6.45-0.06 \times 10$）$=8.5 \times 5.85=49.7$（mL）

未压缩部分吸酸量为

$10 \times 0.15 \times 8.5 = 12.75$（mL）

隔膜总计吸酸量为

$49.7 + 12.75 = 62.45$（mL）

（4）放电后电池中剩余酸量 取其相对密度为 1.090，酸体积放电前后不变。相对密度为 1.090（15℃）的 H_2SO_4，其含量为 140g/L，以活性物质与隔膜总计吸酸量为：$62.45 + 31 = 93.5$（mL），则

剩余酸中含纯 H_2SO_4 量为

$$\frac{140 \times 93.5}{1000} = 13.09 \text{（g）}$$

（5）按 H_2SO_4 的物料衡算加入电池中化成液的 H_2SO_4 浓度

加入纯酸量：$36.6 - 8.15 + 13.09 = 41.54$（g）

浓度：$(41.54/93.5) \times 1000 = 444.2$（g/L）

444.2g/L 酸其相对密度在 1.260～1.270（15℃）之间，故加入 H_2SO_4 的相对密度取为 1.270（15℃），其含量为 452.1g/L。最终调整确定加入相对密度为 1.270 的 H_2SO_4 93mL 即可。

（6）化成后酸浓度的核算

$$c = \left(\frac{452 \times 93}{1000} + 8.15 \right) / 93 = 539.7 \text{（g/L）}$$

由计算的 539.7g/L 可知，化成后电池中的酸的相对密度在 1.310～1.320 之间。

本例估算时隔膜吸酸按饱和量计算，此外未考虑化成过程中损失了一部分酸，根据经验，这部分酸为加入量的 9%～10%。又由于氧的复合，负极不是 100% 的荷电态，还含有一部分的 $PbSO_4$，即有一小部分 H_2SO_4 以 $PbSO_4$ 形态含在负极中，不参加电化学反应，故化成后酸的总量减少，其密度要低于上述估计值（1.310～1.320g/cm³），而隔膜也不是 100% 达饱和。

6.1.5 铅蓄电池设计计算中的若干问题

6.1.5.1 容量设计问题

（1）容量设计步骤 铅蓄电池的容量取决于反应物质的数量和利用率，而影响利用率的若干参数要根据生产和使用条件来确定，尚不能从理论上计算。目前，在开发一个新产品时，只能根据用电设备的用电特性要求，结合对蓄电池生产和使用的经验和知识，进行非定型设计，再按此设计做出样品，经测试和现场考核后取得数据，最后对原设计进行必要的修改。设计步骤大体如下。

① 根据用电设备的功率和用电时间，计算蓄电池所必须提供的能量，即"功率×时间＝能量（瓦·时）"，再决定采用单位电池的数目。因为铅蓄电池的标称电

压为 2V，所以一般设计的电池组的电压为 2V、4V、6V、12V 和 24V。所设计电池的容量值为

$$电池容量 = \frac{所需能量（瓦·时）}{电池组电压} \tag{6-13}$$

② 根据所需容量（安·时）计算正、负极活性物质的量，H_2SO_4 浓度及数量，确定极板和板栅的尺寸等。

（2）容量计算经验公式

① 阿伦特经验式。

一般地说，电池的容量和极板面积及厚度方根成正比。阿伦特（Arendt）用涂膏式极板在密度 1.300 g/cm³ 电解液中试验，得到类似图 6-16 的曲线，并提出一公式，后经修正，得到极板的容量计算的经验公式(6-14)：

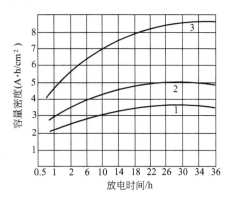

图 6-16 放电时间与容量密度的关系
极板厚度：1—1.6mm；2— 3.2mm；3—6.4mm

$$C = 0.154bh\sqrt{\delta} \tag{6-14}$$

式中，C 为极板容量，A·h；b 为极板宽度，cm；h 为极板高度，cm；δ 为极板厚度，cm。

当单位用 mm 时，公式中的常数为 4.87×10^{-4}。

从以上讨论可知，曲线和公式是在特定的工艺制造条件下得到的，其影响因素统统包含在公式的常数值 0.154 或 0.000487 中。在普通型电池中此常数为 4.9×10^{-4}；在阀控式密封电池中：

极板容量＞20A·h 时，取 3.8×10^{-4}

5～20A·h 时，取 4.0×10^{-4}

＜5A·h 时，取 4.2×10^{-4}

20 世纪 70 年代，我国的蓄电池工作者对此公式作过试验，并提出本式可作为 3.5mm 以下厚度的启动型涂膏式极板 10h 率计算容量之用。计算容量以正极板为准。

② 琼斯公式。

琼斯（Jones）总结了固定型极板尺寸与容量的关系，提出公式(6-15)：

$$C = 0.0438A^5\sqrt{\delta^2} \tag{6-15}$$

式中，A 为极板面积，mm^2；δ 为极板厚度，cm。

我国学者也对此式进行了验证。固定型极板厚度在 3.5mm 以上，将系数改为 0.05 时，可应用此式。

③ 管式极板的计算。

国内通行用圆截面积的涤纶或玻璃丝编织管，设计数据见表 6-19。

143

墩粉后，管内干粉表面相对密度为 3.0～3.1，1A·h 容量需要管长度及干粉量见表 6-20。

表 6-19 管式极板设计数据

管内径/mm	板厚/mm	铅芯直径/mm
9.5	4～5	3.2
8.0	3.5～4	2.7
5.0	2.5	2.0

表 6-20 管式电极 1A·h 容量用管长度和干粉量

管内径/mm	H_2SO_4 相对密度	C_5		C_{10}		C_{20}	
		1 A·h 所需管长/mm	1 A·h 用干粉重/g	1 A·h 所需管长/mm	1 A·h 用干粉重/g	1 A·h 所需管长/mm	1 A·h 用干粉重/g
9.5	1.215	80	15	75	14	72	13.5
9.5	1.250	75	14	71	13.3	67	12.6
9.5	1.280	70	13.1	66	12.4	62	11.6
8	1.250	100	13.3	94	12.6	90	12
8	1.280	93	12.4	88	11.8	82	11
5.5	1.280	190	11.7	100	11.2	170	10.5

（3）容量变换

① Peukert 经验式。

人们试图找出放电电流强度与放电时间的关系，以便于计算一个给定电池在任意给定电流强度或放电时间下蓄电池的容量。其中，1898 年 Peukert 提出的经验公式得到较广泛的接受。该公式为

$$I^n t = k \tag{6-16}$$

式中，I 为放电电流，A；t 为放电时间，h；n 为与蓄电池类型有关的常数；k 为与活性物质质量有关的常数。

为了求出两个常数 n、k，用两种放电率进行放电，可得

$$I_1^n t_1 = k$$

$$I_2^n t_2 = k$$

取对数 $n \lg I_1 + \lg t_1 = \lg k$

$n \lg I_2 + \lg t_2 = \lg k$

则：

$$n = \frac{\lg t_2 - \lg t_1}{\lg I_1 - \lg I_2} \tag{6-17}$$

因为 I_1、I_2 及相应的放电时间是已知的，求得 n 值代入式（6-16）即可求得 k 值。有了 n 值和 k 值就可以求得任意放电率下的容量。实际上这是一个容量变换。

1968 年，D. Barndt 给出正极板厚为 1.8mm、负极板厚为 1.3mm、容量为 1.2A·h 条件下，正极和负极在不同温度下的 n 值和 k 值，见表 6-21。

图 6-17 和图 6-18 分别给出不同温度下，正极和负极的 n 值和 k 值。

表 6-21　Peukert 的 *n*、*k* 值

温度/℃	正　极		负　极	
	n	*k*	*n*	*k*
40	1.05	5.06×10^{-2}	1.07	4.53×10^{-2}
25	1.13	3.09×10^{-2}	1.10	3.92×10^{-2}
0	1.22	1.94×10^{-2}	1.24	1.26×10^{-3}
−25	1.32	6.03×10^{-3}	1.26	9.42×10^{-3}
−50	1.57	1.40×10^{-2}	1.47	1.33×10^{-3}

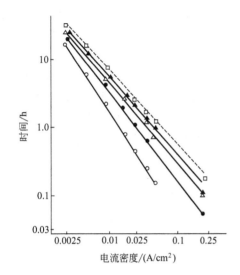

图 6-17　不同温度下 Peukert 公式的
n、*k* 值（正极）
□+40℃；▲ +25℃；△ 0℃；
●−25℃；○−50℃

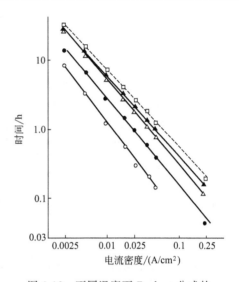

图 6-18　不同温度下 Peukert 公式的
n、*k* 值（负极）
□+40℃；▲+25℃；△0℃ ；
●−25℃；○−50℃

此图是以对数坐标绘得，时间和电流成直线关系，因此直线斜率就是 *n* 值。*n* 值变化小，表明放电电流对容量影响较小；反之，影响较大。从图看出，低温条件下放电电流影响较大，而且负极比正极严重。所以设计低温条件下使用的电池要注意对负极的性能优化。

C. W. Vinal 对 Peukert 经验式在 27℃ 及各放电率下求得的时间做了验证。表明在大电流放电时偏差较大，例如 5min 率，按公式计算得容量为 0.097A・h（5.8min）；而 10h 率则误差较小。

② Peukert 经验式的修正。

A. D. Turner 认为，铅酸蓄电池在高速率放电时，容量为酸的扩散控制；而在低速率放电时，容量为酸的耗尽控制。他提出 Peukert 双对数直线关系式分为两个区间，恒电流放电时（固定型蓄电池）：

在高速放电条件下　$I=kt^{-0.5}$

145

在低速放电条件下 $I=k't^{-1.0}$

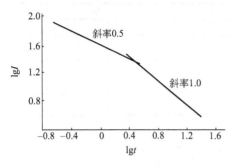

图 6-19 分两个区间的 $\lg I$-$\lg t$ 图

而且 $k \neq k'$。$\lg I$-$\lg t$ 的直线如图 6-19 所示。Peukert 公式分成两个区间时，电池的实测数据与计算值获得较好的一致性。

N. F. Compagnone 认为，Peukert 经验方程的有效性限于中等放电速率，大电流放电时偏差较大，而低速率即小电流放电时，由于用双对数处理，物理概念上得出很不合理的结果。与 Peukert 同年发表的 Liebenow 方程，没有得到大众承认，因此需要一个可以替代 Peukert 方程的新方程。他提出在多孔电极条件下，极板内空间的电解液具有不同的扩散系数 D_1、D_2 和扩散距离 L_1、L_2。新方程中这 4 个参数，通过非线性最小二乘法用计算机求解。Compagnone 给出了两个扩散方程及初始、边界和连续条件，但未给出计算结果与实例的对比数据。

一般，把 1h 率以上视为高速率放电。

Liebenow 提出一个容量变换公式：

$$C=\frac{A}{B+I} \tag{6-18}$$

式中，I、C 同前；A、B 为常数。

这个公式算法较简便，已知某电池的两个放电数据后可求出 A、B 常数，即算知其他小时率的容量。但是该公式在大电流放电时偏差较大。

其他学者提出的公式见表 6-22。

表 6-22　容量变换公式一览表

姓　名	公　式	备　注
Schroder	$K=m/\sqrt[3]{I^2}$	m 为常数
木村介次	$T=Ae^{-\alpha t}+Be^{\beta t}$	α、β、A、B 均为常数
Rabl	$C=\dfrac{B}{A^{2\times0.5}\lg T}$	A、B 为常数
RBOORH	$C_T=C_1A^2(1-0.5\lg T)$	C_1 为 1h 率容量；T 为放电时间，h；A 为常数；C_T 为 T 小时率的容量
知久洼川	$C=\dfrac{0.0145\times4l^2}{\pi^2 D}-\dfrac{4l^2}{\pi D}\ln\left[1-\dfrac{3n(1-p)c_0 DS\Phi}{li}\right]$ $T=\dfrac{l^2}{2D}\ln\left[1-\dfrac{2n(1-p)c_0 DS\Phi}{li}\right]$	两式中 C 为容量，$A\cdot h$；T 为放电时间；c_0 为电极外电解液浓度；i 为放电电流密度；S 为细孔截面积；l 为细孔深度；D 为扩散系数，cm^2/h；Φ 为 $A\cdot h/mol$
谢里茨基	$C=\dfrac{\alpha Q}{2}+13.4Vc_0+\dfrac{13.4V\delta I}{2\times10^5 PDA}$ $-\sqrt{\left(\dfrac{\alpha Q}{2}+13.4Vc_0+\dfrac{13.4V\delta I}{2\times10^5 PDA}\right)^2-26.8\alpha QVc_0}$	C 为计算容量；Q 为理论容量；I 为放电电流；D 为硫酸扩散系数；A 为正极表面积；δ 为极板厚度；P 为孔隙率；V 为电解液体积；c_0 为电解液初始浓度

化学电源设计

（4）固定型铅酸蓄电池的容量选择　依据负荷情况，使用固定型蓄电池特性曲线进行容量选择计算。

现以 GFD 即固定型防酸式联邦德国标准的蓄电池为例，介绍容量选择的方法、步骤。

① GFD 固定型蓄电池系列产品共有 15 种规格，使用 4 种极板。

GFD-200、GFD-250、GFD-300 使用 50A·h 极板。在 25℃ 条件下，GFD 50 A·h 极板（正、负各一片）恒流放电曲线如图 6-20 所示。

GFD-350、GFD-420、GFD-490 使用 70A·h 极板。在 25℃ 条件下，GFD 70 A·h 极板（正、负各一片）恒流放电曲线如图 6-21 所示。

GFD-600、GFD-800、GFD-1000、GFD-1200 这四种规格使用 100A·h 极板。在 25℃ 条件下，GFD 100A·h 极板（正、负各一片）恒流放电曲线如图 6-22 所示。

GFD-1500、GFD-1875、GFD-2000、GFD-2500、GFD-3000 这五种规格使用 125A·h 极板。在 25℃ 条件下恒流放电曲线如图 6-23 所示。

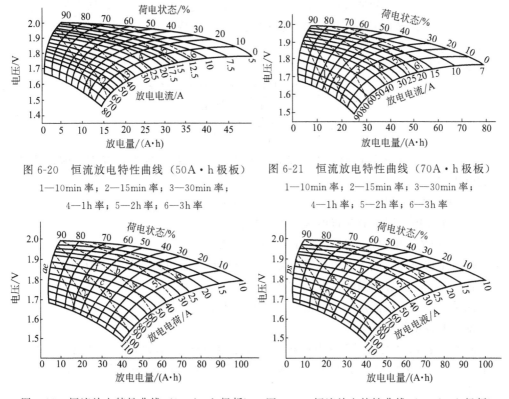

图 6-20　恒流放电特性曲线（50A·h 极板）

1—10min 率；2—15min 率；3—30min 率；

4—1h 率；5—2h 率；6—3h 率

图 6-21　恒流放电特性曲线（70A·h 极板）

1—10min 率；2—15min 率；3—30min 率；

4—1h 率；5—2h 率；6—3h 率

图 6-22　恒流放电特性曲线（100A·h 极板）

1—10min 率；2—15min 率；3—30min 率；

4—1h 率；5—2h 率；6—3h 率

图 6-23　恒流放电特性曲线（125A·h 极板）

1—10min 率；2—15min 率；3—30min 率；

4—1h 率；5—2h 率；6—3h 率

第6章　各类电池设计举例

② 负荷。

两台 20 万千瓦机组的直流负荷表 220V 如表 6-23 所示。

表 6-23　直流负荷表 220V

负荷名称	计算容量/kW	经常负荷/A	事故负荷/A			事故时间/h	事故放电容量/(A·h)
			初期	持续	冲击		
经常负荷	4.40	20.0	20.0	20.0		1	20.0
热工经常负荷	3.00	13.6	13.6	13.6		1	13.6
热工事故负荷	2.00		9.1	9.1		1	9.1
热工逆变电源	4.17		19.0	19.0		0.5	9.5
润滑油泵	4.0×0.8=32		364.0	145.5		1	145.5
密封油泵	(5.5+4)×0.7		86.4	30.3		1	30.3
通　讯	0.8		3.6	3.6		1	13.6
事故照明	3.0		13.6	13.6		1	13.6
断路器合闸					147		
合　计		33.6	529.3	254.7	147		245.2

③ 选择计算。

计算依据：事故初期放电时间是 1min，事故放电时间总计 1h；该直流系统不设端电池，事故放电末期，每个蓄电池的电压为 1.80V。取浮充电电压为 2.15V，取均衡充电电压为 2.33V。

确定蓄电池数：

$$蓄电池数 = \frac{直流曲线电压允许的最低值}{放电末期电压}$$

$$= \frac{220 \times 0.85}{1.80} = 104$$

式中，0.85 表示最低值是直流负荷电压的 85%。按浮充电情况下直流母线承受的电压校验：

104×浮充电电压=104×2.15=223.6（V）

按均衡充电情况下直流母线承受电压校验：

104×均衡充电电压=104×2.33=242.3（V）

按恒压初充电情况下直流母线承受的电压校验，已知初充电电压为 2.4V：

104×初充电电压=104×2.4=249.6（V）

该系统直流母线能承受这些情况下的电压要求。

蓄电池容量的选择计算：

a. 试选：由直流负荷表的电流和事故放电容量试选 GFD-800 蓄电池，该蓄电池由 8 片 100A·h 的正极和 9 片负极组成，使用图 6-22 的放电特性曲线。查表 6-23 得

事故初期负荷：$\dfrac{529.3A}{8} = 66.2A$（每片电极上的负荷电流）

由放电曲线 66.2A 与荷电状态 90% 曲线找到交点 a，a 点对应的纵坐标电压为

1.825V，对应的横坐标放电电量为5A·h。查表6-23，得

事故持续负荷：$\frac{254.7}{8}=31.8$（A）

由题中给出计算依据，持续时间为1h—1min，即59min，故放电量为31.8×$\frac{59}{60}=31$（A·h）。由于事故初期蓄电池已经放掉5A·h电量，则与事故持续时总计放电为5+31=36（A·h）。放电电量为36A·h时，与1h率放电曲线交点为b，对应b点的放电状态为46%，电压为1.855V，放电电流是37A，则

冲击电荷：$\frac{147}{8}=18.4$（A）

叠加后为37A+18.4A=55.4A，b点沿荷电状态46%曲线向下，与55.4A放电电流曲线相交在c点，坐标电压为1.79V，低于所要求的1.80V事故末期电压，需重新选择。

b. 重选：GFS-1000型蓄电池，由10片100A·h正极板和11片负极组成，使用图6-22放电特性曲线。

事故初期负荷：$\frac{529.3A}{10}=52.9A$

52.9A放电曲线与荷电状态90%的交点为e，对应电压坐标为1.86V，放电量为5A·h。

事故持续负荷：$\frac{254.7}{10}=25.47$（A）

持续时间为59min，放电电量为$\frac{254.7\times59}{60}=25$（A）

事故初期与事故持续负荷总计放电量为25+5=30（A·h）。1h率放电曲线与放电量30A·h的相交点为f，与f对应的电压坐标为1.90V，荷电状态为58%，放电电流为30A。

冲击电荷：$\frac{147}{10}=14.7$（A）

叠加后总计电流为14.7A+30A=44.7A。44.7A的放电电流与荷电状态58%的曲线相交在g点，对应g点的电压坐标为1.85V，能满足事故末期要求（即每个蓄电池的电压不低于1.80V），故选择蓄电池的容量是合乎要求的。

6.1.5.2 极板与板栅的计算与设计

涂膏式极板的板栅主要起两方面的作用，一方面是它的筋条支撑着活性物质，必须有足够的机械强度；另一方面在电气方面起导电作用。后者对正极板尤为重要，负极板的活性物质其电阻率（$1.83\times10^{-8}\Omega\cdot m$）和板栅的铅锑合金（$2.59\times10^{-7}\Omega\cdot m$）相近。但正极活性物质的电阻率比铅大得多，关于$PbO_2$的电阻率有不同的数据。J. T. Grennel和F. M. Lea认为是$2.5\times10^{-6}\Omega\cdot m$，这与板栅合金相差万倍，故板栅的电导及设计对正极起着非常重要的作用。

149

（1）正极板栅与活性物质质量的计算

设：δ 为极板厚度（mm）

$b/a = c$ 为极板宽与高之比

P 为极板在充电状态时的孔隙率

$$P = \frac{V_K - V}{V_K} \tag{6-19}$$

式中，V_K 为活性物质的表观体积，mm^3；V 为活性物质的真实体积，mm^3。

计算的根据是：在 5min 率放电电流时，极板每单位长度上产生的电压降 ΔV_1（V/m）不超过某个值。按欧姆定律以及电阻与截面积反比关系就可计算出板栅筋条在高和宽方向上的总截面积。

按活性物质近似地全部为 PbO_2 组成，其密度为 $d_{PbO_2} = 9.0kg/L$

极板容量：

$$C_t = \eta_t \frac{W}{4.46 \times 10^{-3}} \tag{6-20}$$

式中，C_t 为该极板在 t 小时率时的放电容量，$A \cdot h$；η_t 为在 t 小时率时活性物质的利用率；W 为 PbO_2 的质量；4.46×10^{-3} 为 PbO_2 的电化当量。

由此得出活性物质的质量：

$$W = \frac{4.46 \times 10^{-3} C_t}{\eta_t}$$

活性物质的表观体积：

$$V_K = \frac{W}{d_{PbO_2}(1-P)} = \frac{4.46 \times 10^{-3} C_t}{\eta_t \times 9.0 (1-P)} \tag{6-21}$$

极板的放电电流：

$$I_t = \frac{C_t}{t}$$

因为电流在极板上是从下向上逐渐增加的，故计算电压降和导电体的截面积时需要用平均电流，一般取极板中间部分的电流为平均电流，它等于 $I_{平均} = \dfrac{I_t}{2} = \dfrac{C_t}{2t}$。

板栅（10mm）高的平均电压降

$$\Delta V_1 = \frac{I_t}{2} R \quad 而 \ R = \rho \frac{L}{S}$$

式中，ρ 为合金的电阻率，$\Omega \cdot m$；S 为板栅全部垂直筋条的总截面积，mm^2。

由此得出：

$$\Delta V_1 = \frac{C_t}{2t} \times \frac{\rho L}{S}$$

$$S = \frac{C_t \rho L}{2t \Delta V_1} \tag{6-22}$$

极板横筋条的总截面积等于 $\dfrac{1}{c} S = \dfrac{a}{b} S$

这时板栅的体积近似值为

$$V_{Pb} = Sa + \frac{a}{b}Sb = 2aS \qquad (6-23)$$

极板的总体积为

$$V = V_{Pb} + V_{PbO_2}$$

$$= 2aS + \frac{4.46 \times 10^{-3} C_t}{9.0 \eta_t (1-P)}$$

另一方面 $V = ab\delta = a^2 c\delta$

于是得：

$$a^2 c\delta = 2aS + \frac{4.46 \times 10^{-3} C_t}{9.0 \eta_t (1-P)} \qquad (6-24)$$

利用此式可求出 a 值然后利用 $b = ca$ 式求出 b 值。由此可求出极板的高和宽，并可求出板栅和活性物质的体积。

计算举例如下。

采用下列数据计算出极板的尺寸、板栅及活性物质的质量。

① 极板厚度：$\delta = 2.2mm$；

② $c = \dfrac{b}{a} = 1.2$；

③ 活性物质孔隙率 $P = 0.5$；

④ 在 5min 放电率时活性物质利用率 $(t = \frac{1}{12}h)$，$\eta_t = 0.15$；

⑤ 在该放电率下一片极板的容量 $C_t = 3.5 A \cdot h$；

⑥ 允许极板高 1mm 的平均电压降 $\Delta V_1 = 0.0002V$；

⑦ 板栅材料：8%的铅锑合金，其电导率为 $\rho = 2.64 \times 10^{-7} \Omega \cdot m$。

活性物质质量：

$$W = \frac{3.5 \times 4.46 \times 10^{-3}}{0.15} = 0.104 (kg)$$

活性物质体积：

$$V_K = \frac{0.104}{9.0 \times (1-0.5) \times 10^{-3}} = 23.1 \ (cm^3)$$

放电电流：

$$I_t = \frac{3.5}{1/12} = 42 \ (A)$$

由此可以算出高和宽方向筋条的总面积：

$$S_{高} = \frac{C_t \rho I}{2t \Delta V_1} = \frac{3.5 \times 2.64 \times 10^{-5}}{2 \times 0.083 \times 0.2} = 0.0028(m^2) = 28(cm^2)$$

$$S_{宽} = \frac{S_{高}}{c} = \frac{0.28 \times 10^{-5}}{1.2} = 0.0023(m^2) = 23(cm^2)$$

由 $a^2c\delta=2aS+\dfrac{4.46\times10^{-3}}{9.0\eta_t}\dfrac{C_t}{(1-P)}$ 求出 a。

$a=0.105\text{m}=105\text{mm}$

极板宽：$b=1.2\times0.105=0.126$（m）$=126$（mm）

极板体积：$V=0.105\times0.126\times0.0022=29.1\times10^{-6}$（$\text{m}^3$）$=29.1$（$\text{cm}^3$）

板栅体积：$V=2aS=2\times10.5\times0.28\times10^{-6}=5.9\times10^{-6}$（$\text{m}^3$）$=5.9$（$\text{cm}^3$）

板栅质量：$5.9\times10.74=63.5$（g）

极板质量：$0.104+0.0635=0.1675$（kg）$=167.5$（g）

极板上电压降：$\Delta V_1=0.0002\times105=0.021$（V）

由此可以看出：提高极板高度，电压损失增大，特别对大电流放电是很不利的。如果极板高度为1m，则电压损失将为0.2V，这是个不小的数字，习惯上认为极板高1m是不可行的，虽然启动用蓄电池不会有这样大的尺寸，但大型电池，往往有较高的极板，它用于大电流放电时会受到影响。事实上1000A·h以上的电池，大电流放电性能较差和极板高度有一定关系。

（2）正极活性物质电压损失的计算　在活性物质上的电压损失与活性物质的电阻及筋条之间的距离有关。如果 $I_t=\dfrac{C_t}{t}$ 为从极板上取得的电流；ab 为极板面积（m^2）。

则电流密度 $i=\dfrac{C_t}{tab}$

若在板栅上相邻两个筋条之间的距离为 L，则从活性物质粒子到板栅筋条的最大距离等于 $\dfrac{L}{2}$，而从板栅到活性物质的平均距离等于 $\dfrac{L}{4}$。

放电时活性物质面积（1×10^{-4}）的电压损失将等于

$$\Delta V_2=iR=i\dfrac{\rho L^2}{8\delta} \tag{6-25}$$

若筋条间的距离为 $L=0.3\times10^{-2}\text{m}$

则 $\Delta V_2=i\dfrac{\rho}{\delta}\times\dfrac{0.3}{2}\times\dfrac{0.3}{4}\times10^{-4}$

式中，i 为电流密度，A/m^2；ρ 为活性物质的电阻率，$\Omega\cdot\text{m}$；δ 为极板厚度，m。

设 $\rho=0.25\times10^{-2}\Omega\cdot\text{m}$，$d=0.22\times10^{-2}\text{m}=0.22\text{cm}$

故 $i=\dfrac{42}{0.105\times0.126}=0.318\times10^4$（$\text{A/m}^2$）$=0.318$（$\text{A/cm}^2$）

$\Delta V_2=0.318\times\dfrac{0.25}{0.22}\times\dfrac{0.09}{8}=0.004$（V）$=4$（mV）

在极板上总的电压损失：

$\Delta V=\Delta V_1+\Delta V_2=0.021+0.004=0.025$（V）$=25$（mV）

6.1.5.3 活性物质、板栅、电解液之间的关系

任何用途的铅蓄电池的设计都是在正、负极活性物质，电解液，板栅体积或质量之间做出分配和平衡。随着技术的进步，这种分配和平衡可以在某种范围内变化。关于板栅、活性物质、电液量之间又有多种经验公式或经验数据，这可方便或简化极板及板栅设计过程。另外，由于正极板栅有氧化腐蚀问题存在，因此经常设计正极板栅。

（1）比质量、比体积　比质量是指板栅、活性物质每 $1A \cdot h$ 所需的质量；比体积指每 $1A \cdot h$ 所需的电解液体积。

表 6-24 列出欧洲和美国制造厂家，对汽车型铅蓄电池经常使用的板栅的比质量。

表 6-24　欧洲和美国不同制造厂家板栅的比质量

制造厂家	栅的比质量(以20h率额定容量计算)/[g/(A·h)]		制造厂家	栅的比质量(以20h率额定容量计算)/[g/(A·h)]	
	正极	负极		正极	负极
1	5.0	5.0	6	7.1	6.0
2	6.2	6.5	7	7.0	6.0
3	6.5	6.5	8	5.4	5.1
4	5.9	6.0	9	6.0	5.5
5	6.1	6.0	10	5.5	5.2

表中所给数字没有修正各厂家所用板栅合金中锑含量的变化。一般地说，两年半的使用寿命，其合金的锑含量在 $4.5\% \sim 6.0\%$。若使用高锑合金时，其栅的比质量可降至 $5.0g/(A \cdot h)$，正、负极相同。

对于动力用铅蓄电池，其工作制度为深充放电循环。在这个条件下，正极栅的氧化腐蚀加剧，每 $1A \cdot h$ 所需栅的金属质量则要增加，而且随要求循环寿命的增加该栅的比质量也增加，如表 6-25 所列。所用合金为 Pb-Sb $4.5\% \sim 7.0\%$ 添加 As $0.08\% \sim 0.12\%$

表 6-25　动力用铅蓄电池设计

预期循环寿命/次	正极板栅比质量/[g/(A·h)]	预期循环寿命/次	正极板栅比质量/[g/(A·h)]
250	6	1000	9
500	7	1500	11

对于管式正极板，其导电骨架是将一个模仿极耳的顶部集流条和许多圆柱骨芯焊在一起构成的。骨芯数目由极板尺寸决定，骨芯外边套有惰性多孔的编织或非编织的纤维管，其内部填充活性物质 PbO_2，骨芯包在中心位置。顶端集流条要求比板栅边框具有更多的金属材料，由于氧化腐蚀，有效截面积会减少。

关于比体积在前文中已有相关说明，在此不再赘述。

（2）α 和 γ 系数　正极板的设计参数是比例值 α

153

$$\alpha = \frac{栅质量}{活性物质质量 + 栅质量} \tag{6-26}$$

通常 α 值的变化在 $0.35 \sim 0.60$。

1995 年 Pavlov 又提出引进参数 γ，即

$$\gamma = \frac{活性物质质量}{栅的表面积} \tag{6-27}$$

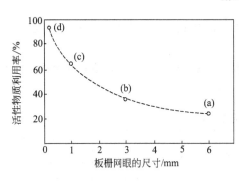

图 6-24　板栅网眼尺寸与活性物质
利用率的关系

Pavlov 认为，正极活性物质的比表面积为 $3 \sim 8 \ m^2/g$，取平均值 $5 \ m^2/g$。一个汽车型极板具有 100g 活性物质，则其表面积为 $500 \ m^2$。板栅的面积大约为 $40 \sim 70 \ cm^2$，假设为 $50 \ cm^2$。当极板放电时，在 $500 m^2$ 的电极上产生的电流，要集中在约 $50 \ cm^2$ 栅面积上通过，电流密度增加了 10^6 倍，因此，与活性物质接触的栅的面积及栅与活性物质界面电阻的大小，就会对电池的放电性能有很大的影响，于是提出有必要引进 γ 参数。γ 参数的优化就可以提高正极活性物质利用率和电池的寿命。按此原则，在实验室设计新型管式电极，其 $\gamma = 0.5 \sim 0.8 \ g/cm^2$（栅），极板厚度 4.0mm，正极活性物质利用率在 5h 率放电时达 62%。尽管过去没有提出 γ 系数的概念，但对于板栅网眼大小的影响，也即接触面积的影响，在实践中已有所认识。板栅网眼尺寸与活性物质利用率的关系见图 6-24。

（3）活性物质质量/栅质量　我国把活性物质与栅质量的比例，作为设计参数。表 6-26 给出各种用途质量分布的例子。

表 6-26　铅酸电池质量分布

构件名称	启动用	牵引用（管式）	牵引用（涂膏式）
板栅（含正、负极）	21.5%	26.7%	27.3%
活性物质（含正、负极）	36.0%	35.9%	40.1%
活性物质质量/栅质量	1.67	1.34	1.47

板栅虽然很重要，但不是产生电流的物质，发展趋势是减小其在电池中所占的比例，而仍保持电池容量和寿命的性能，电池质量则减小。以汽车启动电池为例，20 世纪 60~80 年代，相同容量的铅蓄电池已经减轻了约 1/3，还在向更轻的方向发展。

6.1.5.4　板栅的最优化设计

提高铅蓄电池比能量的一个重要途径是合理设计板栅的结构，使板栅上的电位、电流分布均匀。

Grenndl 和 Lea 在 1923 年测定了大型极板的极耳与电极表面之间的电位差，发现电极底部的活性物质利用率低于电极上部的活性物质的利用率。Willihangang 在研究启动型铅蓄电池的电压损耗时，测定了极耳和板栅之间的电位差，发现接线柱、接头和板栅上的电压损耗占总电压损耗的 16%。在研究了板栅上电位及电流分布，并进行了大量计算后，改变了板栅横竖筋条处横截面积相等的传统设计方式，采用了一些更为合理的设计形式。

电位分布的计算原则是把板栅等效为一个电阻网格，把板栅横竖筋条交接处作为该网格的节点，在每一节点上的电流都符合 Kirchoff 第一定律，即进入和流出每一节点的电流之和等于零。计算单元中所包含的活性物质是产生电流的来源，据所使用的合金材料，选取其电导率，在没有考虑活性物质导电的情况下，计算举例如下。

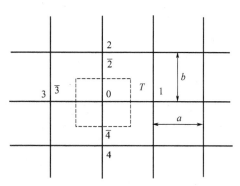

图 6-25　电位分布计算单元

对于"0"点（见图 6-25），电位表示为

$$(\varphi_1-\varphi_0)\frac{Hi\sigma}{a}+(\varphi_2-\varphi_0)\frac{Vi\sigma}{b}+(\varphi_a-\varphi_0)\frac{H_{\overline{3}}\sigma}{a}+(\varphi_a-\varphi_0)+\frac{V_{\overline{4}}\sigma}{b}+iab=0$$

$$\varphi_0=\frac{abi/\sigma+[(\varphi_3 H_{\overline{3}}+\varphi_1 H_{\overline{1}})/a]+[(\varphi_2 V_{\overline{2}}+\varphi_4 V_{\overline{4}})/b]}{[(H_{\overline{3}}+H_{\overline{1}})/a]+[(V_{\overline{2}}+V_{\overline{4}})/b]}$$

式中，i 为跨越板栅的电流面积；a、b 为矩形计算单元的尺寸；H_s 为水平方向板栅筋条横截面积（在 $\overline{1}$、$\overline{2}$、$\overline{3}$、$\overline{4}$ 各点）；V_s 为垂直方向板栅筋条横截面积（在 1、2、3、4 各点）；φ_s 为在 0、1、2、3、4 各点的电位；σ 为板栅材料的比电导；φ_0 为周围各点电位的函数、栅内任一点的电位。

对于一个具有 M 个水平筋条，N 个垂直筋条的板栅，有 $M\times N$ 个方程式，这需要借助于计算机进行运算。这种计算原则，不仅适用于横、竖筋条正交的板栅设计，也适用于附加有从极耳到边框的斜筋条、放射筋条的板栅。

随着科技的发展，对极板电位分布的影响因素的全面考虑，其数学模型趋于完善。由假设电流密度均匀分布的一维模型，发展到考虑电流的非均匀分布、电化学极化、隔膜欧姆压降对电位分布的影响，以及电位分布随时间的变化的多维模型。例如：考虑到电流在蓄电池的一对极板中的实际流动是从一种极性极板的极耳流进，然后分布于整个极板，并横向穿过隔膜与电解液至另一种极性相反的极板，又逐步汇集于极耳流出，而提出三维网格的数字模型。根据电流流过极板时，板栅上的电位分布，可以改进板栅的设计，使之达到最优化。也即设计出对于一定重量的板栅，电压降的损失最小，从而改善电池大功率输出能力。或者在规定板栅的电压降损失为一定值时，使设计的板栅重量最轻，从而提高蓄电池的比能量。改进设计的依据是板栅上的等电位点上没有电流通过，这些部位上的筋条的主要作用是支撑活性物质，而不是导电，因而筋条的横截面积可以减小。在电压降较大的部位增加筋条的截面积，以减小电压损失，提高极板上活性物质的利用率。

大量计算表明，保持电极面积不变的条件下，不同的高宽比可以影响电压降损失和电流的分布。随着极板高度比例的增加，电压降损失增加，电流趋于不均匀，当高宽比为1时，电压降损失最小。

板栅的4个边框对导电起着不同程度的作用，近极耳处的竖边框承受较大的导电作用，底边框几乎不起导电作用，只为加强板栅筋条的强度。

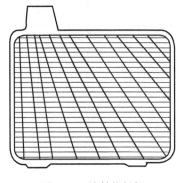

图 6-26　放射状板栅

美国原格洛布公司开发的汽车蓄电池板栅为横筋条等距离排列，其横截面积处处相等；竖筋条为放射状，其截面积从极耳到底边框逐渐减小，如图6-26所示。这种极板可以使电压损失减小约15mV。原西德瓦尔塔公司开发的大型板栅是一种较理想的结构形式。其特点是从极耳到边框增加斜筋条，极耳向极板中央移动，竖筋条为上密下疏，还增加了短竖筋条，但每根短竖筋条的终端不落在同一根横筋条上。这些筋条的终端在板栅上形成三条平行的抛物线形状。

近年来，借助于计算机进行数值解，板栅的最优化设计有了很大进展。图6-27为板栅及正负极的电位分布比较。由于正极活性物质（PbO_2）电阻率比铅合金板栅约大近万倍，电流主要从板栅通过，即主要是板栅起导电作用，因此极板上的电位分布与板栅上的分布几乎一样。而负极则因其活性物质（Pb）的导电性好，所以极板面上的电位分布比单用板栅时有所改善。

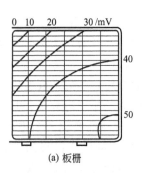
(a) 板栅

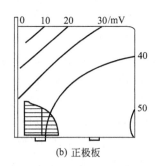
(b) 正极板

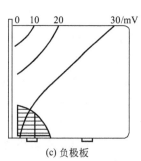
(c) 负极板

图 6-27　板栅及正、负极板上电位分布比较

铅蓄电池在使用中，由于正极板栅腐蚀，电压降增大，但究竟由于板栅腐蚀使其电压降有多大变化，经过对启动用板栅进行计算，结果如图6-28所示，从图中

化学电源设计

可见在寿命循环终止后，正极板栅腐蚀样厚度约为 2mm，因此板栅电阻增大，极板面上的电压降为新品的 2 倍以上。

根据极板面上各部位电流密度不同，对传统的板栅进行改进，首先改进使之具有最低电阻的电子通路，如使竖筋条成为楔形，可以增加竖筋的截面积，从而能传输更多的电子，极耳附近增加短的竖筋，增加对角线筋条，增加竖筋根数等。

改进板栅大电流放电的另一种方法是采用放射式（辐射式）或对角线的板栅设计，在该设计中竖筋与极耳成一定角度，称为放射式或对角线筋条如图 6-26 所示。采用传统的竖直筋条板栅，通常是横筋条密、纵筋条稀，电流导出方向应是沿垂直筋条。根据设计原则，既然横筋条只起支撑作用，就不必用太多的金属材料。因此板栅设计应是垂直筋条密一些，横向筋条稀疏一些，这一点已在大功率铅蓄电池中获得证实。

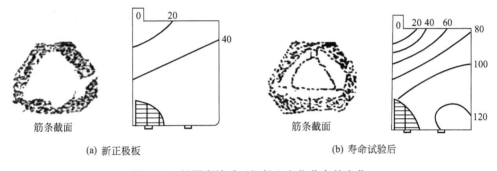

(a) 新正极板   (b) 寿命试验后

图 6-28　板栅腐蚀后正极板上电位分布的变化

6.1.5.5　极板片数与边负极板数

在铅蓄电池中，极群的设计结构总是负极板比正极板多一片，以便使较低效率的正极活性物质在放电时尽量发挥作用，但对于负极板，只是靠近其正极板的那个侧面的活性物质起作用，它的输出容量从理论上讲只能是极群组中其他负极板容量的一半，也就是说，在每个极群组中，两片边负极板的作用只相当于一片普通负极板。但实际上，边负极板的容量输出不只是负极板容量的一半，而大约为 70%，因而蓄电池极群组中的两片边负极板的实际输出容量相当于 1.4 片负极板的容量。

注意这一点也是有意义的，因为目前在设计中是以正极为设计基础的。例如每片正极板容量为 15A·h，则一只装有正极板 6 片，负极板（包括两片边负极板）为 7 片的蓄电池，其容量为 90A·h，以此外推，每各增加一片正负极板，则蓄电池容量就增加 15A·h。但如果极片数相差不太多，容量规格相差不太大时，这样外推不太明显。但若片数相差太多，就值得注意了。例如正极板为 13 片，负极板（包括边负极板）为 14 片时的蓄电池，根据外推应为 195A·h。一般生产工艺正常的情况下，能达到设计的额定容量，但其余量系数就较低了。其原因就在于边负极的补偿作用所致，即边负极板的 70% 作用平均分给 5 片负极板，和平均分给 12 片负极板所起的补偿作用不同。这是在设计片数较多、容量较大蓄电池时应注意的问题。

6.1.5.6 连接条的计算

在低倍率放电时，电压和功率损失不大，但当大电流放电时，功率损失是与电流的平方成比例的。表6-27是设计较好时的连接条的功率损失。

表 6-27 连接条功率损失

连接条数量	放电电流/A	电压降/V	功率损失/W
12个单体电池 （11个连接条）	45	0.053	2.38
	90	0.106	9.5
	225	0.246	59.0
	450	0.528	237.6

上表指出当电流增大10倍时，功率损失增加100倍。

决定连接条的截面积主要有两个因素，一是考虑大电流放电时的电压降损失，二是考虑大电流放电时不能因发热而被熔断。对于汽车启动用蓄电池，当电池在27℃、以300A放电时，单体电池之间的连接条电压降每10mm不超过0.008V。美国部队机动车运输部门，采用的技术条件是10mm长的连接条其电压降在20min率放电时，电压降不超过0.004V。

① 以大电流300A放电考虑，长每1cm电压降不超过8×10^{-3} V为基准，则用下式确定连接条截面积（cm^2）：

$$S = \frac{300\rho}{0.008} \tag{6-28}$$

② 以20min率放电的电流考虑，以每1cm连接条的电压降不超过4×10^{-3} V为基准，则用下式确定截面积（cm^2）：

$$S = \frac{I_{1/3}\rho}{0.004} \tag{6-29}$$

式中，S为连接条横截面积，cm^2；ρ为连接条合金电阻率，$\Omega \cdot cm$；$I_{1/3}$为1/3h放电率的电流，A。

③ 依据熔断电流计算连接条截面积。

当电流通过连接条时，若电流密度过大、截面积太小、长度太长，这时产生的焦耳热（I^2R）一部分向周围环境发散，大部分将加热连接条本身，致使其熔断。设计者可以依据前人的实验数据，对连接条的面积进行计算或校核，以确定所设计的连接条有无熔断的可能。

对于长度分别为44mm和87mm的连接条进行熔断电流的试验。连接条合金含Sb7%，通电时间3~5min，其结果如图6-29所示。

从实验曲线得到横截面积与相应熔断电流的比例约为0.8，则

$$\frac{I_2 S_1}{I_1 S_2} = K \quad S_2 = \frac{I_2 S_1}{I_1 K} \tag{6-30}$$

式中，S_1 为已知连接条的横截面积，mm^2；I_1 为截面积为 S_1 时的熔断电流，A；I_2 为给定的放电电流，A；S_2 为欲计算的最小横截面积，mm^2；K 为系数（约等于 0.8，Sb 为 7% 的铅锑合金）。

从图 6-29 得到：S_1 为 $42mm^2$ 时，I_1 为 258A，若放电电流仍为 300A，则最小横截面积 $S_2 = \dfrac{300 \times 42}{258 \times 0.8} = 61 \, (mm^2)$。

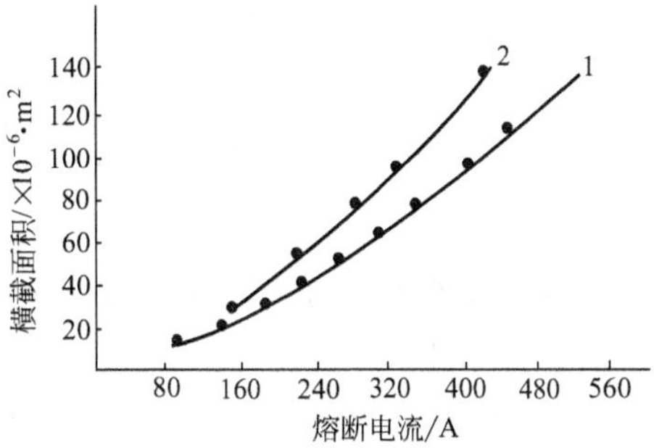

图 6-29　连接条熔断电流与横截面积的关系
1—长度 44mm；2—长度 87mm

计算结果表明，按电压降计算的截面积大于熔断时的截面积，不会出现连接条熔断问题。

④ 中间（偏）极柱截面积的计算。

设计依据：启动电流 500A，持续时间 30s。

设计思路：以热衡算为基础。热衡算公式为

$$I^2RT = Q_{液} + Q_{极柱}$$

$$R = \rho \frac{L}{S}$$

$$S = I^2 T \rho L / (Q_{液} + Q_{极柱}) \tag{6-31}$$

式中，S 为偏极柱的截面积，cm^2；I 为启动电流，A；ρ 为极柱合金的电阻率，$\Omega \cdot cm$；T 为电流通过极柱的持续时间，s；$Q_{液}$ 为极柱接触电液部分，使电解液升温而吸收的热，J；$Q_{极柱}$ 为极柱材料本身吸收的热，J。

使用极柱的合金，其电阻率 $\rho = 234 \times 10^{-7} \, \Omega \cdot cm$，电流经偏极柱流经的长度为 23.8cm。

$Q_{液}$ 的计算：取电解液温升 Δt 为 10℃，被加热电解液（硫酸密度 $1.28g/cm^3$）的质量 m 为 16.1g。比热容 $C = 2.96 \times 10^3 J/(kg \cdot K)$。

$$Q_{液} = Cm\Delta t$$
$$= 2.96 \times 10^3 \times 16.1 \times 10^{-3} \times 10 = 476.6 \, (J)$$

$Q_{极柱}$ 的计算：需预选偏极柱的尺寸，依此尺寸计算偏极柱的体积，体积乘合金的密度可得偏极柱的质量 $m_{极柱}$。

初选偏极柱的截面积为 $0.88cm^2$（宽 2.2cm、厚 0.4cm），质量为 41.0g，取温升 $\Delta t = 30℃$，$C = 0.13J/(g \cdot K)$。

则 $Q_{极柱} = Cm_{极柱}\Delta t$
$$= 0.13 \times 41.0 \times 30 = 159.9 \, (J)$$

将各数值代入式(6-31)，得偏极柱截面积：

$$S = \frac{500^2 \times 30 \times 234 \times 10^{-7} \times 2.28}{159.9 + 476.6} = 0.63 \, (cm^2)$$

此值与预选截面积 $0.88cm^2$ 比较，预选值大，可作为余度或安全系数对待，不再进行计算。

$$安全系数 = \frac{0.88 - 0.63}{0.63} \times 100\%$$
$$= 39.7\%$$

若认为安全系数过大，则可按新的截面积再计算 $Q_{极柱}$，如此反复迭代，直至获得满意值为止。

6.1.5.7　铅膏配方简介

目前实际应用的铅膏有黏型铅膏、砂型铅膏和其他型如水膏等。

(1) 黏型铅膏　黏型铅膏目前在我国应用较广，该类铅膏主要特点是黏性较大，适用于链式涂板机，而不适用于带式涂板机。

① 正极板铅膏配方举例。

涂膏式正极板铅膏配方：

铅粉　250kg

硫酸　37L ($d=1.070kg/L$)

　　　或 30L ($d=1.100kg/L$)

管式正极板配方：

铅粉　250kg

木炭粉或活性炭　10kg

硫酸　5L ($d=1.100kg/L$)

② 负极板铅膏配方举例（据用途不同而有所不同）。

启动用，摩托车用负极板铅膏配方有以下三种配方。

1 号配方：

铅粉　250kg

硫酸钡　1.5kg

腐殖酸　2.5kg

硫酸　37L ($d=1.070kg/L$)

　　　或 30L ($d=1.100kg/L$)

2 号配方：

铅粉　250kg

硫酸钡　1.5kg

腐殖酸　2.5kg

松香　0.075kg

硫酸　37L ($d=1.070kg/L$)

　　　或 30L ($d=1.100kg/L$)

3 号配方：

铅粉　250kg

硫酸钡　1.5kg

腐殖酸　1.75kg

α-羟基-β-萘酸　0.75kg

硫酸　37L（$d=1.070$kg/L）

　　　或30L（$d=1.100$kg/L）

以上负极板铅膏配方用于厚度为1～3mm汽车用及摩托车用的负极板，其中2号和3号配方用于干式荷电负极板。

固定型、蓄电池车、铁路客车、内燃机车电池用负极板配方：

铅粉　250kg

硫酸钡　0.750kg

木素　1.25kg

硫酸　37L（$d=1.100$kg/L）

（2）砂型铅膏　砂型铅膏在国外应用较广，主要适用于带式涂板机。该铅膏主要特点是黏性较小。用手触摸或攥挤时，感到松脆并沙沙作响。

正极板铅膏配方举例：

铅粉　270kg

硫酸　26kg（$d=1.400$kg/L）

配方水　24L

调整水　适量

负极板配方举例：

铅粉　270kg

膨胀剂　$BaSO_4$　0.82kg

炭黑　0.55kg

有机物　0.55kg

硫酸　22L（$d=1.400$kg/L）

配方水　27L

调整水　适量

正负极铅膏中加入3mm左右的短纤维（商品名为迪尼尔）可加入0.07kg，与水一起加入，或用水润湿，在即将加酸之前加入。

（3）其他类型铅膏

① 水和铅膏。

该型铅膏只用水不用硫酸配制。主要优点是不用硫酸，减少设备腐蚀，简化化成工艺，缩短化成时间，还可延长寿命。缺点是铅膏黏性较大，不适用于带式涂板机使用，电池初容量较低。但有的试验用木素磺酸水溶液效果较好。总的来说，此种铅膏尚未大批量使用。

② 其他铅膏。

如用硫酸铵配膏。还有不用铅粉，而使用黄丹或红丹铅膏。其中红丹或黄丹单独用的配方已基本不用，但在工业电池极板配方中，一定量（10％）左右的黄丹或红丹的配方，还有许多厂使用。

完全使用红丹作为丝管式正极板灌粉用的材料，在德国瓦尔塔工厂正在使用，其他厂很少用。如表 6-28 所示。

表 6-28　其他铅粉型铅膏配方举例（正极）

| 对 100kg 铅粉 | | 水/L | 铅膏视密度/(kg/L) | 电池类型 |
| 硫酸用量 | | | | |
密度/(kg/L)	用量/L			
1.320	6.95	15	4.7	飞机用
1.400	4.28	12～14	—	启动用
1.090	18～20	—	4.2	信号用
1.320	7.5	10	—	启动、船用
1.090	19.0	—	4.1	船用

（4）水分与硫酸对铅膏性能的影响　除原材料（铅粉）以外，配方中所用的水和酸都对铅膏性能有影响。对一定的铅粉量来说，铅膏中所含水量和酸量对铅膏质量的影响如下：

① 增加水量能提高活性物质的孔性；

② 增加酸量可提高活性物质的孔性并降低活性物质的强度；

③ 增加水量或酸量能降低铅膏的视密度；

④ 随着酸量的增加铅膏凝固速度加快；

⑤ 铅膏的黏度随水量的增加而减小，在一定范围内，随着加入硫酸量的增加而加大。

在选择铅膏配方时要着重选择铅膏的视密度。严格控制铅膏密度时对蓄电池制造是头等重要的大事。首先，因为极板容量是由它所含有的活性物质量所决定的。其次，活性物质利用率取决于其渗透性，它也基本上与铅膏的密度有关。铅膏密度较高的极板可有很高的理论容量，但其有用的容量却较低。这是由于活性物质密度过高，与硫酸的有效接触面积减小之故。

关于铅膏密度的概念是指一个固态-液态系统，其中固态粒子（氧化铅、金属铅、硫酸铅等）被分散在液体中，总质量与总体积之比则为铅膏视密度。由于使用不同的液体量而有很大范围的变化。液量越多，密度越低，制成的极板孔隙率也越大。

6.2　镉镍电池设计

镉镍蓄电池是一种应用十分广泛的二次电池。本节着重以圆柱密封镉镍蓄电池为例来讲述它的设计与计算。圆柱密封镉镍蓄电池是由镍电极和镉电极及隔膜交替

卷绕在一起,再配以适当的密封结构加工而成。其设计一般分为三大部分:

① 电池性能设计;

② 电池结构参数设计;

③ 组合电池设计。

这里着重就前两部分的设计内容和方法,以及一般的计算加以介绍。为便于说明,在此以一个 6V、额定容量为 0.5A·h,烧结正极和涂浆粘接负极所组成的电池来讨论设计过程,至于电池的外形尺寸参阅有关国际通用标准。

6.2.1 电池性能设计

(1) 电压设计与单体电池数目的确定

电池组的额定电压=单体电池数目×单体电池的额定电压

由于单体 Cd-Ni 电池的额定电压为 1.2V。

那么:单体电池数目 $(n) = \dfrac{电池组额定电压}{单体电池额定电压}$

$$n = \frac{6\text{V}}{1.2\text{V}/只} = 5 \ 只$$

即:设计中要求由 5 只单体 Cd-Ni 电池串联才能满足电池组额定电压为 6V 的要求。

(2) 单体电池容量设计　单体电池容量由下式确定:

$$C = \frac{C_r \times K_1 (1 + \alpha)}{K_2} \tag{6-32}$$

式中,C 为设计容量;C_r 为额定容量,这里为 0.5A·h;α 为电池不能被利用的容量比率,以百分数计,这里取零;K_1 为设计安全系数,一般取 110%~120%,这里取 110%;K_2 为电池封口容量与开口容量之比,一般取 80%~90%,这里取 85%。

则:$C = \dfrac{0.5 \times 1.1(1+0)}{0.85} = 0.647 \ (\text{A·h})$

(3) 比特性设计　镉镍电池中比特性设计是电池的重要指标。设计中应根据用户或用电器对比特性的要求,来确定合适的电池体积和质量,设计过程中应尽可能地采用新工艺、新技术、新材料来最大程度地提高电池的比特性。

(4) 寿命设计　不同的用电器对电池的寿命有不同的要求,使用条件不同,电池寿命也相差很大。因此在寿命设计时,对影响电池寿命的各种参数进行全面分析,采取有效措施,以确保电池寿命达到规定的要求。一般情况下,在设计时要考虑如下因素。

① 充放电制度。

制定充放电制度时,要避免电池长时间、大电流过充过放,这样才有利于电池的使用寿命,减小放电深度,采用浅充浅放可大大提高电池寿命。

② 隔膜。

隔膜性能的变化在一定程度上决定了电池寿命。为此，隔膜的选择十分重要，一般室温情况下，设计电池应选用维纶复合膜，高温下使用应选用聚丙烯隔膜。

③ 电解液。

电解液成分不同，电池寿命也相差很大。在 Cd-Ni 圆柱密封电池中，一般加入 LiOH 可使电池寿命延长。

④ 使用环境温度。

在高温或低温下使用，均可使电池寿命大大缩短。

根据以上因素，对设计的电池采取相应的措施，制定相应的使用要求，可使电池的实际寿命得以保证。此外，对于高倍率电池，还要进行比功率设计，以确保电池在大电流下工作时的工作性能。

6.2.2　电池结构参数设计

（1）单体电池外形尺寸　采用通用规格和型号，电池外形尺寸一般取中下差，以确保互换和配合。目前一般无需重复设计。本例中选用 AA 型，即 $\Psi = 13.65\text{mm}$，$H = 50\text{mm}$。

（2）极板设计

① 极板高度设计。

极板高度与单体的高度有关。已知单体电池尺寸来确定极板高度的原则是：

a. 极组上部留有足够的空气室，以确保电池在过充电过程中有一个合理的内压，防止漏气、漏液；

b. 隔膜要比极板高 1～4mm，以防止短路；

c. 在上述两个条件下，争取极板尽可能高，以提高电池的比能量。根据以往设计，本例中，电池高为 $H = 50\text{mm}$，则极板高为 $h = 50 - h_1$，h_1 取 10～15mm 即可。这里 h_1 为气室高，取 $h_1 = 10\text{mm}$，则极板高为 $h = 40\text{mm}$。

② 极板面积设计。

正极板面积（cm²）：$S_+ = \dfrac{I}{i}$

式中，I 为电池典型工作电流，这里取 500mA；i 为电池极化较小情况下典型的工作电流密度，据经验数据，i 可取 10mA/cm^2，则

$$S_+ = \frac{500}{10} = 50\,(\text{cm}^2)$$

对于 Cd-Ni 圆柱密封电池，负极面积 $S_- = 1.30 S_+$，故

$$S_- = 1.30 \times 50 = 65\,(\text{cm}^2)$$

③ 极板长度设计。

对于圆柱密封电池，极板面积等于长乘高的二倍，那么，极板长度 $= \dfrac{\text{极板面积}}{2 \times \text{极板高}}$

则：$L_+ = \dfrac{S_+}{2h_+}$

$\qquad = \dfrac{50}{2 \times 4} = 6.25 \, (\text{cm})$

$L_- = \dfrac{S_-}{2h_-}$

$\qquad = \dfrac{65}{2 \times 4} = 8.125 \, (\text{cm})$

④ 极板厚度的设计。

由于 Cd-Ni 圆柱密封电池的容量由正极决定，负极容量一般为正极容量的 1.5～2.0 倍，以确保充电时不产生 H_2，所以电池的设计容量要看做等于正极容量。则

$C_+ = 0.647 \text{A} \cdot \text{h}$

$C_- = KC_+ \qquad K$ 若取 1.8

$C_- = 1.8 \times 0.647 = 1.165 \, (\text{A} \cdot \text{h})$

正极活性物质 Ni $(\text{OH})_2$ 的质量：$W_+ = \dfrac{C_+ K_+}{\eta_+}$

式中，K_+ 为 Ni $(\text{OH})_2$ 的电化当量，其值为 $3.459 \text{g}/ (\text{A} \cdot \text{h})$；$\eta_+$ 为正极活性物质利用率，取 95%。

则

$$W_+ = \dfrac{0.647 \times 3.459}{0.95} = 2.35 \, (\text{g})$$

负极活性物质 Cd 的质量：$W_- = \dfrac{C_- K_-}{\eta_-}$

式中，K_- 为 Cd 的电化当量，$2.09 \text{g}/ (\text{A} \cdot \text{h})$；$\eta_-$ 为 Cd 的利用率，取 60%。

则 $W_- = \dfrac{1.165 \times 2.09}{0.6} = 4.05 \, (\text{g})$

正极板、负极板的厚度（cm）为：$\delta = \dfrac{W}{Sd}$

式中，S 为极板面积，cm^2；W 为活性物质质量，g；d 为活性物质密度，烧结正极取值为 $1.40 \text{g}/\text{cm}^3$，涂浆负极取值为 $3.0 \text{g}/\text{cm}^3$。

则 $\quad \delta_+ = \dfrac{2.35}{1.40 \times 4 \times 6.25} = 0.066 \, (\text{cm})$

$\delta_- = \dfrac{4.05}{3.0 \times 4 \times 8.125} = 0.041 \, (\text{cm})$

（3）隔膜设计

① 材料：选用维纶复合膜。

② 厚度根据电池加工对隔膜强度的要求，以及考虑到电池的自放电和气体扩散速度的要求，选取 0.15～0.25mm 厚。

③ 透气性：50～200L/（$m^2 \cdot s$）（隔膜两侧压力差为 0.1MPa）。

④ 尺寸设计

a. 高度设计：一般比极板高 3～4mm，这里高＝40＋3＝43（mm）；

b. 长度设计：$L=2L_- = 2\times81.25 = 162.5$（mm）。

（4）装配松紧度设计　装配松紧度时考虑加电液后极板、隔膜膨胀的一个参数，其大小直接影响电池的性能。松紧度太大，不利于加工装配，且极板、隔膜润湿困难，放电电压低，容量低；松紧度太小，不仅降低了比容量，还会使极板过度膨胀，影响使用寿命。Cd-Ni 圆柱密封电池装配松紧度一般控制在 80%～90% 之间。对高比能量电池的设计可取上限，如设计的松紧度与上述值有差别，可对极板参数做适当调整，以达到上述要求。本例中，电池壳内径为 13.1mm，隔膜厚度取 0.20mm，则

$$装配松紧度\ \eta = \frac{162.5\times0.2 + 62.5\times0.66 + 81.25\times0.41}{3.14\times6.55^2}\times100\%$$
$$=80\%$$

（5）电解液量的计算　Cd-Ni 圆柱密封电池采用相对密度为 1.30 左右的 KOH 水溶液。电液的用量按 3～5g/（$A \cdot h$）加入或电池组质量的 18% 左右加入。据这两个原则，电液量确定为 2～2.5g/只。

（6）其他部分设计　在此略。

6.3　锌银电池的设计与计算

6.3.1　电压设计

由于锌银电池放电时，正极 AgO 的还原分两步（AgO 首先转化为 Ag_2O，Ag_2O 再转化为 Ag），因此，锌银电池工作时，会出现两个电压平阶，一个是高压平阶，另一个是低压平阶。这也是锌银电池所特有的电压特性。在电池实际工作时，随放电制度等工作条件不同，电池的两个平阶电压分别在 1.70V 和 1.5V 左右，在高放电率下，电压的高压部分可以减少或消失。所以在锌银蓄电池组的电压设计中，就不能与其他电池系列的设计完全类同。

决定电池放电电压的主要因素，是放电电流密度，而放电电流密度的大小要根据积累的经验数据来选择。

表 6-29　单体电池放电电压与放电电流密度的关系

放电电流密度/（mA/cm^2）	25	30	36	40	45
50～15℃放电电压波动范围/V	1.56～1.47	1.56～1.46	1.56～1.44	1.56～1.44	1.56～1.41

表 6-29 中每一电流密度下对应的放电电压波动范围，在左方为 50℃放电电压值，右方为 15℃时的放电电压值。由此可知，单体锌银电池的电压一般在 1.50V 左右波动。所以，通常在锌银电池电压设计中，认为每一只锌银电池的额定电压为

1.5V。因此，要满足锌银蓄电池组工作电压为12V所需要的单体蓄电池只数为

$$12V \div 1.5V/只 = 8 只$$

应当指出：除放电电流外，影响放电电压的因素还有温度、电液组成、电极结构、充放电制度等。要根据这些因素对放电电压的影响，来综合平衡，全面考虑选择和设计。

6.3.2　容量设计

与其他电池系列的设计一样，锌银电池的容量设计，实际上也是确定电池中两极活性物质用量问题。

在实际生产中，锌银电池的设计容量按式(6-33)计算：

$$C = \frac{(1+\alpha)K_1 C_r}{1-K_2} \tag{6-33}$$

式中，C 为设计容量，A·h；K_1 为设计安全系数；α 为非工作状态消耗的容量比率，以百分数计；C_r 为额定容量，A·h；K_2 为存放后容量损失，用百分数表示。

α 应根据实际对电池预处理消耗的容量确定。

K_1 的选取与放电率和要求的可靠性有关，根据经验选取。对于高倍率放电要求高可靠的电池，K_1 一般取 2～3 倍；低倍率放电的电池，K_1 的值酌减。

K_2 随电池湿存放条件不同而有不同的值。对于高倍率放电的电池，根据实验数据选定。对于低倍率、长寿命、多次循环的电池，限定取 $K_2 = 10\%$。因为这种电池多在地面电子设备、仪器上使用，每次循环可控制到尽量按全容量进行，并可以及时进行充电，能使容量基本恢复原来状态，所以作了这样的限定。

有了设计容量，就可以进一步求出活性物质的量。

6.3.3　单体电池的结构设计

（1）单体电池外形尺寸的选择

① 长度和宽度尺寸的比例。

外形为长方体的单体锌银蓄电池，多数情况下是组合成电池组使用的。为使单体蓄电池之间的连接紧凑、整齐及尺寸成比例，单体蓄电池的长度和宽度尺寸的比例常取 2：1。但是，有时按这样的比例设计，极板面积太大，不便于制造且强度不高，这时，就将电池外形设计成长度与宽度尺寸相近，尤其是长循环寿命的电池，考虑到循环后期极板组膨胀，电池的长度与宽度尺寸之比越大，即电池越"薄"，膨胀也越严重。为减少单体电池壳的外形，采用长度与宽度尺寸相近的近似正方形的尺寸很有好处。

② 单体电池的高度设计。

单体电池高度的设计，实质上是单体电池壳高度的设计。因为，单体电池盖以上部分的高度是极柱的高度，这部分尺寸，基本不随电池壳尺寸成比例地变化，一般为 8～12mm，仅随单体电池壳的高度略有改变。

从电池本身的性能来讲，不希望电池壳的高度过大或小。高度过大时，易出现电解液浓度分层，性能不均匀，从而恶化了电池性能，而且壳注塑加工困难。高度过小时，极板高度太小，电池壳的有效质量和体积利用率太低，电池比能量下降。一般电池壳高度尺寸取为长度尺寸的1.5～2.5倍为宜。

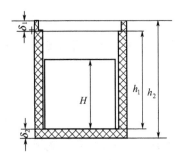

图6-30　单体电池壳外部高度与内部高度关系

单体电池壳外部高度与内部高度的关系如图6-30所示。

用公式表示为　　$h_2 = h_1 + \delta_1 + \delta_2$

式中，h_1为单体电池壳内部高度，mm；h_2为单体电池壳外部高度，mm；δ_1为单体电池壳子口高度，mm；δ_2为单体电池壳底高度，mm。

δ_1的尺寸与单体电池壳大小有关，据经验，一般为壁厚的1.5～2倍。

δ_2的尺寸也与单体电池壳大小有关，与壳壁尺寸相当或稍厚。根据经验数据，20A·h以内的电池壳底厚为2～3mm，大型单体电池壳底厚度可以取4～6mm，这样的厚度均能满足强度的要求。

（2）极板尺寸的设计

① 极板高度设计。

极板高度不是任意的，它与电池壳的高度有关。根据已知单体电池壳高度确定极板高度的原则是：要留有足够大的气室，以保证注电液方便和减少从注液口冒电液的可能，另外排出贮存时负极自放电产生的氢气。隔膜的高度至少要比极板高度大6mm以上，以防止锌枝晶绕过隔膜上端引起两极短路。在设计极板高度时必须留出这部分空间，力争使极板高度尽可能地大，以提高电池的比能量。

极板高度按如下经验公式（6-34）计算：

$$H = 0.0015h_1^2 + 0.635h_1 + 1.1 \qquad (6\text{-}34)$$

式中，H为极板高度，mm；h_1为单体电池壳体内部高度，mm。

② 极板宽度设计。

一般情况下，极板宽度尺寸比单体电池内部尺寸小2.5～3mm为宜。

③ 极板厚度的设计与计算。

首先电极面积由下式决定：

$$S = I/i$$

式中，i为放电电流密度，mA/cm²；I为放电电流，mA；S为电极面积，cm²。

其次通过容量设计，确定了电池的设计容量，也就是知道了活性物质的量。那么极板厚度δ为

$$\delta = \frac{W}{Sd(1+\eta)} \qquad (6\text{-}35)$$

式中，W 为活性物质质量，g；S 为极板面积，cm^2；d 为活性物质密度（按表 6-30 所列的数据选用），g/cm^3；η 为极板孔隙率，%；δ 为极板厚度，cm。

表 6-30 活性物质密度

活性物质名称	密度/(g/cm³)	活性物质名称	密度/(g/cm³)
银粉	10.5	混合锌粉(75%ZnO+25%Zn)	5.9
锌粉	7.1		

孔隙率的大小对电极性能和电池容量影响很大。根据实验结果，已确定了孔隙率取值的最佳范围。如表 6-30 具体到不同的设计要求，可作向上或向下的适当变化。

表 6-31 不同极板的孔隙率

极板类型	极板孔隙率/%	极板类型	极板孔隙率/%
银极板	50～55	混合锌粉(75%ZnO+25%Zn)	35～45
电解锌粉	55～60		

计算出的极板厚度能否应用，还应考虑到：一是按现有的工艺能否在要求的公差范围内加工，有没有足够的强度；二是它们装配成极板组装入单体电池壳后，装配松紧度是否在最佳范围。倘若不是这样，必须重新调整。

6.3.4 极板组厚度的计算及装配松紧度的选择

极板组的厚度是组成极板组的各个组分厚度的总和，即正极板厚度、负极板厚度和隔膜厚度的总和。

已知极板厚度与单体电池壳相应方向的内径尺寸之比叫做装配松紧度，也叫装配比。装配松紧度是考虑了注电解液后隔膜和极板膨胀的一个参数。对于化成电池，可用来控制极板厚度；对于成品电池，装配松紧度大小对电池性能有直接影响。若装配松紧度太大，隔膜和极板润湿困难，电解液不足，会造成放电容量不足，电池发热，放电电压偏低，甚至放不出电，装配松紧度太小，不仅降低了电池的比能量，还会加剧电极变形，影响使用寿命。一般情况下，高倍数型电池的装配松紧度，比低倍数型电池要低一些。

在装配化成电池时，会遇到如下这样的情况。例如：测得某化成电池极板组厚度为 28mm，若工艺要求装配松紧度控制为 80%，现有内径尺寸为 40mm 的化成电池槽，而根据装配松紧度计算所需化成电池槽的内径尺寸为 $28 \div 0.8 = 35$（mm），而实际上电解槽内径尺寸为 40mm，这时为满足 80% 的装配松紧度常采用加入填板方法来解决。那么填板的厚度应为：$40 - 35 = 5$（mm）。

应当注意的是，填板尺寸作为电池壳壁尺寸考虑，千万不可作为极板组尺寸。如果按照以下计算：$40 \times 0.80 = 32$（mm），$32 - 28 = 4$（mm）。将所得的 4mm 作

169

为填板尺寸，这样的计算是错误的，错在把填板尺寸计入极板组尺寸之内。

6.3.5 在给定单体电池壳内电池结构参数的计算

有时，电池组的外形尺寸是给定的，因而单体电池的尺寸和只数也是确定的。这时只限定在给定的单体电池壳中进行结构参数的设计。这种情况下，电池的体积是限定的，设计的中心是在这限定的体积中进行尽可能合理的容量设计。这种设计是根据已掌握的工艺、结构研制实验的数据，归纳出经验公式来进行计算。

计算活性物质量的经验公式有几种，不同的经验公式适用于不同的极板工艺。下式是一种适用于多种工艺负极板的经验式：

$$\lg W = -0.18 + 1.12 \lg(V_1'\eta) \tag{6-36}$$

式中，W 为两极活性物质总量，g；V_1' 为单体电池壳的外形体积，cm^3；η 为装配松紧度，%。

计算出活性物质总量 W，就可以分别确定两极活性物质的量。对于混合锌粉负极板，两极活性物质的量按下面一组经验式计算：

$W = 2.03 W_{视}$

$W_{Ag} = 1.03 W_{视}$

对于电解锌粉负极，两极活性物质的量按下面一组经验式计算：

$W = 2.267 W_{Zn}$

$W_{Ag} = 1.267 W_{视}$

式中，W 为两极活性物质总量，g；W_{Ag} 为正极活性物质总量，g；$W_{视}$ 为混合锌粉负极活性物质用量，g；W_{Zn} 为电解锌粉负极活性物质用量，g。

根据两极活性物质用量、极板孔隙率，可计算出极板厚度。极板数可根据设计电流密度与选用极板尺寸推出，为使银充分利用，多采用负极比正极多一片的结构。

6.3.6 电解液的设计

电解液是电池的主要组成之一。锌-银电池的电液为用 ZnO 饱和的 KOH 或 NaOH 水溶液。综合考虑到电液的导电性能、活性物质在电液中的特性、电池循环寿命、利用率等方面因素，一般 KOH 的浓度为 30%～40% 比较合适。由于 KOH 的导电性比 NaOH 的好，但价格较 NaOH 高得多，为了保证性能，所以高倍率放电的锌-银电池，一般都采用 KOH 电液。但由于 NaOH 的盐析及爬碱发生率较低，所以一些低倍数、长寿命的扣式锌-银电池有时也采用 NaOH 水溶液做电解液。

为了提高电池的比能量，特别是为了提高二次电池的循环寿命，防止容量降低，应严格控制电解液的用量。但电解液的用量又不能太少，否则会由于整体钝化引起容量降低，同时也会影响到电池的使用寿命。电解液的实际用量是要根据试验来确定的。

另外，电解液组成、添加剂的种类及用量，均应在性能设计时考虑，因这些因素对电池容量及电压均有影响，均应依赖于试验数据做基础。在结构设计时，仅涉及电解液的量，有如下经验公式：

$$L = 0.28V' - 1 \tag{6-37}$$

式中，L 为电解液体积的估算值，mL；V' 为单体电池壳外形体积（不含极柱），cm^3。

试验已证明，这个经验公式对估计电液量是比较准确的。实际上，电液量的控制，以不超过隔膜上边缘为限。

6.4 圆柱形单体镍氢电池设计

6.4.1 设计举例之一

（1）设计指标

电池种类：AA 型 MH-Ni 电池。

额定容量：1100mA·h。

外形尺寸：直径（d）为（13.9±0.2）mm；高度（H）为（50±0.2）mm。

额定电压：1.2V。

（2）设计过程

① 电池容量设计。

$$C = C_r K_c$$

式中，C 为设计容量；C_r 为额定容量，1100mA·h；K_c 为设计安全系数，一般取 1.1～1.2，这里取 1.1。则

$$C = 1100 \times 1.1 = 1210 \ (mA·h)$$

② 极片高度设计。

电池极片高度主要根据电池高度、气室高度来确定。气室高度一般取 5～15mm 高；隔膜应比极板高出 2～4mm，综合考虑这两点，因电池高为 50mm，极板高度为 41mm。

③ 极片面积设计。

对于 MH-Ni 电池，工作电流通常为 600mA，工作电流密度 i 一般为 5～15mA/cm^2，这里取 $i = 9$ mA/cm^2，则

$$S_+ = 600/9 = 66.7 \ (cm^2)$$
$$S_- = K_s S_+ = 1.3 \times 66.7 = 86.7 \ (cm^2)$$

式中，K_s 为设计过剩系数，一般在 1.3～1.7 之间，这里 K_s 取 1.3。

④ 极片长度的设计。

正、负极片均为矩形，极片面积等于长乘高的二倍，因此，极片长度为

$$L_+ = \frac{S_+}{2H} = \frac{66.7 \times 10^2}{2 \times 41} = 81 \ (mm)$$

$$L_- = \frac{S_-}{2H} = \frac{86.7 \times 10^2}{2 \times 41} = 106 \ (mm)$$

171 ·

⑤ 极片厚度设计。

MH-Ni 电池中，通常控制正极片厚度为（0.58±0.02）mm 范围内，负极片在（0.37±0.02）mm 范围内。

⑥ 活性物质用量的计算。

活性物质用量 $m = Cq/\eta$

式中，q 为活性物质电化当量，g/（A·h）；η 为封口电池中活性物质利用率，这里取 80%。则

$$m_+ = 1.21 \times 3.459/0.8 = 5.23 \text{（g）}$$
$$m_- = 1.21/(0.25 \times 0.6) = 8.06 \text{（g）}$$

注意在计算 m_- 时，由于负极是贮氢合金粉，其电化当量不能用 H_2 的电化当量来计算，应根据活性物质粉料的电化学容量、利用率来计算，即

$$m_- = \frac{C}{v}\eta$$

式中，v 为贮氢材料的比容量 0.25A·h/g；η 为封口电池中负极活性物质利用率。

⑦ 电解液浓度和用量。

电解液用 1.25～1.30g/L KOH，加入 15 g/L LiOH，用量一般为电池活性物质量的 18%。

$$m_{alk} = (5.23 + 8.06) \times 18\% = 2.39 \text{（g）}$$

⑧ 隔膜尺寸。

隔膜的长度一般为正负极长度之和，这里为 187mm；宽度比极片宽 2～4mm，本例可取 44mm；厚度通常在 0.15～0.2mm 之间，这里取 0.18mm。

⑨ 松紧度检验

$$松紧度 = \frac{V_1}{V_2} \times 100\%$$

$$V_1 = V_+ + V_- + V_{(隔)}$$

式中，V_2 为电池壳体内空间体积。

$$V_1 = 81 \times 0.58h + 106 \times 0.37h + 187 \times 0.18h$$
$$= 119.86h$$
$$V_2 = \pi r^2 h = 3.14 \times (13.3/2)^2 h$$
$$= 138.6h$$

计算时电池壳体内径取为 13.3mm。

以上数据是根据前面指定的 1100mA·h AA 型密封 MH-Ni 电池设计的。通过计算发现其装配比为 86.3%，在通常所说的 80%～90% 之间，符合设计要求。

6.4.2 设计举例之二

根据用户要求开发综合性能优越、电池直径为（13.9±0.2）mm，高度为

63mm 的电池，电池的额定电压 1.2V。本例采用另一种设计思路。

（1）选定参照基准 假定 6.4.1 中所选定的参数为一已通过检验确认为设计合理、综合性能优良的已成型的设计参数，则选定 6.4.1 中的 AA 型电池为参照基准电池。

（2）正负极片高度的确定

基准电池剩余高度＝基准电池高度－基准极片高度
$$=50.0-41.0=9.0（mm）$$

则：极片高度＝电池高度$-K_1\times$基准电池剩余高度
$$=63-1\times9.0=54（mm）$$

这里 K_1 取 1。

（3）计算电极活性物质用量

基准电池有效容量$=\dfrac{\pi}{4}\times d^2\times$基准电池极片高度

$$=\dfrac{\pi}{4}\times13.3^2\times41=5693.2（mm^3）$$

电池有效容量$=\dfrac{\pi}{4}\times$设计电池内径$^2\times$设计电池极片高度

$$=\dfrac{\pi}{4}\times13.3^2\times54=7498.4（mm^3）$$

正(负)极活性物质用量$=\dfrac{设计电池有效容积}{基准电池有效容积}\times$基准电池正(负)极活性物质用量

$$m_+=7498.4\div5693.2\times5.23=6.89（g）$$
$$m_-=7498.4\div5693.2\times8.06=10.62（g）$$

（4）极片厚度和长度的确定 因为本例中所设计的电池与参照基准电池内径相同，均属于 AA 系列电池，而且没有特殊的设计要求，故可采用与基准相同的厚度和长度，即

正极片的厚度为（0.58±0.02）mm，长度为 81mm；

负极片的厚度为（0.37±0.02）mm，长度为 106mm。

（5）电池容量的计算

电池容量$=K_4\times\dfrac{设计电池正极活性物质用量}{基准电池正极活性物质用量}\times$基准电池容量

$$=1\times6.89/5.23\times1100$$
$$=1450（mA\cdot h）$$

这里 K_4 取 1。

（6）隔膜尺寸的确定

隔膜宽度＝极片高度＋（2～1）

$$=54+4=58 \ (\text{mm})$$

隔膜长度＝（正极片长度＋负极片长度）$\times K_5$

$$=(81+106)\times1=187 \ (\text{mm})$$

隔膜厚度一般为 0.15～0.20mm 之间，这里取 0.18mm。

(7) 计算电解液用量

$$设计电解液用量＝\frac{设计电池容量}{基准电池容量}\times基准电池电解液用量$$

$$=1450/1100\times2.39=3.15 \ (\text{g})$$

6.5 圆柱形锌锰电池设计计算中的若干问题

由于圆柱形锌锰电池只有一个正极和负极，中间的由隔离层隔开，且负极锌筒作电池的容器（壳体），其电池结构是相对简单，设计中所涉及的主要是工艺实现方式问题，所以，本节主要就工艺计算中的若干问题加以讨论。

6.5.1 中性锌锰电池正负极的理论容量及其利用率

(1) 负极锌片的理论容量和利用率 法拉第定律告诉我们，每析出一电化学当量的任何物质需要 96500C（A·s）的电量，也就是需要一法拉第电量。

因为 $1C=1A\times1=1/3600A\cdot h$

那么 96500C 的电量（即一法拉第电量）相当于 $96500\times1/3600\approx26.8A\cdot h$。也就是说，任何一电化学当量的物质参加成流反应，就能产生 26.8A·h 的电量。每一电化学当量的锌参加反应，就可产生 1 法拉第的电量。

因此，锌的电化当量$=\dfrac{锌的摩尔质量}{26.8\times2}$

$$=\frac{65.37}{26.8\times2}\approx1.220 \ [\text{g}/ \ (\text{A}\cdot\text{h})]$$

［例1］ 已知锌锰干电池所使用的 $R20$ 整体圆筒重 18g，那么它的理论容量为

$$18/1.220\approx14.75 \ (\text{A}\cdot\text{h})$$

从计算可看到：在计算负极理论容量时，只考虑到整个锌筒的质量，未排除筒底和高出正极电芯未参加反应的部分的锌片。另外锌筒不仅作为负极，而且也是电池的容器，应当有一定的厚度，所以，锌筒的质量要比理论当量高得多，所以锌的利用率是比较低的。

［例2］ 焊接锌筒的锌片尺寸为 102mm×59mm，厚度为 0.025mm，锌底质量为 2.47g，问其理论容量是多少？（锌的相对密度为 7.133）

焊接锌筒质量＝锌片质量＋锌底质量

即：$10.2\times5.9\times0.025\times7.133+2.47\approx13.2 \ (\text{g})$

理论容量$=13.2/1.220\approx10.8 \ (\text{A}\cdot\text{h})$

以上两个例子的计算是把锌看成是完全参与成流反应的负极活性物质，但是在锌锰干电池中，锌筒既是负极，又是电池的容器和外壳，锌筒底和高出炭包部分基

本不参与成流反应，所以这样的计算就不妥了，要正确得到一个比较正确的理论容量，就需要了解和计算参加电池反应的锌所占的质量，再进行计算才为妥当。

在［例2］中：如果正极电芯的高度为42mm，锌底不参与反应，那么：

$$理论容量 = \frac{10.2 \times 4.2 \times 0.025 \times 7.133}{1.220} \approx 6.2 \ (A \cdot h)$$

两种不同的计算容量的方法，数值竟相差百分之四十多。后者的计算方法比较接近于电池的实际容量，比较锌筒的理论容量和实际容量，就可了解锌片的消耗或利用程度，算一算是否有潜力可挖。

用实际放电所得到的容量除以锌筒的理论容量，用百分数来表示，这就是锌筒的利用率。利用利用率这一概念可指导电池零配件的设计和生产。

前面已提到，在锌锰干电池中，由于锌筒不单单是负极活性物质，而且是电池的容器和外壳，为安全起见，为防止负极自放电与锌筒穿孔冒水，往往要求锌片余量多一点，或壁厚厚一些，这就降低了锌负极的利用率，故在设计中要统筹安排，全面考虑各影响因素，达到最佳设计的目的。目前，所研制的塑壳电池既可降低锌的用量，又可以提高电池的防穿孔、防漏性能，是今后负极设计的方向。

（2）正极的理论容量和利用率　锌锰干电池正极初级反应是：

$$MnO_2 + H^+ + e \longrightarrow MnOOH$$

所以，MnO_2 的电化当量为 $\frac{86.93}{26.8} = 2.24 \ [g/ \ (A \cdot h)]$

众所周知，正极电芯由锰粉、乙炔黑、石墨粉、固体氯化铵、内电液和正极集电体炭棒组成。所以，要计算正极的理论容量，必须先根据正极配方计算出 MnO_2 在电芯中所占有的质量，然后利用 MnO_2 的电化当量，计算正极的理论容量。

［例3］　R20 电池电芯的质量50g，其中炭棒重5g，正极配方：锰粉51.6kg，乙炔黑和石墨粉8.4kg，固体氯化铵9.6kg，内电液 24°Bé22.5L（锰粉中 MnO_2 含量为68%），问正极的理论容量是多少？

24°Bé 内电液相对密度为 $\frac{143.4}{143.4 - 24} = 1.201$

内电液质量为 $22.5 \times 1.201 \approx 27 \ (kg)$

MnO_2 在正极粉料中所占的比例为

$$\frac{51.6}{51.6 + 8.4 + 9.6 + 27} \times 68\% \approx 36.32\%$$

每只电芯中 MnO_2 所占的质量为

$$(50 - 5) \times 36.32\% = 16.35(g)$$

正极的理论容量为 $\frac{16.35}{3.24} \approx 5.04 \ (A \cdot h)$（不考虑 MnO_2 次级反应）

正极的实际容量由于放电制度的不同，同一电池放电后计算出实际容量是不同

的。也就是说，一只电池在不同的放电制度下放电，它的放电容量是不同的。在恒电阻放电时，实际容量的近似计算式为

$$C = \frac{1}{R} \times V_{\mp} \times t \qquad (6\text{-}38)$$

式中，R 为放电电阻；$V_{\mp}$ 为放电时的平均工作电压；t 为放电时间，h。

按 [例 3] 配方做成电池进行放电，放电的平均电压为 1.08V，时间为 1140min（放电条件：$20℃\pm2℃$，5Ω 电阻，30min/d，终止电压为 0.9V），电池的实际容量：

$$C = \frac{1}{5} \times \frac{1140}{60} \times 1.08 \approx 4.10 \ (\text{A} \cdot \text{h})$$

那么，锰粉的利用率为 $\frac{4.10}{5.04} \times 100\% = 81.43\%$

影响 MnO_2 的利用率的因素很多，如锰粉的晶型，电液的 pH 值，NH_4^+、Zn^{2+} 的浓度，放电制度和生产工艺如锰炭化、正极粉料的混合均匀率，糊化与密封等。

6.5.2 中性电池正极电芯粉的配比

6.5.2.1 MnO_2 的物化性质

用 MnO_2 作阴极材料的勒克朗谢类型的干电池，是许多手提式电子产品流行的廉价电源。干电池的使用寿命主要依赖于所用 MnO_2 的性质。所以大多数研究的注意力自然放在了其物化性质及与之相关的电气性能上。MnO_2 的结晶结构、化学组成、表面积、孔隙率、孔径大小的分配及纯度，结构缺陷，甚至粒子的形状和大小对 MnO_2 的电化学行为都有影响。值得注意的是上述性质没有一个是单独地对 MnO_2 的活性产生影响的，事实上，所用上述性质共同对干电池中 MnO_2 的活性产生作用。

众所周知：MnO_2 是以几种同类异型体（α、β、γ、σ、ε 等）存在的，这取决于 MnO_2 粉末的 X 衍射图所揭示的晶体结构。最有效的种类是所谓的 γ-MnO_2。另外即使试样满足晶体结构与化学纯度的要求，常常可观察到相同类型的不同试样在干电池中的行为也是不同的。表 6-32 列出不同的 MnO_2 试样的经验式和晶胞参数。

（1）MnO_2 的磁性率与活性关系　在 27℃测得的磁化率和 MnO_2 的变体有关，其值按下述次序增加：β-$MnO_2 < \alpha$-$MnO_2 = \gamma$-$MnO_2 < \sigma$-MnO_2。

上述次序表明磁化率随 MnO_2 中的 Mn^{2+} 和 Mn^{3+} 两者之间含量的增加而加大，由于与各种 MnO_2 表面积的增加有相似的次序，所以有效分散度对较高的磁化率起了部分作用。这可从高分散 MnO_2 凝胶中 $[MnO_2]$ 八面体的锰和氧之间的共价键的可能松弛得到解释，X 射线衍射研究表明，与紧密粗大的氧化物相比，α-MnO_2 中的 Mn—O 键有所松弛增长，也证实了上述看法。

表 6-32　不同 MnO_2 试样的经验式和晶胞参数

试样序号	经验式（化学分析的结果）	经验式（从 X 射线分析的结果）	晶系	晶型（符合）	晶胞参数 a_0 /Å	b_0 /Å	c_0 /Å	晶胞体积 /Å³
1	$KMn_{11}O_{20.5} \cdot 5H_2O$	$KMn_{10.7}O_{20.8} \cdot 4H_2O$	六方	σ	7.770	7.770	11.075	579.075
2	$KMn_6O_{12} \cdot 3H_2O$	$KMn_{5.5}O_{11} \cdot 3H_2O$	六方	σ	6.022	6.022	12.505	392.703
3	$KMn_8O_{16} \cdot MnOOH \cdot H_2O$	$K_{0.4}Mn_{6.2}O_{12.4} \cdot 16H_2O$	四方	α	9.996	9.996	2.790	278.948
4	$4MnO_2 \cdot H_2O$	$MnO_2 \cdot 0.25H_2O$	斜方	γ	4.432	10.750	2.706	128.948
5	$NH_4Mn_9O_{18} \cdot 2.5H_2O$	$Mn_7O_{14} \cdot H_2O$	四方	α	9.954	9.954	2.896	286.966
6	$KMn_7O_{13} \cdot 2H_2O$	$KMn_6O_{12} \cdot 1.6H_2O$	四方	α	9.810	9.810	2.853	274.561
7A	$3MnO_2 \cdot H_2O$	$Mn_{3.3}O_{6.4} \cdot H_2O$	斜方	γ	4.47	9.153	2.916	119.338
7B	$3MnO_2 \cdot H_2O$	$Mn_{3.2}O_{6.3} \cdot H_2O$	斜方	γ	4.391	9.677	2.870	121.937
8	$3MnO_2 \cdot H_2O$	$3MnO_2 \cdot H_2O$	四方	α	9.223	9.223	2.756	234.414
9	$4MnO_2 \cdot 0.8H_2O$	$Mn_{3.3}O_{6.5} \cdot 0.65H_2O$	斜方	γ	4.397	9.577	2.761	116.273
10	$(NH_4)_{1.4}Mn_4O_8 \cdot H_2O$	—	六方（无定形）		—	—	—	—
11	$4MnO_2 \cdot 0.5H_2O$	$Mn_{3.6}O_7 \cdot 4H_2O$	斜方	γ	4.449	9.629	2.877	123.245
12	MnO_2	MnO_2	四方	β	4.428	4.428	8.878	56.430
13	$NaMn_7O_{14} \cdot 2H_2O$	—	无定形	—	—	—	—	—
14	$Na_{0.35}Mn_4O_8 \cdot 2H_2O$	$Mn_{3.6}O_{7.0} \cdot H_2O$	斜方	γ	4.551	9.701	2.885	127.355
15	$Fe_{0.05}Mn_{1.07}O_{2.18}$	$MnO_2 \cdot 0.17H_2O$	四方	β	4.492	4.492	2.918	58.902
16	$Fe_{0.03}Mn_{1.11}O_{2.23} \cdot 0.1H_2O$	—	四方	β	4.374	4.374	2.840	54.339

注：$1Å = 10^{-10}m$。

图 6-31 表示 300 K 下的放电容量与磁化率的关系图。在一定范围内，试样中低价氧化物的含量增加，磁化率增加，放电容量随磁化率的增大而增大；而当磁化率过大时，放电容量（$σ\text{-}MnO_2$）随磁化率的增加而减小，太高的低价氧化物的量对 MnO_2 放电是不利的。

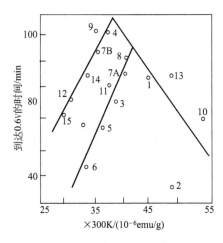

图 6-31　不同 MnO_2 在 300K 下磁化率与
放电容量之间的关系

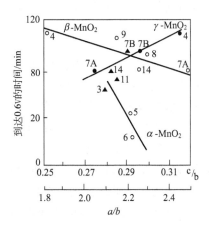

图 6-32　各种 MnO_2 的晶胞大小与
放电容量的关系

第 6 章　各类电池设计举例

177

（2）MnO_2 晶胞参数与活性的关系 在 MnO_2 所用物理化学特性中，对其电化学活性影响的主要因素是 MnO_2 的结构形态。一般认为 γ-MnO_2 的斜方晶型或斜方晶型的变体是最有活性的，在四方晶的或单斜晶的骨架结构中含有碱金属或碱土金属离子的 α-MnO_2 是最有活性的。MnO_2 在放电的开始阶段质子和电子内部扩散引起主要在 b 轴方向的晶格变化以便容纳 OH 基团。由于 c 轴会发生较大变化，因此在放电时主要变化发生在晶格的 a 轴和 b 轴上。图 6-32α-MnO_2 和 γ-MnO_2 的放电容量倾向于随 c/b 轴比的增加而减小。对于 β-MnO_2 因其放电容量与其 c/b 轴增大而增大。这说明较长的 b 轴便有较高的活性，换言之，扩大 ab 平面能容纳更多的 OH 基团，从而增加电压缓慢下降的第一个平台范围的长度。

6.5.2.2 MnO_2 的搭配

众所周知，干电池的电性能在很大程度上取决于阴极电芯中的锰粉的性能。鉴于我国目前的干电池生产中还是以天然 MnO_2 为主，而其化学组成及结构又相当复杂，因此正确认识单一锰粉的电性能及混合锰粉的搭配效果是及其重要的，这对指导干电池生产有着重要意义。天然锰粉（NMD）由于产地矿源不同，其性能也各不相同。有的在高压段性能优良，有的在低压段电气性能较好，有的适于连放，有的则适于间放。为了满足各种需要，要求进行适当的搭配，来达到不同应用场合的不同要求。

（1）MnO_2 搭配效果的评价 从各种锰粉的单一放电性能和搭配后的放电性能来考虑，为衡量搭配效果的好坏，通常引入搭配效果因子 K 的值，作为衡量搭配效果的评价指标。

设单一锰粉 5Ω 间放至 0.9V 的时间为 T_i，当它占电芯中混合锰粉的 $1/x$ 时，它对混合锰粉放电时间的贡献应为 T_i/x，若是三种锰粉各以 1/3 比例搭配，预计的放电时间是 $T_A/3+T_B/3+T_C/3$ 称为 $T_{放}$ 预计值，那么搭配效果因子

$$K=\frac{T_{放}（实际）}{T_{放}（预计）} \tag{6-39}$$

显然，当 $K>1$ 时，电池的实际放电时间超过了搭配前的预计值，搭配效果好，K 值越大，搭配效果越显著；反之，效果就越差。还应指出，在评价混合锰粉的实际搭配效果时，除了 K 值之外，还要综合考虑 $T_{放}$（预计）数值。

（2）高压锰、中压锰、低压锰的划分 前面提出了搭配效果因子 K 值概念，那么如何才能得到 K 值较大的效果呢？多年来人们得出把高压锰、中压锰、低压锰混合搭配效果较好的经验，把混合锰粉看成是一个多阴极体系，在高压段是以高压锰粉放电为主，低压段则以低压锰放电为主，在这里我们提出两条区分标准。

① 考察单一锰粉的放电曲线可知：高、中、低压锰粉的 5Ω 间放曲线在 1.1V 的曲线斜率，即电池总极化率，相差显著，因此选用间歇放电至 1.1V 放分占总放分（至 0.9V）的百分比标准，规定占 70% 以上者为高压锰，占 60%～70% 为中压锰，占 60% 以下为低压锰，据此分类，按实验数据高低，可得不同锰粉的类型。

② 在一般情况下，高压锰连放性能好，间放性能差；中压锰连放、间放性能均较好；低压锰粉连放性能差，间放性能好的特点，可根据各种锰粉 5Ω 间放放分与 5Ω 连放放分的比值 M 作为参考标准。

$$M = \frac{5\Omega \text{ 间放至 } 0.9V \text{ 时间}}{5\Omega \text{ 连放至 } 0.9V \text{ 时间}} \qquad (6\text{-}40)$$

M 小的为高压锰，M 居中的为中压锰，M 大的为低压锰。

从以上两个标准综合来衡量，可以得出相对准确的锰粉分类。值得指出的是对于同一矿源的不同矿点、不同时间的锰，其性能也有差异，故而对高、中、低压锰矿的划分也不是绝对的。

应当指出：晶型与高、中、低压锰有密切关系。高压锰以 σ 型、ρ 型、γ 型为主；低压锰以 β 型、α 型为主；中压锰为混合晶型。此外，晶型结构同电池负荷电压和 1.1V 间放时间也显示有密切关系。活性高的晶型，锰粉负荷电压高（因为 ρ 型、γ 型 MnO_2 比 β 型 MnO_2 活性好），γ 型电解 MnO_2 平衡电位通常比 β 型电解锰电位高 120mV 左右，且负荷电压高，1.1V 放电时间相对亦长。

由于高压锰、中压锰、低压锰的晶型是不同的，所以说高、中、低压锰粉的搭配实际上也是不同晶型锰粉的搭配。

（3）搭配规律

① 活性相差大的锰粉搭配效果好。

② 中压锰因为自身高压与低压晶型成分混合得较均匀，尽管单一锰粉间放性能优良，但由于它是混合晶型，故搭配效果差。而以高压锰加低压锰与中压锰活性偏高或偏低组成的三元体系搭配效果好。

③ 两种锰粉晶型的主要成分中低活性晶型相似成分越少，搭配效果越好。

此外，许多实践证明，二元搭配效果往往不如三元锰粉搭配效果好。要想得到较好的搭配效果，就得使用不同活性、不同晶型的锰粉搭配。

6.5.2.3 锰碳比的确定

在正极粉料的组成中，为了降低电芯的内阻，改变电芯的物理结构，提高电池的放电性能，还需要加入乙炔黑、石墨、固体 NH4Cl 和一定数量的内电液。锰粉比例提高，可以增大正极活性物质的填充量，增大电池的容量。锰粉质量与乙炔黑加石墨的质量之比，称为锰碳比。如果锰碳比过高，则由于锰粉的比例升高，乙炔黑和石墨粉的比例就相对降低了，整个电芯的电阻就变大，放电容量反而减少，如果锰

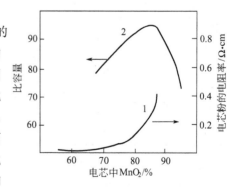

图 6-33　锰碳比、比容量与粉料中
电阻率的关系

碳比过小，则电芯中的电阻虽然变小，但正极活性物质的填充量少，也影响电池的容量。图 6-33 表示电芯粉料中 MnO_2 的含量，电阻率和电池比容量关系曲线。

从图中曲线可以看出：正极粉料中随 MnO_2 含量的增高而加大，同时电芯的比容量也随 MnO_2 含量的增高而增大。但当电芯粉料的电阻率增高到一定值时，其比容量不再随 MnO_2 含量的增高而加大。当比容量达到最高值后，又随电芯粉料中 MnO_2 含量增加而减小。由此可知，电池的放电容量与电芯粉料中的锰碳比有关。在能维持电芯粉料电阻率不太大的情况下，把锰碳化增加到最大幅度，可使电池得到最大的容量。一般锰碳比控制在（8∶1）～（9∶1）之间。

电芯粉料中的固体 NH_4Cl 用量，视锰粉的活性来定，活性好的锰粉可多配一些 NH_4Cl，活性差的锰粉可少加一些。一般控制在 14%～18% 之间。

内电液中 $ZnCl_2$ 和 NH_4Cl 的含量多少，同样对电池的放电性能有很大影响。$ZnCl_2$ 浓度偏高的电液有利于电池的间歇放电，而 $ZnCl_2$ 浓度偏低则有利于连续放电。电芯粉料中的含水量对电芯成型、电芯的结构影响颇大，对电池的新电放分、贮存性能均有影响。

总之，在设计正极粉料配比时，不能从单一因素、单一效果考虑，而要综合考虑。要根据各种材料的质量和性能的不同，选择不同的配方，这样才有利于电池容量的提高，有利于锰粉利用率的提高。

6.5.2.4　对碳素性能的要求

干电池中所用的碳素主要是乙炔黑和石墨粉。

石墨是优良的导电体，加入石墨能使混合粉导电能力增加，同时对正极生成物有较高的吸附能力，减小极化，提高电池的放电容量。石墨可分为以下三类，物理性能比较见表 6-33。

表 6-33　三种石墨的物理性能比较

项　目	土状石墨	鳞片石墨	胶体石墨
外　观	黑色粉末,有滑润腻感	黑色粉末,有滑润腻感,略有金属光泽	黑色粉末,有滑润腻感
固定碳/%	>30	>85	>98
挥发物/%	<4.0	<1.0	
灰分/%	<12	<12	<1.5
水分/%	<1.0	<1.0	<0.5
铁含量/%	<2.0	<1.0	<0.5
细度	90%过200目	90%过200目	100%过230目

胶体石墨：颗粒小，杂质少，表面积大，分散性好；

鳞片石墨：呈细小鳞片状，导电性较好，吸水性差，适用于低温、大电流、高终止电压使用，通常与少量乙炔黑搭配使用；

土状石墨：含杂质较多，灰分多，影响其导电性。

乙炔黑导电性好，颗粒细，具有链状结构，成型性好，吸液量大，等量吸水为石墨的数倍，分散性好，能使活性物质与电液充分接触。乙炔黑对干电池电性能的影响在于其结构、粒径、视比容、表面化学状况的变化，导致其比电阻的变化，从而影响电芯比电阻的变化，也影响干电池阴极混合物的导电性能和吸液保液能力，进而使电池内阻发生变化乃至最终影响电池性能的优劣。对乙炔黑的要求指标如下。

① 盐酸吸液量：4.0～4.5 L/g 之间，若测单位体积电解质溶液的吸液时间应为 100～150s 之间（4mL 21.5°Bé 电液）；

② 吸碘值：95mg/g 左右（反映比表面积的大小）；

③ 视比容（视密度的倒数）在 14～16mL/g 之间（纸板电池应注意其使用）；

④ 挥发分和灰分，当然是低些较好，这样意味着乙炔黑的表面清洁和碳含量的增加；

⑤ 比电阻与杂质含量。

乙炔黑结构：一次结构（持久结构）化学键结合牢固，不易被破坏；二次结构（暂时结构）范德瓦尔斯力结合，脆弱，易被破坏。一次结构的构成与其质量的优劣有密切关系，它由吸液体现出来，乙炔黑的颗粒非常小近于球形，与石墨的有相类似的结构，它由乙炔高温裂解时，生成的微小炭黑颗粒熔融结合而成聚集体，这些石墨化的炭黑颗粒熔结聚集体即刻交织排列成长而发达的主体链枝状结构，交织联结成密封网络结构，形成四通八达的通路。当其链越长，支链越多，立体结构越好，则其吸液、保液和导电能力越好；反之，则越差。在对其检测化验中，以吸液量多少来表示其结构程度的高低和链的长度以及支链多少。在其他技术指标接近时，吸液量直接影响其比电阻的大小。吸液时间短，一次结构的网络程度较好，链长和支链较发达，吸液快且多，保液能力强，其比电阻随吸液量增多而减小，做成电池贮存过程中，阴极混合物中水分下降和内阻增加程度小，性能优良；反之，电性能易下降。

吸碘值反映其比表面积和粒径大小，吸碘值高，粒径小，比表面积大，分散度高，电池的电性能好，反之则相反。

视比容、比电阻与电性能呈一一对应关系，视比容增大时，其比电阻减小，电性能提高，但视比容不能过大，否则，生产过程中，将增加阴极混合物在混合过程中搅拌均匀的难度和影响电芯成型时的质量以及活性物质的填充量。

作为乙炔黑的表面化学状况是以挥发分来表示，比较关键和重要的是乙炔黑颗粒表面不能有未分解的烃类化合物所形成的油膜，否则对乙炔黑的比电阻和电池性能产生不容忽视的影响。

总之，相同条件下，作为干电池电性能的优劣，与乙炔黑的比电阻、吸液量等密切相关，而比电阻又是一个综合体现的物理指标，在对比电阻影响的相关因素中，结构程度是最主要的，其次为粒径、视比容、表面状况，在检测化验中分别以吸液量、吸碘值、视比容、挥发分来表示，当其中之一发生变化时，比电阻随之变化，电池性能随之变化。

在此，尤需指出的是：对碱锰电池而言，必须选择导电性好、有害杂质少、颗粒细、比表面积大、分散性好且吸液后膨胀小的碳素，胶体石墨与片状石墨均适于使用。乙炔黑虽好，但不适宜于碱锰电池，一是正极含乙炔黑后视密度提不高；二是正极吸液后，胀大，尤其是放电后期，易使电极变形，甚至导致短路。一般乙炔黑加入量为 0.5%，最多不超过 1.5%。

6.5.2.5 正极孔隙率与视密度

电芯的孔隙是用来容纳内电液的，大体说 MnO_2/电液配比的控制是通过孔隙率控制来实现的。实际上，宏观上通常采用视密度来加以量度，我国工艺上是采用规定体积内电芯质量来衡量。

表 6-34 中性锌锰电池正极物理性能的典型数据

MnO_2 真密度	正极粉料视密度	正极孔隙率/%	25℃下比电阻/(Ω/cm)
4.3~4.7	2.0~2.3	50~65	33~37

表 6-34 是正极孔隙率的典型数据，电芯中有一半以上是孔隙，因此合理控制电芯孔隙率对提高正极空间填充量及利用率，提高容量非常重要。

粉料的孔隙来自材料颗粒的微孔和颗粒间的架桥形成的空隙。电芯孔隙有两种状态：

① 被电液所填充，即有效孔隙；

② 仍是空的，即空孔隙，充满空气。

工艺上应控制拌料与打电工艺时，施加于粉料的机械功的大小来控制粉料的密度，即调节有效孔隙率，使内电液刚好达到满足放电率的要求的最小值，以提高 MnO_2 的充填量。

孔隙率过低，水含量过小，容量降低；孔隙率过大，空孔隙被空气占有，不仅占有正极的有效空间，而且引起锌筒的腐蚀，对糊式电池不包不扎工艺易引起吸浆膨胀，从而影响电池的放分。糊式电池孔隙率一般控制在 40% 左右。

碱锰电池的正极视密度与配方和材料粒度有关。在一定条件下，一般来说，压力越大，视密度越大，活性物质接触更紧密，电极内阻小，这有利于电池放电，但视密度也不能过大，否则会影响电极的孔性和电液的渗透，反而降低了电池的性能。对于碱锰正极视密度以 $2.7 \sim 2.85 g/cm^3$ 为宜，对于扣式碱锰正极最好控制在 $2.88 \sim 3.0 \ g/cm^3$ 范围。

6.5.2.6 内电液用量的确定

首先从电池反应来考虑。

对于 $ZnCl_2$ 型电池反应：

$$4Zn + 9H_2O + ZnCl_2 + 8MnO_2 \longrightarrow 8MnOOH + ZnCl_2 \cdot 4ZnO \cdot 5H_2O$$

对于 NH_4Cl 型反应：

$$Zn+2NH_4Cl+2MnO_2 \longrightarrow Zn(NH_3)_2Cl_2 \downarrow +2MnOOH$$

从上述反应式可以看出：$ZnCl_2$ 型电池反应消耗水，而 NH_4Cl 型反应不消耗水，这就要求 $ZnCl_2$ 型电池内电液多一些，而后者少一些。

其次，从图 6-34 和图 6-35 R20 电池 4Ω 连放 MnO_2 利用率和放分与 H_2O/MnO_2 摩尔比来看，随水量的增加，利用率和放分提高，但过高的水含量就造成 MnO_2 量的减少，故容量下降，其最佳水锰摩尔比如下。

$ZnCl_2$ 型：H_2O/MnO_2 摩尔比为 0.8，电芯水含量约控制在 31% 左右；

NH_4Cl 型：H_2O/MnO_2 摩尔比为 0.6，电芯水含量约控制在 21% 左右。

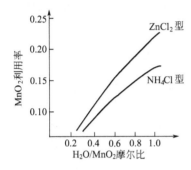

图 6-34　R20 型 4Ω 连放 MnO_2 利用率
与 H_2O/MnO_2 摩尔比的关系

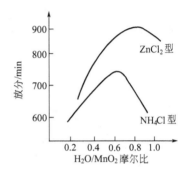

图 6-35　R20 型 4Ω 连放容量
与 H_2O/MnO_2 摩尔比的关系

6.5.3　纸板电池电解液的确定

6.5.3.1　pH 值的确定

按照电子-质子理论，阴极上电化学反应为

$$MnO_2+H_2O+e \longrightarrow MnOOH+OH^-$$

据能斯特方程，上述反应的平衡电位为

$$E=E'-0.059\lg \frac{[Mn^{3+}]_{固}}{[Mn^{4+}]_{固}}-0.059pH \tag{6-41}$$

式中，$[Mn^{3+}]_{固}$、$[Mn^{4+}]_{固}$ 分别表示固相中 3 价、4 价锰的浓度。从方程式中可看到，平衡电位与电液的 pH 值呈线性关系，E 随 pH 值的增加而降低，即电池开路电压、工作电压与内电液的 pH 值有关。

按照歧化反应：　$MnO_2+4H^++2e \longrightarrow Mn^{2+}+2H_2O \tag{6-42}$

20℃时：

$$E=E'-0.0295\lg [Mn^{2+}]+0.0295\lg \alpha_{MnO_2}-0.118pH \tag{6-43}$$

式中，$[Mn^{2+}]$ 为溶液中 Mn^{2+} 的浓度；α_{MnO_2} 为 MnO_2 的活度。

电位 E 随 pH 值的变化仍为直线，但斜率为 -0.118，同样是随 pH 值的升高，开路电压降低。综合其他实验：当 pH<2 时，Mn^{2+} 是 MnO_2 放电的最终产

物，MnOOH 的迁移主要靠歧化反应进行。当 pH≥8 时，溶液中 Mn^{2+} 甚微，MnOOH 迁移主要靠电子-质子理论进行，即质子（H$^+$）在固相中扩散反应为控制步骤。

无论是铵型还是锌型电池，其电液的 pH 值均为中性偏酸。上述反应均存在。对于铵型电池，其电液 pH 为 4.8～5.4，歧化反应速度降低，而固相扩散反应速度增加。对于锌型电池电液 pH 为 3.8～4.5，歧化反应速度增加，固相扩散速度下降，这也是锌型电池能够高功率大电流放电而铵型电池则不能的一个重要原因。

6.5.3.2 电解液组成的确定

（1）铵型电池的电解液　铵型电池的电液中 NH$_4$Cl 含量高，电液的导电好，但带来的问题是 Zn(NH$_3$)$_2$Cl$_2$ 沉淀。工艺上如何控制电池在贮存和使用期内不过早出现 Zn(NH$_3$)$_2$Cl$_2$ 沉淀是一个关键问题。

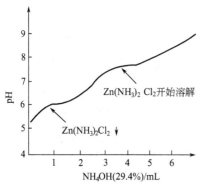

图 6-36　Zn(NH$_3$)$_2$Cl$_2$ 沉淀与 pH 的关系

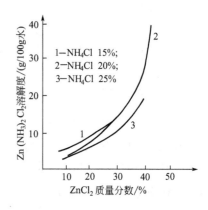

图 6-37　Zn(NH$_3$)$_2$Cl$_2$ 溶解度与 NH$_4$Cl、ZnCl$_2$ 浓度的关系

若以电解液组分为 10% ZnCl$_2$＋22%NH$_4$Cl，加氨水调节溶液的 pH 值，由图 6-36 知，当 pH≈5.7 时，ZnCl$_2$·2NH$_3$ 开始沉淀；pH＝7 时，沉淀开始溶解。实际上电池中 pH＝7 时已是放电末期，由于 ZnCl$_2$·2NH$_3$ 的溶解，电极极化下降，电压回升，但无实际意义。从图 6-37 中可以看出：NH$_4$Cl 浓度增加，Zn(NH$_3$)$_2$Cl$_2$ 溶解度变化不大，但当 ZnCl$_2$ 的浓度升高时，Zn(NH$_3$)$_2$Cl$_2$ 溶解度增大。铵型电池中加入 ZnCl$_2$ 可使电液 pH 下降，有助于 Zn(NH$_3$)$_2$Cl$_2$ 的溶解；另外，是 Zn^{2+} 去氨剂，可降低阴极极化，Zn^{2+} 浓度的升高可减缓锌皮的腐蚀。当 ZnCl$_2$ 浓度大于 13% 时，可保持浆层纸的黏度和稳定性。

铵型电池电解液的典型配方如下。

① 用天然锰粉的电池电液配方：20°Bé ZnCl$_2$ 加 300～350g/L NH$_4$Cl；

② 用电解锰粉的电池电液配方：21°Bé ZnCl$_2$ 加 400g/L NH$_4$Cl。

电芯中加 16% 固体 NH$_4$Cl。

（2）锌型电池的电解液　锌型电池在放电过程中易形成 ZnCl$_2$·4Zn(OH)$_2$ 碱

式盐的沉淀。若降低 pH 值，此盐则不易沉淀，并可防止 $ZnCl_2$ 水解生成 $Zn(OH)_2$。当然过低的 pH 值，锌皮易被腐蚀，pH 在 3.8～4.5 之间为宜。

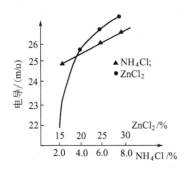

图 6-38　$ZnCl_2$-NH_4Cl 溶液的电导曲线

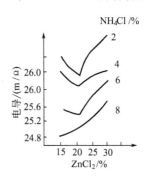

图 6-39　$ZnCl_2$-NH_4Cl 混合溶液的电导曲线

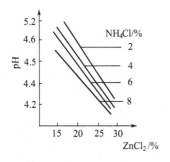

图 6-40　$ZnCl_2$-NH_4Cl 混合溶液的
pH-浓度关系图

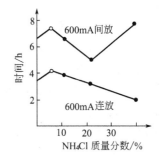

图 6-41　锌型电池中 NH_4Cl 量与
电池放电关系

从图 6-38～图 6-40 中可看到：溶液电导在 $ZnCl_2$ 为 20％时有一个最小值，当 NH_4Cl 浓度小于 8％时，随 NH_4Cl 浓度的升高，pH 下降，溶液电导下降，这与纯 NH_4Cl 溶液的情况相反，以上数据可得出：若 $ZnCl_2$ 浓度大于 25％，NH_4Cl 浓度为 4％时，溶液具有较大的电导值又有较低的 pH 值。

另外，NH_4^+ 因为提供了 H^+，促使阴极反应加速进行，但 NH_4Cl 的加入量不能在电池内形成 $Zn(NH_3)_2Cl_2$ 的沉淀。NH_4Cl 对阳极极化影响较大，因而在锌型电池中 NH_4Cl 的加入量具有一个最佳值。从图 6-41 放电曲线上看出：最佳的 NH_4Cl 用量为 5％左右。

6.5.4　碱锰电池中的若干问题

6.5.4.1　锌粉的选择

碱锰电池的负极活性物质是金属锌，但锌皮在碱液中易钝化，不能大电流放电，不宜作为碱性电池的负极。目前所使用的是具有足够大的表面积而又不易钝化的负极材料是合金锌粉。

首先，必须严格控制锌粉中重金属杂质的含量。尤其是铁，锌粉要求铁含量小于 0.002%。如果锌电极表面上存在着比锌电极电位较正的金属杂质时，这种杂质就会与锌构成微电池导致腐蚀。一方面锌不断地溶解，使电池容量下降，另一方面自放电产生的气体还会造成电池气胀、爬碱甚至爆炸等弊病。故而能使析氢电位降低的杂质如铁、铜、镍、锑等都必须加以控制。

其次，必须选择锌粉适宜的粒度范围。

锌粉的活性与其粒度有关，锌粉颗粒大，比表面积小，活性小，在碱液中易钝化，保持电液性也差，但贮存过程中自放电小。反之，锌粉颗粒细，比表面积大，活性大，可塑性大，含电液量高，低温及重负荷放电性能得到改善，但贮存期间自放电会增大。因此，锌粉粒度的选择需视电池性能要求而定，也可以不同粒度的锌粉搭配使用。

另外，大面积的锌粉易于氧化，所以锌粉的氧化度也是其控制的技术指标之一，电池用锌粉其氧化度一般应小于 5%。

6.5.4.2　电解液的选定

（1）电解液的选择　碱锰电池的电解质一般采用 KOH 或 NaOH，也可以二者混合使用。由于 KOH 溶液的导电性较 NaOH 溶液的好，在电池要求低温及高放电率使用时，均使用 KOH 作电解液。但 NaOH 爬渗能力较 KOH 差，在用作电池的电液时爬碱情况较用 KOH 溶液的为好。常温下性能差异不大，只是负荷电压约下降 0.02～0.03V，使用时间亦基本相同。NaOH 的价格较 KOH 便宜，某些用途的电池，如农用诱虫灯、喷雾器、照明等，均可采用 NaOH 溶液作电液。按一定比例配合的 KOH 和 NaOH 混合液具有二者的优点，大多数电池均可采用。

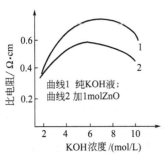

图 6-42　KOH-ZnO 水溶液的
比电阻曲线（30℃）

（2）电解液的组成与浓度的确定　电导率是电解液的重要参数，电液应具有良好的离子导电性，沸点要高，且冰点要低，以使电池具有宽广的使用温度范围。图 6-42 是不同 KOH 浓度下的比电阻曲线。实验表面：KOH 溶液在 29%～31% 时，溶液冰点最低，导电性能最好，组装电池后，无论高放电率，还是低温性能和电性能均良好。图 6-43 是不同 KOH 浓度下锌负极的析气（自放电）情况，图示说明：在较低 KOH 浓度下，负极自放电严重，随 KOH 浓度的升高，自放电程度下降，从这一角度出发应选择较高的 KOH 浓度。

KOH 的浓度对正负极的放电性能均有较大的影响。图 6-44 是 MnO_2 正极放电时间与 KOH 浓度的关系。图示表明：KOH 浓度在 6mol/L 时放电时间最长。这与 KOH 溶液在 6mol/L 时导电性能最佳的结果一致的。

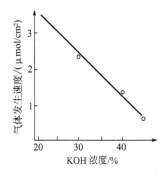

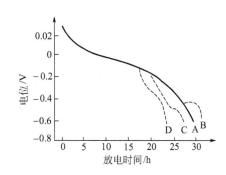

图 6-43 碱浓度与析气速度的关系

图 6-44 不同碱浓度下 MnO_2 放电曲线

A—KOH 9mol/L；B—KOH 6mol/L；

C—KOH 4mol/L；D—KOH 2mol/L

此外，在强碱性介质中，MnO_2 还与强碱性电解液发生相互作用。表 6-35 是 MnO_2 与 KOH 电液的相互作用情况，考虑到 MnO_2 呈弱酸性，以及含有吸附水，它与碱性电液的作用是中和反应，即按如下两式进行：

$$O=Mn\begin{matrix}OH\\OH\end{matrix}+KOH \rightleftharpoons O=Mn\begin{matrix}OK\\OH\end{matrix}+H_2O \qquad (6-44)$$

$$O=Mn\begin{matrix}OH\\OH\end{matrix}+2KOH \rightleftharpoons O=Mn\begin{matrix}OK\\OK\end{matrix}+2H_2O \qquad (6-45)$$

表 6-35 不同 MnO_2 配比下，KOH 浓度的变化（持续时间 15 昼夜）

电液量 /mL	MnO_2 量 /g	初始 KOH 浓度/(mol/L)	最终 KOH 浓度/(mol/L)	KOH 浓度 变化/(mol/L)	电液中 KOH 总量 变化/mol
42	111	10	7.3	2.7	0.113
65	111	10	8.2	1.8	0.117
130	111	10	9.1	0.9	0.117

在 10mol/L 的碱性电液的情况下，根据该过程持续的时间的变化，应有 8%～10% 的 MnO_2 起反应，在电液浓度更高的情况下，起反应的 MnO_2 约达 12%，同时也要消耗掉一定量的 KOH。可以预料，在电解液浓度低或相对含量较小的情况下，电液浓度的变化可能会影响到电池的贮存性能。

综上所述及长期实践表明：用于碱锰电池的 KOH 溶液浓度一般可采用 35%～42%。当电池

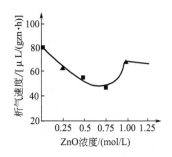

图 6-45 ZnO 浓度对析气的影响

放电电流密度及低温性能要求不高时，电液浓度可选用较高些，当要求电池在高功率及低温下使用时，电液浓度可选用较低些。

为了减少负极的自放电程度，人们往往在电液中加入一定量的 ZnO。图 6-45 是 ZnO 浓度与析气量的关系，ZnO 的最佳用量为 0.75mol/L。

锌在碱性介质中的腐蚀反应为

$$2H_2O+2e \longrightarrow H_2O+2OH^- \qquad (1) \quad \varphi^\ominus = -0.828V \qquad (6-46)$$

$$Zn+2OH^- \longrightarrow Zn(OH)_2+2e \quad (2) \quad \varphi^\ominus = -1.245V \qquad (6-47)$$

$$Zn+2OH^- \longrightarrow ZnO+H_2O+2e \quad (3) \quad \varphi^\ominus = -1.248V \qquad (6-48)$$

一般认为反应式(6-46)是腐蚀反应的控制步骤。电液中加入少量 ZnO 一方面可以阻止反应式(6-47)、式(6-48)的进行；另一方面 ZnO 可能在电极表面形成某种形式的锌氧化物和氢氧化物膜，从而阻止了内层原子的继续反应。但是，当加入 ZnO 量过多时，由于 ZnO 与碱作用，降低了溶液中游离的 OH^- 量，因此加速了反应式(6-46)的进行，故缓蚀效果下降，正是由于这两方面的作用才导致上述实验结果。ZnO 与 KOH 浓度的影响可能是有关的，只有适当控制 $ZnO\text{-}KOH\text{-}H_2O$ 的比例才能取得较好的效果。

(3) 电解液用量的确定　碱锰电池反应需消耗 1mol 水，而水的供应源自电解液，因此，电液的用量不能太少。实际上，当电池中电液量足够时，电池性能良好；反之，则性能较差。但是，电液量过多时，电液易沾污零部件，甚至电池封口时电液外溢，造成电池短路或易于爬（漏）碱。通常在碱锰电池中约按 1.8～2.0mL/（A·h）加入量较为适宜。这样的加入量，当电解液注入电池，正、负极吸足电液后，尚能看到少量流动电液（若加入稠化剂，则无此现象）。

扣式电池含电液量则不宜多，因为扣式电池本身体积有限，内部空间极小，即使极少量的多余电液也会造成电池密封扣边时电液溢出，严重影响电池质量。同时，扣式电池使用多为小电流输出。因而，扣式碱锰电池电液量通常在 0.001mL/（mA·h）左右即可。

6.5.5　干电池的爬液及解决方法

(1) 中性锌锰电池的爬液　中性锌锰电池的爬液主要是由炭棒的孔性所造成的。炭棒中颗粒间接触形成杂乱无章、错综复杂的孔道。颗粒间有的相互接触；有的留有小空间；有的为片条状空隙缝；有的为曲折细孔等；这一结构为多孔结构。细孔通常分为三类。

① 双向孔道（孔）：孔两端与外界相连，成为气体通道；

② 单向孔道（洞）：孔一端与外界相通，另一端闭塞；

③ 闭塞孔道（内腔）：不与外界相通。

实际上，多孔体是弯曲或曲折的，因其制造工艺不同和孔径孔隙率的分布不同，透气压和透气率反映炭棒轴向分布双向孔道的透气性能，孔隙率则大致反映炭棒中双向孔道与单向孔道的渗液情况，炭棒的浸渍处理，就是要将双向孔道堵死，使之没有气体通道。

假若炭棒细孔结构形如圆柱体，如图 6-46 所示。由于毛细现象的作用造成电芯内电液向外迁移，在干燥天气里，水分的蒸发加剧了这一过程，造成爬液、绿帽及电池的早期失效。

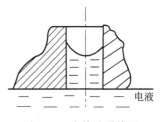

图 6-46　炭棒孔道模型

另外，爬液与电液的本身性质有关。表 6-36 为 7 种不同组成的 $ZnCl_2$-NH_4Cl 混合液的物理性能。

表 6-36　不同组成的 $ZnCl_2$-NH_4Cl 混合液的表面张力

组成	$ZnCl_2$	NH_4Cl	$ZnCl_2$	NH_4Cl	$ZnCl_2$	NH_4Cl	$ZnCl_2$	NH_4Cl	$ZnCl_2$	NH_4Cl	$ZnCl_2$	NH_4Cl	$ZnCl_2$	NH_4Cl
浓度/(g/L)	242	20	242	48	242	60	305	20	305	48	305	60	153	229
溶液相对密度	1.167		1.183		1.189		1.253		1.244		1.733		1.156	
表面张力 /(10^{-3}N/m)	78.2		76.3		71.1		77.4		67.3		60.4		38.7	

锌型电池的电液表面张力大，易于沿着炭棒毛细管和锌壁向上爬，这也是锌型电池对密封性能的要求高于铵型电池的一个重要原因。锌型电池的电液易于蒸发，密封要求高，炭棒的不透气性要更好一些，在从表 6-36 中可以看出：随 NH_4Cl 含量的升高，表面张力下降与水失质量减小。故此铵型电池对密封要求可稍低一些。

解决爬液的原则方法：

① 炭棒具有较低的孔隙率和经过适当的憎水处理；

② 电池的封口剂与锌壁黏着力要好。

（2）碱锰电池的爬碱　由于表面张力的作用，KOH 电解液沿着固体表面向外爬延的现象谓之爬碱。碱锰电池爬碱主要是沿着铜钉和外壁向外爬延两种形式。爬碱与 KOH 电液对固体表面的润湿性相关，可用平衡接触角来表征和量度。

$$\cos\theta = (\sigma_{s\text{-}s} - \sigma_{s\text{-}l}) / \sigma_{l\text{-}g} \tag{6-49}$$

θ 取决于三个界面张力的相对大小和彼此的竞争。在液相与气相固定的情况下，润湿性主要取决于固体的组成和结构。一般地，非极性材料与强极性的 KOH 的分子间作用力相差较大，即 $\sigma_{s\text{-}l}$ 较大，同理 $\sigma_{s\text{-}s}$ 较大，$\sigma_{l\text{-}g}$ 变化不大，$\cos\theta$ 就小，润湿角 θ 就大，润湿性差，爬碱较轻。而极性材料则与之相反，爬碱严重。

特别地，当有 CO_2 作用时，KOH 与 CO_2 反应生成极性很强的 K_2CO_3 或 $KHCO_3$ 附着于非极性材料的筒壁和塑盖表面，致使液相对固相的润湿性变好，从而加剧了爬碱。另外，生成的 K_2CO_3 或 $KHCO_3$ 结晶蓬松多孔，KOH 电液还会通过毛细作用向外爬延。为防止 K_2CO_3 或 $KHCO_3$ 的生成，就要求电池密封严密。

原则解决办法：

① 选择不易被碱润湿的，非极性材料作为封口圈、封口剂；

② 相应地密封结构和对电池严加密封。

6.6 锂离子电池设计

6.6.1 锂离子电池设计概述

在锂离子电池设计中最常见的设计为：已知电池尺寸、充放电制度、放电环境等参数，来设计电池容量、内阻、相关工艺参数等；或者已知容量、放电制度、放电环境等，来设计电池尺寸、相关组成部件等参数。本章节主要讨论在已知电池尺寸、常用的放电制度（<1C充放电）、常温用电环境下，对电池容量、制造工艺等计算。其他情况设计方法相同，仅计算顺序不同。

锂离子电池尺寸与容量、放电电流等要求相关，可以用以下等式表述：

$$尺寸 = f（容量、放电电流、材料、……） \tag{6-50}$$

或

$$容量 = f（尺寸、放电电流、材料、……） \tag{6-51}$$

因为电池设计可能无法同时满足上述所有要求，所以只能通过材料、工艺、设计等方面的变化在一定范围内一定程度的满足。在设计中因单体电池电压或电流密度不能满足要求时，可以通过多个单体电池组合（串联、并联）来实现；组合电池除了考虑电压、电流密度、尺寸的变化外，还需考虑充放电过程中热量的传递（或积累）。

本节主要论述单体电池的设计，对组合电池不做重点论述。

6.6.2 影响锂离子电池设计的相关因素

锂离子电池是近年来新发展起来的新型化学电源，为了强化对该电池设计的理解，在此对该电池性能及其设计的主要影响因素加以简要说明。

影响锂离子电池设计的相关因素很多，如原材料、电池结构、工艺参数、工艺能力等。上述各个方面通过影响电池各组成部分的体积最终决定电池尺寸；各材料的选择、结构及工艺变化影响到电池的电性能。诸影响因素之间并不是完全独立的，它们之间相互影响，此处的分类仅是为了更好的说明问题。

（1）原材料的影响 材料的选择是电池设计的关键部分，材料的特性决定了电池的性能。

① 活性物质的影响 正/负极活性物质自身特性直接决定了电池的性能。活性物质的质量比容量是决定电池容量的关键因素。同时其颗粒度、比表面积、表面形态决定电池的内阻、放电倍率等性能。

② 集流体的影响 集流体的厚度、表面状态等影响电池最终尺寸、内阻、放电倍率以及与活性物质之间的结合力等。

③ 隔离膜 隔离膜厚度影响电池尺寸；其厚度，孔隙率等将直接影响电池内阻、放电倍率。

④ 包装材料 包装材料的厚度影响电池尺寸。材料性质影响电芯结构，例如钢壳电池采用负极包尾（Cu箔包尾）结构；铝壳电池采用正极包尾（Al箔包尾）；

软包装在保证内部 PP 层不破损的情况，正极或负极包尾均可。

⑤ 电解液　电解液电导率、黏度、组分及添加剂等影响到电池的内阻、放电倍率、安全性等方面性能。

其他材料如正负极导电剂、粘接剂、极耳、包装胶都会不同程度地影响到电池的设计结果。

（2）电池结构对电池设计的影响

① 按外包装材料类别电池可分为：钢壳、铝壳、软包装（铝塑膜）电池，软包装与钢/铝壳因内部空间的差异及内部空间的利用率不同，导致设计的差别。

② 裸电芯的结构分为：叠片、卷绕，不同的裸电芯结构在空间利用率上也存在不同。

③ 按形状分类：圆柱形、方形、异形，不同的裸电芯结构在不同形状的壳体内，空间利用率也存在不同。

另外对于卷绕结构电池，不同的卷绕方式也对电池尺寸、容量有一定的影响。不同的卷绕方式包括正极包尾、负极包尾；极耳在外、极耳在内等。

（3）工艺参数对电池设计的影响　工艺参数的选择由材料特性决定的，此处仍将此影响归结于工艺参数的影响。

① 正/负极配方：配方中活性物质百分比影响电池容量。各材料的配比影响到极片的厚度。

② 正/负极面密度的匹配：在一定范围内正/负极面密度的匹配对电池的尺寸有影响。

③ 正/负极涂布的面密度：涂布面密度影响电池尺寸及倍率放电性能。

④ 正/负极冷压密度：冷压密度影响极片的厚度、孔隙率，从而影响到电池尺寸、倍率放电性能。特别是负极的压实密度大，将使负极的利用率下降，在充放电过程中出现析锂现象，电池性能恶化。

⑤ 装配松紧度：装配松紧度影响到电池尺寸，以及电池内阻与性能。

⑥ 电液量：电解液不足将直接导致电池性能的恶化，过多的电解液量将导致生产过程的困难及电池的污染。

设计过程中的其他参数也将影响到电池的最终结果，包括隔离膜设计余量；负极相对正极的设计余量（尺寸方面）等；软包装电池还包括封装区的宽度等。

（4）工艺能力对电池设计的影响　在设计过程中需要考虑工艺能力，工艺的偏差大，设计的余量需要增大，工艺能力的概念贯穿设计的全过程，包括正负极容量匹配、冷压厚度的范围、容量的范围等。一般可用统计学方法来确认一定的工艺能力条件下的设计偏差范围。例如电池标称容量为 100mA·h（最低容量），标准偏差为 2mA·h，在无异常情况下要求容量合格率为 99.85%，此时的设计容量为

设计容量＝标称容量＋3×标准偏差＝106mA·h

最终电池容量 99.7% 分布在 100～112mA·h。

（5）制作过程中半成品变化对设计的影响　在锂离子电池制作过程中，材料的状态一直处于变化的状态，主要是正负极极片厚度在过程中变化。导致电池尺寸变化，这也是考虑电池装配空间的重要因素。锂离子电池主要工艺流程及半成品变化如图 6-47 所示。

搅拌→涂布与干燥 —极片延伸→ 辊压 —极片厚度反弹→ 烘烤→极耳点焊→

卷绕（叠片）→装配→电芯烘烤→注液 —极片厚度膨胀→ 静置→化成/分容

—极片厚度随电压不同而变化→ 老化→电压测试

图 6-47　锂离子电池主要工艺流程及半成品变化示意图

通常出现半成品尺寸变化的主要工序及原因是：

① 在辊压工序中，因辊压作用使材料延伸，导致极片长度变化，延伸的程度与材料特性及压实密度有关；

② 在烘烤工序中，在极片烘烤后由于其内应力的释放，导致极片厚度变化；

③ 在注液工序中，注液后极片中材料吸收电解液（特别是粘接剂的吸液）后膨胀，导致极片的膨胀；

④ 在化成与分容过程中锂离子在正负极材料之间移动，导致材料结构的变化，最终体现在极片的厚度变化。

6.6.3　锂离子电池设计关键技术

锂离子电池设计的关键部分包括正负极容量匹配的选择、裸电芯与外壳（包装材料）装配空间的计算、尺寸、电解液、容量、内阻的计算等。

6.6.3.1　正负极容量配比

容量设计的原则是负极可逆容量大于正极容量。若负极容量小于正极容量，充电过程中从正极到达负极过多的锂离子无法嵌入负极活性物质中，导致在负极表面直接被还原为锂金属，形成金属锂的过程中电池极化增大，使电池性能恶化；同时负极表面的金属锂容易形成枝晶，最终导致电池内部短路。

实际设计过程中用下面公式计算正负极容量配比：

$$容量平衡系数 = \frac{单位面积的负极容量}{单位面积的正极容量}$$

$$= \frac{负极面密度 \times 负极活性物质占负极物料的质量分数 \times 负极可逆质量比容量}{正极面密度 \times 正极活性物质占正极物料的质量分数 \times 正极可逆质量比容量}$$

平衡系数设计要求大于 1.0，实际取值取决于工序能力、材料的利用率及正负极的正对面积的比（裸电芯结构）、放电倍率等因素。平衡系数常用的范围为 1.04～1.20。

（1）工序能力对平衡系数设计的影响　工序能力高平衡系数设计可取小的数值，反之，平衡系数需要取大的数值，原则上保证任何情况下平衡系数都大于 1.0。例如，正负极的涂布面密度偏差都为 ±4%，此时的平衡系数设计应大于

1.08，这样的设计才能保证面密度最大的正极与面密度最小的负极匹配时平衡系数大于1.0。

（2）正负极正对面积比　不同的结构设计会导致电池的正负极正对面积的差别，如果这种差别较大，也会导致平衡系数在局部小于1.0。

例如圆柱形电池，正负极按一定的面密度设计（平衡系数一定），但在电池的不同位置，实际的平衡系数并不是原来的设计值，而是随半径变化而变化的。特别是极片厚度厚，曲率半径小的情况变化更明显。导致上述现象的原因为不同的半径下正负极相对应的面积的差别。如图6-48所

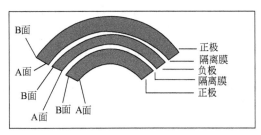

图6-48　圆柱形锂离子电池电极装配示意图

示。从图可看出：负极A面对应正极B面，这种对应方式平衡系数大于原设计值，负极B面对应正极A面，此时的平衡系数小于原设计值。特别是半径较小的情况下这种现象更加明显。解决上述问题的方法可以提高平衡系数的设计值，使得最小位置的平衡系数大于1.0。或者正极或负极两面采用不同的涂布面密度。方形卷绕的电池同样在转角位也存在上述问题，但因面积较小，影响也较小，往往不予考虑。

6.6.3.2　装配空间计算

装配空间是指裸电芯与外壳（外包装）之间的尺寸配合。合理的装配空间设计对于电池性能的发挥及空间的合理利用都有很大的影响。装配空间设计过小，会造成装配过程的困难、电池尺寸超出要求，还有可能造成性能在一定程度的恶化。装配空间过大，电池体积容量降低，内部结构无法达到紧装配的要求，在一定程度上也降低电池的性能，如内阻、容量等。

软包装电池因外包装能够完全贴着裸电芯，故此处的装配空间是指裸电芯尺寸加上外包装尺寸与电池成型后（出货前带电状态）尺寸差别。同样软包装电池的装配空间设计不合理主要是影响到电池最终的尺寸。

装配空间设计主要考虑两个方面的因素。第一、裸电芯在装配厚度方向上能够装入外壳；第二、电池带电后的膨胀。对于硬壳电池，要留有裸电芯膨胀的空间；对于软包装电池，膨胀后的电池的最终厚度小于设计厚度。在电池设计中因为电池长度（或圆柱形电池高度）方向不会有膨胀问题，故只需要考虑第一条原则。一般长度（或高度）装配空间大于等于0，对于软包装电池一般长度装配空间取0～1mm都是可行的，因为裸电芯中隔离膜的长度最长，隔离膜因为在一定程度下可被挤压，故设计的时候裸电芯可以比内部空间略大一点。对于要进行封口化成的硬壳电池长度设计同时要考虑空气室的空间能否容纳化成时产生的气体量（在一定的压强下）。

一般情况下，电池在厚度（对于圆柱电池直径方向）装配空间设计才是设计的关键所在。其设计原则需要同时考虑上面提到的两点要求，故需要计算出电池膨胀后的膨胀率，从而计算出膨胀的空间，再通过膨胀空间确认入壳的难易程度。

由图 6-47 可知，电池的膨胀主要来源三方面的原因，极片烘烤后的反弹、吸收电解液后的膨胀、化成后膨胀。极片烘烤后的反弹、吸收电解液后膨胀、化成后的膨胀可以通过前后的极片厚度测得后计算得出。化成后的膨胀是由材料的变化引起的，可以通过不同材料的层间距变化计算得出。综合上述，厚度方向的装配空间由式(6-52) 表示。

$$厚度方向的装配空间＝正极总的膨胀厚度＋负极总的膨胀厚度×$$
$$＝正极压片后厚度×正极总膨胀率＋负极压片后厚度×$$
$$负极总的膨胀率 \qquad (6-52)$$

正负极总膨胀率可以通过测量压片后和充电后的厚度直接计算。但上述测量方案存在缺陷，因不同的荷电状态下膨胀率不同（特别是负极），可以先测出极片直到吸液后的总膨胀率，再通过以下方案计算带电后的总膨胀率。

石墨电极荷电结构如图 6-49 所示。正/负极带电后的膨胀率计算如下。

锂离子电池充电过程负极反应：

$$6C＋xLi^+＋xe \longrightarrow Li_xC_6 \qquad (6-53)$$

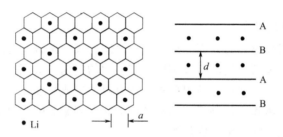

图 6-49　石墨电极荷电结构示意图

充电过程中负极由 C 转变为 LiC_6，C 的层间距 d 为 0.3354nm，LiC_6 的层间距 d 为 0.3706nm，假设负极为片状，材料膨胀的方向与极片厚度膨胀的方向一致，那么全荷电态下负极的膨胀为

$$负极膨胀率（片状）＝\frac{d_{LiC_6}－d_C}{d_C}×100\%＝\frac{0.3706－0.3354}{0.3354}×100\%＝10.5\%$$

这一结论为全荷电态下的片状负极膨胀率。在不同的荷电状态下，负极的膨胀率不同。假设负极的膨胀与荷电状态成正比，则负极膨胀率近似表示为

$$负极膨胀率（片状）＝\frac{d_{LiC_6}－d_C}{d_C}×\frac{负极实际荷电量}{负极理论容量}×100\% \qquad (6-54)$$

例如：负极石墨的理论容量为 372 mA·h/g，电池半荷电状态下，负极实际荷电容量约为 150 mA·h/g，此时对应负极膨胀率为 5.3%。另外，因负极一般都

为球形（或类球形），故实际膨胀率小于片状石墨的膨胀率。

正极充电过程方程式为

$$LiCoO_2 \longrightarrow Li_{1-y}CoO_2 + yLi^+ + ye \tag{6-55}$$

正极满充后由 $LiCoO_2$ 变为 $Li_{0.5}CoO_2$，层间距由 0.473nm 变为 0.478nm。那么

$$正极膨胀率（片状）= \frac{d_{Li_{0.5}CoO_2} - d_{LiCoO_2}}{d_{LiCoO_2}} \times 100\%$$

$$= \frac{0.478 - 0.473}{0.473} \times 100\% = 1\%$$

因正极充电前后膨胀较小，在设计过程中可以不考虑充放电对正极极片变化的影响。

6.6.3.3　极片尺寸计算

常用的计算极片尺寸的方法为，已知电池容量，选定面密度，通过以下公式来计算极片的面积，极片面积＝容量/面密度。因锂离子电池容量一般设计为正极限容，故上述计算为正极极片面积。通过正极面积计算正极长、宽，最后确定负极的尺寸。最终计算电池的尺寸。在锂离子电池设计中更为常见的是，已知电池尺寸，计算极片尺寸。在各种结构的电池中，方形卷绕结构尺寸计算最为复杂，此处重点讨论此种情况。

卷绕过程构建的模型为：卷针长度方向为直线，侧边为半圆，随着卷绕的层数的增加，侧边的厚边增加，此时卷绕的半径增大，故每一层卷绕的侧边的计算结果不同。假设正极包尾结构（卷绕最外两折，正极靠内为膜片，靠外为铝箔，结果是正极集流体比负极集流体多一层），电池的负极折数为 n 折，则正极折数为 $n+1$ 折。设计中要保证负极膜片完全包覆正极膜片，故在极片长度设计过程中正负极膜片交界处，需要设计负极膜片大于正极膜片的余量。

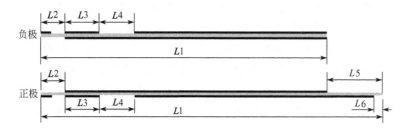

图 6-50　极片长度尺寸示意图

图 6-50 中极片长度尺寸如下：

负极	正极
L2 负极极耳宽度	正极极耳宽度＋余量 1
L3 卷针周长/2－负极 L2－负极 L4/2	卷针周长/2－正极 L2－正极 L4/2

$L4$ 正极极耳宽度×2	（负极极耳宽度＋余量2）×2
$L5$	卷针周长＋第 n 折转角半圆长度＋余量3
$L6$	余量3

负极总长度 $L1$＝第1折长度＋第2折长度＋…＋第 $n-1$ 折长度＋卷针周长/2

正极总长度 $L1$＝第1折长度＋第2折长度＋…＋第 n 折长度＋卷针周长/2

无论正极还是负极，收尾处在电芯表面，收尾位置不同尺寸略有不同。

第 n 折长度＝卷针周长/2＋第 n 折转角半圆长度

第 n 折转角半圆长度＝π×（第 n 折电芯厚度/2）

第 n 折负极电芯厚度＝（烘烤后正极极片厚度＋隔离膜厚度＋烘烤后负极极片厚度/2）＋（$n-1$）×（烘烤后正极极片厚度＋烘烤后负极极片厚度＋2×隔离膜厚度）

第 n 折正极电芯厚度＝（烘烤后负极极片厚度＋2×隔离膜厚度＋烘烤后正极单折膜片厚度）＋（$n-1$）×（烘烤后正极极片厚度＋烘烤后负极极片厚度＋2×隔离膜厚度）

综合上述公式，

负极总长度 $L1$＝n×卷针周长÷2＋π÷2×［2×（烘烤后正极极片厚度＋隔离膜厚度＋烘烤后负极极片厚度÷2）＋（$n-2$）×（烘烤后正极极片厚度＋烘烤后负极极片厚度＋2×隔离膜厚度）］×（$n-1$）/2   (6-56)

正极总长度 $L1$＝（$n+1$）×卷针周长÷2＋π÷2×［2×（烘烤后负极极片厚度＋2×隔离膜厚度＋烘烤后正极极片厚度÷2）＋（$n-1$）×（烘烤后正极极片厚度＋烘烤后负极极片厚度＋2×隔离膜厚度）］×$n/2$ (6-57)

极片长度计算说明。

① 上述对极片长度的计算只针对其对应的卷绕方式，不同的卷绕方式计算结果有一定差别，但方法相同。

② 实际卷绕中因为极片的张力控制不紧，卷绕过程无法完全模拟上述的模型，实际结果比理论计算的长一些，特别是手工卷绕及极片较长的情况，对极片短的（中小电池设计）影响很小，可以通过修正来达到准确的极片尺寸。

③ 上述针对极片的计算为卷绕前的极片尺寸，因冷压后极片有不同程度的延伸，故裁片前的极片长度需要考虑冷压后的延伸。

6.6.3.4 电解液用量计算

电解液作用为电池内部的离子导电，所以其理论的用量应覆盖到电芯内所有孔隙，此孔隙包括正负极膜片以及隔离膜。由式(6-58)表示。

理论电解液体积＝正极膜片孔隙体积＋负极膜片孔隙体积＋隔离膜孔隙体积   (6-58)

其中：

$$隔离膜的孔隙体积＝隔离膜的总体积×隔离膜的孔隙率 \qquad (6-59)$$
$$正（负）极膜片孔隙体积＝正（负）极膜片总体积×膜片孔隙率 \qquad (6-60)$$

因为隔膜、正负极膜片的总体积容易计算得到，隔离膜的孔隙率可从产品的物理参数得到，所以关键是膜片孔隙在总体积中所占的比例的计算。可由式(6-61)计算。

$$膜片孔隙率＝1－膜片的冷压密度/材料的平均真实密度 \qquad (6-61)$$

例如：假设正极配方如下 $LiCoO_2$ ： Super P ： Polymer＝95.5％：2％：2.5％
已如上述三种材料的真实密度依次为 $4.97g/cm^3$ ， $2.00g/cm^3$ ， $1.78\ g/cm^3$ 。
则

正极材料的平均真实密度＝1÷(95.5％÷4.97＋2％÷2.00＋2.5％÷1.78)＝4.635(g/cm^3)

若正极冷压密度为 $3.7\ g/cm^3$ ，

则

膜片孔隙率＝1－3.7÷4.635＝21.1％

在实际生产中一般用电解液的质量来计量，故需要将体积转化成质量，实际的电解液用量比理论电解液量多，因为电池其他空间会残余一部分电解液，所以实际电解液体积＝理论电解液体积＋其他空间残余电解液体积。对于硬壳电池（方型钢、铝壳电池，圆柱形电池），其他空间的体积计算需要考虑电解液优先存贮地方的体积，对于软包装电池，因抽真空后无多余存贮空间（仅在铝塑膜壁上有一定的残留），故常用式(6-62)计算：

$$实际电解液量＝理论电解液量×系数（约为1.06）\qquad (6-62)$$

电解液质量＝电解液体积/电解液密度，电解液密度因配方不同而异，一般的电解液密度约为 $1.2\ g/cm^3$ 。

6.6.3.5 容量、内阻计算

容量、内阻、尺寸是电池重要参数，是客户关注的重点之一，设计的一个重要任务需要给出准确的容量、内阻值。

（1）容量计算 锂离子电池容量由正极活性物质质量决定，其公式为

容量＝正极活性物质质量×质量比容量×利用率＝正极质量×正极活性物质占
正极物质总量的质量分数×质量比容量×利用率（一般 $LiCoO_2$ 质量比
容量为140mA·h/g）

不同的放电制度下（放电温度、放电倍率）利用率不同，一般温度低，放电倍率大，利用率低。在常温下，1C放电利用率接近100％。

（2）内阻计算 电池内阻指在电池荷电50％时1kHz下的交流阻抗。电池内阻由两部分组成，一部分为电子导电电阻，主要由集流体的电阻、极耳的电阻及其之间的接触电阻、活性物质与集流体之间的接触电阻、膜片粉状物质间的接触电阻等

组成；另一部分是离子导电电阻，主要由电解液电阻、隔离膜电阻等组成。实际上在这个体系里，主要决定因素为隔离膜，电解液的影响。在当前常用的材料中，膜片的影响较小。集流体电阻、极耳电阻可通过材料的电导率及导电面积与导电长度计算得到。

$$内阻＝电导率×长度÷面积 \tag{6-63}$$
$$长度＝集流体长度÷2 \tag{6-64}$$

在相同的体系下（电解液、膜片、隔离膜相同）单位面积离子电阻可以通过实测出来，通常单位面积离子电阻在 $430000\sim880000$ $mΩ \cdot mm^2$ 之间。

6.6.4 设计基本过程

锂离子电池设计是一个逆向过程，即已知最终尺寸，推导出电池的最终结果及电池制作过程中的相关参数。此节以软包装电池为例介绍设计的思路（电芯卷绕结构为正极包尾）。

（1）带电状态裸电芯尺寸确定　通过电池最终尺寸结合外包装情况，计算带电状态下裸电芯尺寸（出货电池一般为 50% 荷电状态）。图 6-51XX4049 电池铝塑膜冲膜图。由图 6-51 知：

$$带电状态裸电芯厚＝电池厚度－铝塑膜厚度×2 \tag{6-65}$$
$$带电状态裸电芯长＝冲膜内坑长度 \tag{6-66}$$
$$带电状态裸电芯宽＝冲膜内坑宽度 \tag{6-67}$$

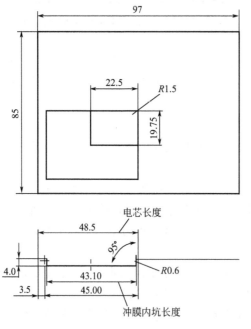

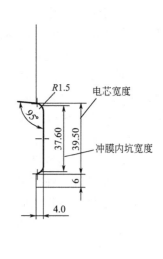

图 6-51　XX4049 铝塑膜冲膜图

（2）卷绕层数及正负极面密度确定　将一层正极厚度（双面涂浆）、一层负极

化学电源设计

厚度（双面涂浆）与两层隔离膜厚度定义为一层卷绕厚度。通过裸电芯的厚度及选定正负极最大面密度确定卷绕的层数。

$$层数 = \frac{带电状态裸电芯厚 - 铝箔厚度}{一层卷绕厚度（带电状态）} \qquad (6\text{-}68)$$

（上述公式针对正极包尾的结构，不考虑极耳、胶纸厚度的影响）

$$一层卷绕厚度（带电状态）= 正极厚度（带电状态）+ 负极厚度（带电状态）$$
$$+ 2 \times 隔离膜的厚度 \qquad (6\text{-}69)$$

$$正（负）极厚度（带电状态）= \frac{单面密度}{冷压密度} \times 2 \times 带电状态正（负）极片总膨胀$$
$$系数 + 极流体厚度 \qquad (6\text{-}70)$$

负极面密度 =

$$\frac{正极面密度 \times 正极活性物质占正极物料的质量分数 \times 正极质量比容量 \times 平衡系数}{负极活性物质占负极物料的质量分数 \times 负极质量比容量}$$

$$(6\text{-}71)$$

选定的正极最大面密度可能计算出不是整数的层数，例如计算为 10.5 层，此时可取卷绕层数为 11 层，再通过卷绕层数及裸电芯厚度确认正负极面密度。

（3）裸电芯厚度及铝塑膜冲膜深度确定　根据选定的正/负极面密度计算裸电芯厚度。

$$冷压后正（负）极极片厚度 = \frac{正（负）极面密度}{冷压密度} \times 2 + 极流体厚度 \qquad (6\text{-}72)$$

$$烘烤后正（负）极极片厚度 = \frac{正（负）极面密度}{冷压密度} \times 2 \times$$
$$烘烤后膜片反弹率数 + 集流体厚度 \qquad (6\text{-}73)$$

$$烘烤后一层卷绕厚度 = 烘烤后正极极片厚度 + 烘烤后负极极片厚度 +$$
$$2 \times 隔离膜厚度 \qquad (6\text{-}74)$$

$$裸电芯厚度 = 铝塑膜冲膜深度$$
$$= 烘烤后一层卷绕厚度 \times 层数 + 铝箔厚度 \qquad (6\text{-}75)$$

（4）卷针尺寸确定　卷针的关键尺寸为卷针的周长：

$$卷针周长 = （冲模内坑宽度 - 裸电芯厚度）\times 2 \qquad (6\text{-}76)$$

对于长方形的卷针周长 =（卷针宽 + 卷针厚）× 2
也可以根据卷针的周长来设计不同形状的卷针。

（5）极片、隔离膜尺寸计算　极片、隔离膜宽度确认：因极片、隔离膜宽度方向在过程中无变化，故通过裸电芯的长度确定隔离膜及极片的宽度。一般情况尺寸如下：

隔离膜宽度 = 裸电芯长度 - 隔离膜压缩的尺寸（隔离膜压缩的尺寸取 0～0.5mm）

负极宽度 = 隔离膜宽度 - 负极与隔离膜错位宽度（一般取 2mm）

正极宽度＝负极宽度－正极与负极错位宽度（一般取 1mm）

一般负极与隔离膜错位宽度，正极与负极错位宽度取值以卷绕的能达到的精度来确认。

正、负极片长度计算见上述的极片尺寸计算。

$$隔离膜长度＝（负极总长度＋设计余量）\times 2 \tag{6-77}$$

（6）电解液质量计算　详见上节计算方案。

（7）电芯质量计算

质量＝各材料质量总和

　　＝正极集流体质量＋正极膜片质量＋负极集流体质量＋负极膜片质量＋隔离膜质量＋电解液质量＋正极极耳质量＋负极极耳质量＋胶纸质量＋外壳质量（包装材料质量）

（8）容量、内阻计算　详见上节计算方案。

6.6.5　软包装锂离子电池设计实例

本节以设计 304049 软包装电池为例，具体说明整个设计计算过程。设计过程中不考虑工艺能力对设计的影响，即设计结果为电池的平均值。设计中用到的相关参数见表 6-37 及表 6-38。设计中取容量平衡系数为 1.08；正极冷压密度为 3.6 g/cm^3；负极冷压密度为 1.5g/cm^3；烘烤后正负极膜片反弹系数均为 1.02；半电状态正极膜片总反弹系数（包括烘烤、注液、化成过程中的厚度反弹）为 1.08；半电状态负极膜片总反弹系数（包括烘烤、注液、化成过程中的厚度反弹）为 1.15。

表 6-37　304049 正负极配方、材料性质

	材料	质量分数/%	真实密度/(g/cm³)	质量比容量/(mA·h/g)
正极	LiCoO₂	95.0	4.97	140
	PVDF	3.0	1.78	
	Super-P	2.0	2	
负极	C	94.5	2.2	330
	CMC	1.5	1.3	
	SBR	3.0	1	
	Super-P	1.0	2	

表 6-38　304049 材料性质

材料	宽/mm	厚/mm	密度/(g/cm³)	电导率/10⁻⁸Ω·m	孔隙率
Al 箔	—	0.016	2.6	2.6548	—
Cu 箔	—	0.012	8.58	1.6780	—
Al 极耳	3	0.08	2.7	2.6548	—
Ni 极耳	3	0.08	8.9	6.8400	—
PP 隔离膜	—	0.016	0.92		45%
铝塑膜		0.115	1.563		—

（1）电池的最终尺寸

电池厚＝2.95mm　　电池宽＝39.50mm　　电池长＝48.5mm

此电池设计长、宽、厚均为负公差。

（2）带电状态裸电芯尺寸

带电状态裸电芯厚＝2.95－2×0.115＝2.72（mm）

带电状态裸电芯长＝43.1mm

带电状态裸电芯宽＝37.6mm

（铝塑膜图纸见图6-51）

（3）卷绕层数、极片面密度

假设正极最大面密度为22 mg/cm^2。

负极最大面密度＝$\dfrac{1.08×22×140×0.95}{330×0.945}$＝10.13（mg/cm^2）

正极冷压厚度（22 mg/cm^2 面密度）＝22÷3.6÷100×2＋0.016＝0.138(mm)

负极冷压厚度（10.13 mg/cm^2 面密度）＝10.13÷1.5÷100×2＋0.012＝0.147（mm）

正极半电状态厚度（22 mg/cm^2 面密度）＝（0.138－0.016）×1.08＋0.016＝0.148(mm)

负极半电状态厚度（10.13 mg/cm^2 面密度）＝（0.147－0.012）×1.15＋0.012＝0.167（mm）

对应半电状态一层卷绕厚度＝0.148＋0.167＋2×0.016＝0.347（mm）

对应卷绕层数＝$\dfrac{2.72－0.016}{0.34}$＝7.784（层）

假设取层数为8层。

对应半电状态一层卷绕厚度＝$\dfrac{2.72－0.016}{8}$＝0.338（mm）

带电状态正极膜片厚度（双层）＋带电状态负极膜片厚度（双层）＝0.338－2×0.016－0.012－0.016＝0.278（mm）

带电状态正极膜片厚度＝正极面密度÷3.6÷100×2×1.08

带电状态负极膜片厚度＝负极面密度÷1.5÷100×2×1.15

所以：

（正极面密度÷3.6÷100×2×1.08）＋（负极面密度÷1.5÷100×2×1.15）＝0.278

$$\text{（6-78）}$$

$$\dfrac{负极面密度×330×0.945}{正极面密度×140×0.95}＝1.08 \qquad \text{（6-79）}$$

联合式(6-78)和式(6-79)计算得

正极面密度＝21.28 mg/cm^2

负极面密度＝9.80 mg/cm^2

层数＝8层

（4）裸电芯、电池厚度

冷压后正极极片厚度＝$21.28 \div 3.6 \div 100 \times 2 + 0.016 = 0.134$（mm）

烘烤后正极极片厚度＝$21.28 \div 3.6 \div 100 \times 2 \times 1.02 + 0.016 = 0.137$（mm）

半电状态正极极片厚度＝$21.28 \div 3.6 \div 100 \times 2 \times 1.08 + 0.016 = 0.144$（mm）

冷压后负极极片厚度＝$9.8 \div 1.5 \div 100 \times 2 + 0.012 = 0.143$（mm）

烘烤后负极极片厚度＝$9.8 \div 1.5 \div 100 \times 2 \times 1.03 + 0.012 = 0.147$（mm）

烘烤后一层卷绕厚度＝$0.137 + 0.147 + 2 \times 0.016 = 0.315$（mm）

半电状态负极极片厚度＝$9.8 \div 1.5 \div 100 \times 2 \times 1.15 + 0.012 = 0.162$（mm）

裸电芯厚度＝铝塑膜冲深＝$(0.137 + 0.147 + 2 \times 0.016) \times 8 + 0.016 = 2.54$（mm）

半电状态裸电芯厚度＝$(0.144 + 0.162 + 2 \times 0.016) \times 8 + 0.016 = 2.72$（mm）

电池厚度＝$(0.144 + 0.162 + 2 \times 0.016) \times 8 + 0.016 + 2 \times 0.115 = 2.95$（mm）

（5）卷芯计算

卷芯周长＝$(37.6 - 2.72) \times 2 = 69.76$（mm）

假设卷针为长方形卷针，卷针总厚度为1.2mm，则

卷针长度＝$69.76 \div 2 - 1.2$
　　　　＝33.68（mm）

（6）极片、隔离膜尺寸计算（极片长度见图6-50）

隔离膜宽度＝$43.1 + 0.4 = 43.5$（mm）（0.4mm为隔离膜压缩尺寸）

负极宽度＝Cu箔宽度＝$43.5 - 2 = 41.5$（mm）（2mm为隔离膜超出负极宽度）

正极宽度＝Al箔宽度＝$41.5 - 1 = 40.5$（mm）（1mm为隔离膜超出正极宽度）

正极$L1$＝Al箔长度
　　　　＝$(8 + 1) \times 69.76 \div 2 + 3.14 \div 2 \times [2 \times (0.137/2 + 0.016 \times 2 + 0.147)$
　　　　$+ (8 - 1) \times 0.315] \times 8 \div 2$
　　　　＝331（mm）

正极$L2$＝$3 + 2 = 5$（mm）（假设余量1为2mm）

正极$L4$＝$(3 + 2) \times 2 = 10$（mm）（假设余量2为2mm）

正极$L3$＝$69.76 \div 2 - 5 - 10 \div 2 = 25$（mm）

正极$L5$＝$69.76 + 3.14 \times [(8 + 1) \times 0.315 - 0.137 \div 2] \div 4 + 4 = 76$（mm）
（假设余量3为4mm）

正极$L6$＝4mm

负极$L1$＝Cu箔长度＝$8 \times 69.76 \div 2 + 3.14 \div 2 \times [2 \times (0.137 + 0.016 + 0.147 \div$
　　　　$2) + (8 - 2) \times 0.315] \times (8 - 1) \div 2 = 292$（mm）

负极$L2$＝3mm

负极$L4$＝$3 \times 2 = 6$（mm）

负极$L3$＝$69.76 \div 2 - 3 - 6 \div 2 = 29$（mm）

隔离膜长度＝292×2＋10＝594（mm）

（7）电解液质量计算

正极膜片真实密度＝1÷（95％÷4.97＋2％÷2.00＋3％÷1.78）＝4.587（g/cm³）

正极膜片孔隙率＝1－3.6÷4.587＝20.4％

正极膜片孔体积＝40.5×（2×331－2×5－10－76－4）×（0.134－0.016）×20.4％＝547.9（mm³）

负极膜片真实密度＝1÷（0.945÷2.2＋0.015÷1.3＋0.03÷1＋0.01÷2）＝2.10（g/cm³）

负极膜片孔隙率＝1－1.5÷2.10＝28.6％

负极膜片孔体积＝41.5×（2×292－2×3－6）×0.143×28.6％＝970.8（mm³）

隔离膜孔体积＝594×43.5×0.016×45％＝186.0（mm³）

裸电芯孔总体积＝547.9＋970.8＋186.0＝1704.8（mm³）

电解液质量＝1704.8×1.2÷1000×1.06＝2.17（g）

（8）电芯质量计算

Al 箔质量＝331×40.5×0.016÷1000×2.6＝0.56（g）

Cu 箔质量＝292×41.5×0.012÷1000×8.6＝1.25（g）

正极膜片质量＝21.28÷1000÷100×40.5×（2×331－2×5－10－76－4）＝4.844（g）

负极膜片质量＝9.80÷1000÷100×41.5×（2×292－2×3－6）＝2.326（g）

隔离膜质量＝594×43.5×0.016×（1－0.45）×0.92÷1000＝0.210（g）

铝塑膜质量＝97×（33.95＋3）×2×0.115×1.563÷1000＝1.288（g）（两侧封宽各为3mm）

Al 极耳质量＝60×3×0.08×2.7÷1000
＝0.039（g）（假设取极耳总长为60mm，忽略极耳胶质量影响）

Ni 极耳质量＝60×3×0.08×8.9÷1000
＝0.128（g）（假设取极耳总长为60mm，忽略极耳胶质量影响）

电芯质量＝0.56＋1.25＋4.844＋2.326＋0.210＋1.288＋0.039＋0.128＋2.17
＝12.8（g）（忽略内部胶纸的影响，包括极耳包胶及收尾处的定位胶）

（9）容量计算

容量＝4.844×0.95×140＝644（mA·h）

（10）内阻计算

此体系单位面积离子电阻约为 620000 mΩ·mm²

离子电阻＝620000÷（41.5×2×292）＝25.6（mΩ）

Cu 箔电阻＝1.678×（292÷2）÷（0.012×41.5）÷100＝4.92（mΩ）

Al 箔电阻＝2.6548×(331÷2)÷(0.016×40.5)÷100＝6.78(mΩ)

Al 极耳电阻＝2.6548×(48.5÷2)÷(0.08×3)÷100＝2.68(mΩ)

Ni 极耳电阻＝6.84×(48.5÷2)÷(0.08×3)÷100＝6.91(mΩ)

电芯内阻＝25.6＋4.92＋6.78＋2.68＋6.91＝46.9(mΩ)

第7章 电池行业的清洁生产

7.1 概述

人们在日常生活中经常使用的电池主要有锌锰电池、铅酸蓄电池、镉镍电池、氢镍电池、锂离子电池等。其中，锌锰电池、铅酸蓄电池和镉镍电池在生产过程中对环境的污染相对严重；锂离子电池属于环保电池，在生产过程中基本没有废水等污染物的排放。其他类型电池产量较少，如太阳能电池正处于发展初期，无污染、是解决能源危机和环境保护的有效途径，很多国家都制定了政策鼓励太阳能光伏发电；而另有一部分类型的电池仍处于研发阶段，尚未实现产业化。

从电池行业现状和发展情况以及其生产、使用过程中对环境的污染等角度出发，电池生产对环境的影响主要来自其生产过程和废弃电池产品。随着人们环保意识的增强，世界各国纷纷出台了相关的法律法规，以法律的手段推行电池的清洁生产，以及电池产品的无害化，以实现环境保护的目的。2002 年 6 月 29 日第九届全国人民代表大会常务委员会第二十八次会议通过的《中华人民共和国清洁生产促进法》的目的是为了促进清洁生产，提高资源利用效率，减少和避免污染物的产生，保护和改善环境，保障人体健康，促进经济与社会可持续发展。国家九部委还联合发布了《关于限制电池产品汞含量的规定》的通知。其中规定：自 2001 年 1 月 1 日起，禁止在国内生产各类汞含量大于电池重量 0.025% 的电池；自 2005 年 1 月 1 日起，禁止在国内生产汞含量大于电池重量 0.0001% 的碱性锌锰电池。欧盟 RoHS 指令中的电池指令也较全面且具体地规定了现在与未来电池产品禁止含有有害物质的种类、含量，以及含有害物电池的回收及其他相关要求。主要内容如下。

目前执行的电池指令为 91/157/EEC 及延展指令 98/101/EC、2002/525/EC。

① 2001 年 1 月 1 日起，禁止销售汞含量超过 0.0005%（质量分数）的电池和蓄电池，包括与用电器具配套的电池和蓄电池；汞含量不超过 2%（质量分数）的纽扣电池单体和电池组免于此禁令。

② 重金属含量超过一定水平（[Hg]>25mg/cell、[Cd]>0.025%、[Pb]>0.4%）的电池或蓄电池应标注特别符号以表明需要单独回收。

③ 欧盟第 93/86/EEC 指令要求电池和蓄电池应在电池标签上标注重金属含量，不得与生活垃圾混合处理的标志。

④ 欧盟第 2002/525/EC 号指令规定，自 2006 年 1 月 1 日起不得出售用于电动汽车的含金属镉的电池。

"未来电池指令"草案的内容如下。

205

为减少有害电池及蓄电池的数量，增加废弃电池回收率，2005 年 10 月 25 日，欧盟已刊登理事会第（EC)30/2005 号官方公报，欧盟国家已统一立场，正式通过欧盟环境部长就电池及蓄电池含有害物质以及收集和回收这些产品的草拟指令，同意未来采用新的电池及蓄电池指令。

　　"未来电池指令"将禁止所有汞含量超过 0.0005％ 的电池或蓄电池（包括电器配套的电池；汞含量不超过 2％ 的纽扣电池除外）、镉含量超过 0.002％ 的轻便式电池或蓄电池（包括电器配套的电池；在警报系统、紧急照明系统、医疗设备或无线电力工具使用的电池除外）投放市场。

　　"未来电池指令"要求欧盟成员国，对汞含量超过 0.0005％、镉含量超过 0.002％ 或铅含量超过 0.004％ 的电池、蓄电池以及纽扣电池必须标注单独回收的标识，并采用相应金属的元素符号 Hg、Cd、Pb 进行标记，金属元素符号应印在图案垃圾箱的下方，且应覆盖该图至少 1/4 大小的区域。单独回收标识图案应覆盖电池、蓄电池或电池组最大侧面至少 3％ 的区域，最大尺寸可达 5cm×5cm。对于圆柱形电池，该图案应覆盖电池或蓄电池至少 1.5％ 的表面区域，最大尺寸可达 5cm×5cm。如果电池、蓄电池或电池组的尺寸太小，图案尺寸可能小于 0.5cm×0.5cm 时，电池、蓄电池或电池组上可以不标记单独回收的标识，而标记在包装上，标记尺寸不小于 1cm×1cm。标记图案及符号应印制醒目、清晰、牢固。电池和蓄电池的生产者（包括使用电池的电器生产者）都有责任对其销售的电池和蓄电池进行废弃物管理，并承担合理的费用。

　　"未来电池指令"还具体规定了废电池和蓄电池的回收再利用的最低比例。但"未来电池指令"不适用于军事装备、武器、航天设备等配备的电池或蓄电池。对于电池的包装物，目前仍要执行包装及包装废弃物指令。

　　鉴于欧盟国家已正式通过同意未来采用新的电池及蓄电池指令，新电池指令的实施仅是执行时间问题，为了规避出口风险，电池生产商在电池设计与生产时，应采取有效技术措施，尽快达到"未来电池指令"的要求。

　　本章主要就其生产过程中所产生的废水、废气、废料等的危害、防治，清洁生产的评价等，加以简要的说明，以期对电池设计提供必要的参考。

7.2　清洁生产的含义与实施

7.2.1　清洁生产的含义

　　2002 年 6 月 29 日第九届全国人民代表大会常务委员会第二十八次会议通过的《中华人民共和国清洁生产促进法》明确地界定了清洁生产的含义。即清洁生产是指不断采取改进设计、使用清洁的能源和原料、采用先进的工艺技术与设备、改善管理、综合利用等措施，从源头削减污染，提高资源利用效率，减少或者避免生产、服务和产品使用过程中污染物的产生和排放，以减轻或者消除对人类健康和环境的危害。

促进清洁生产，是为了提高资源利用效率，减少和避免污染物的产生，保护和改善环境，保障人体健康，促进经济与社会可持续发展。

7.2.2 清洁生产的实施

新建、改建和扩建项目应当进行环境影响评价，对原料使用、资源消耗、资源综合利用以及污染物产生与处置等进行分析论证，优先采用资源利用率高以及污染物产生量少的清洁生产技术、工艺和设备。企业在进行技术改造过程中，应当采取以下清洁生产措施：

①采用无毒、无害或者低毒、低害的原料，替代毒性大、危害严重的原料；

②采用资源利用率高、污染物产生量少的工艺和设备，替代资源利用率低、污染物产生量多的工艺和设备；

③对生产过程中产生的废物、废水和余热等进行综合利用或者循环使用；

④采用能够达到国家或者地方规定的污染物排放标准和污染物排放总量控制指标的污染防治技术。

对于产品和包装物的设计，应当考虑其在生命周期中对人类健康和环境的影响，优先选择无毒、无害、易于降解或者便于回收利用的设计方案。企业应当对产品进行合理包装，减少包装材料的过度使用和包装性废物的产生。

国家对列入强制回收目录的产品和包装物，实行有利于回收利用的经济措施。

企业应当对生产和服务过程中的资源消耗以及废物的产生情况进行监测，并根据需要对生产和服务实施清洁生产审核。污染物排放超过国家和地方规定的排放标准或者超过经有关地方人民政府核定的污染物排放总量控制指标的企业，应当实施清洁生产审核。

使用有毒、有害原料进行生产或者在生产中排放有毒、有害物质的企业，应当定期实施清洁生产审核，并将审核结果报告所在地的县级以上地方人民政府环境保护行政主管部门和经济贸易行政主管部门。

7.2.3 电池行业清洁生产评价指标体系

根据清洁生产的原则要求，由中国电池工业协会起草、国家发展和改革委员会、国家环境保护总局所发布的《电池行业清洁生产评价指标体系》（试行）分为定量评价和定性评价两大部分，凡能量化的指标尽可能采用定量评价，以减少人为的评价差异。定量评价指标选取具有共同性、代表性的，能反映"节约能源、降低消耗、减轻污染、增加效益"等有关清洁生产最终目标的指标，通过对比企业各项指标的实际完成值、评价基准值和指标的权重值，计算和评分，量化评价企业实施清洁生产的状况和水平。定性评价指标主要根据国家有关推行清洁生产的产业政策选取，包括产业发展和技术进步、资源利用和环境保护、行业发展规划等，用于定性评价企业对国家、行业政策法规的符合性及清洁生产实施程度。

定量评价指标和定性评价指标分为一级指标和二级指标两个层次。一级指标为普遍性、概括性的指标，包括资源与能源消耗指标、生产技术特征指标、产品特征指标、污染物指标、环境管理与安全卫生指标。二级指标为反映电池企业清洁生产特点的、具有代表性的、易于评价和考核的指标。电池行业清洁生产评价指标体系结构见图 7-1 和图 7-2。

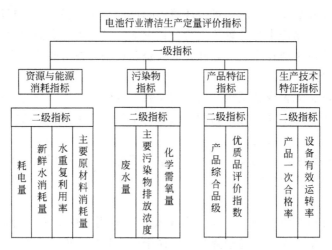

图 7-1　电池行业清洁生产定量评价指标体系结构

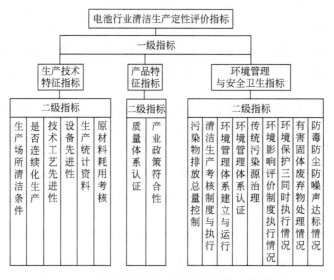

图 7-2　电池行业清洁生产定性评价指标体系结构

在评价指标体系中，各项指标的评价基准值是衡量该项指标是否符合清洁生产基本要求的评价标准。评价指标体系定量评价指标的基准值选取行业清洁生产的先进水平。在定性评价指标体系中，设置的各项二级指标是行业内目前无法量化或缺乏统计数据的指标，通过对技术装备的先进性及生产、质量与环境管理水平的认定，客观地反映企业清洁生产的面貌。

清洁生产评价指标的权重值反映了该指标在整个清洁生产评价指标体系中所占的比重。它原则上是根据该项指标对电池企业清洁生产水平的影响程度及其实施的难易程度确定的。

锌锰电池、镉镍电池、氢镍电池、锂离子电池（包括锂聚合物电池）、铅蓄电池等生产企业的清洁生产定量评价指标项目、权重和基准值见表7-1～表7-4。各类型电池生产企业的清洁生产定性评价指标项目和权重值见表7-5。

多品种电池生产企业清洁生产定量评价二级指标，按各品种电池单项评分的平均值计算。其他电池生产企业的清洁生产定量评价指标项目、权重和基准值参照以上标准执行。

表 7-1　锌锰电池企业定量评价指标项目、权重和基准值

一级评价指标		二级评价指标			
指标项目	权重值	指标项目	单位	权重值	评价基准值
资源与能源消耗指标	40	耗电量	千瓦时/万元产值	10	150
		新鲜水消耗量	吨/万元产值	10	4.5
		水重复利用率	%	8	20
		金属锌消耗量	千克/万元产值	12	150
污染物指标	30	废水量	吨/万元产值	10	4
		废水中总汞浓度	mg/L	6	0.02
		废水中总镉浓度	mg/L	3	0.05
		废水中总铅浓度	mg/L	3	0.5
		化学需氧量（COD）	mg/L	8	100
产品特征指标	16	产品综合品级	—	8	1
		优质品评价指数	—	8	0.7
生产技术特征指标	14	产品一次合格率	%	7	99
		设备有效运转率	%	7	85

表 7-2　镉镍、氢镍电池企业定量评价指标项目、权重和基准值

一级评价指标		二级评价指标			
指标项目	权重值	指标项目	单位	权重值	评价基准值
资源与能源消耗指标	40	耗电量	千瓦时/万元产值	10	700
		新鲜水消耗量	吨/万元产值	10	40
		水重复利用率	%	8	20
		$Ni(OH)_2$消耗量	千克/万元产值	12	25
污染物指标	30	废水量	吨/万元产值	10	10
		废水中总镉浓度	mg/L	6	0.05
		废水中总镍浓度	mg/L	3	0.5
		废水 pH	—	3	6～9
		化学需氧量（COD）	mg/L	8	100
产品特征指标	16	产品综合品级	—	8	1
		优质品评价指数	—	8	0.7
生产技术特征指标	14	产品一次合格率	%	7	96
		设备有效运转率	%	7	85

表 7-3　锂离子电池企业定量评价指标项目、权重和基准值

表 7-3　锂离子电池企业定量评价指标项目、权重和基准值

一级评价指标		二级评价指标			
指标项目	权重值	指标项目	单位	权重值	评价基准值
资源与能源消耗指标	40	耗电量	千瓦时/万元产值	10	250
		新鲜水消耗量	吨/万元产值	10	2
		水重复利用率	%	8	20
		$LiCoO_2$ 消耗量	千克/万元产值	12	7
污染物指标	30	废水量	吨/万元产值	10	0.2
		废水中总钴浓度	mg/L	6	1.0
		废气中 NMP	mg/m^3	6	1.5
		化学需氧量(COD)	mg/L	8	100
产品特征指标	16	产品综合品级	—	8	1
		优质品评价指数	—	8	0.7
生产技术特征指标	14	产品一次合格率	%	7	95
		设备有效运转率	%	7	85

表 7-4　铅蓄电池企业定量评价指标项目、权重和基准值

一级评价指标		二级评价指标			
指标项目	权重值	指标项目	单位	权重值	评价基准值
资源与能源消耗指标	40	耗电量	kW·h/(kW·h)	10	25
		新鲜水消耗量	t/(kW·h)	10	0.12
		水重复利用率	%	8	50
		铅消耗量	kg/(kW·h)	12	22
污染物指标	30	废水量	t/(kW·h)	10	0.1
		废水中总铅浓度	mg/L	6	0.5
		废水中总镉浓度	mg/L	3	0.05
		pH 值	—	3	6~9
		化学需氧量(COD)	mg/L	8	100
产品特征指标	16	产品综合品级	—	8	1
		优质品评价指数	—	8	0.7
生产技术特征指标	14	产品一次合格率	%	7	99
		设备运转率	%	7	85

表 7-5　各类型电池企业定性评价指标项目和权重值

一级评价指标		二级评价指标		备　注
指标项目	权重值	指标项目	权重值	
产品特征指标	15	质量体系认证	10	
		产业政策的符合性	5	
生产技术特征指标	35	生产场所清洁条件	10	现场考核
		是否连续化生产	5	现场考核
		技术、工艺先进性	5	现场考核
		设备先进性	5	现场考核
		生产统计资料	5	
		原材料耗用考核	5	
环境管理与安全卫生指标	50	污染物排放总量控制	8	查检测报告和记录
		清洁生产考核制度与执行	5	
		环境管理体系建立与运行	6	
		环境管理体系认证	10	
		有害固体废弃物处理	5	
		传统污染源治理	5	设备及运行情况
		环境影响评价制度执行情况	3	建设项目
		环境保护三同时执行情况	3	建设项目
		防毒防尘防噪声达标情况	5	查检测报告和记录

化学电源设计

关于电池企业清洁生产评价指标的考核评分计算方法与指标解释参见由中国电池工业协会起草、国家发展和改革委员会、国家环境保护总局所发布的《电池行业清洁生产评价指标体系》(试行)。

清洁生产是一个相对概念,它将随着经济的发展和技术的进步不断完善,因此,清洁生产评价指标及指标的基准值也应根据行业的实际情况进行调整。

7.3 电池生产过程中"三废"的危害与防治措施

不同的电池系列,其"三废"危害不同。现就目前常规电池生产中的"三废"危害与防治措施加以简要说明。

7.3.1 锌锰电池系列生产过程中的"三废"危害与防治措施

(1) 锌锰电池系列生产过程中的"三废"危害 锌锰电池系列生产中废水、废料的危害主要是重金属(主要有汞、锌、锰等)的危害,废气的危害主要是粉尘、沥青烟、汞蒸气等。

汞是一种毒性很强的金属。汞为积蓄性毒物,并有致癌和致突变作用。汞与各种蛋白质的巯基极易结合,而这种结合又很不容易分离。汞会引起人体消化道、口腔、肾脏、肝等损害。慢性中毒时,会引起神经衰弱症候群,表现为极易兴奋、震颤、口腔汞线及炎症,肾功能损害,眼晶体改变,甲状腺肿大,女性月经失调等。汞对人的致死剂量为 $75\sim100mg/d$。汞对水生物有严重危害:水体中汞浓度达 $0.006\sim0.01mg/L$ 时,可使鱼类或其他生物死亡;浓度为 $0.01mg/L$ 时,抑制水体的自净作用。此外,汞也可在沉淀物中累积。

锌是人体必需的微量元素之一,正常人每天从食物中摄取锌 $10\sim15mg$。肝是锌的贮存地,锌与肝内蛋白结合成锌硫蛋白,供给肌体生理反应时所必需的锌。人体缺锌会出现不少不良症状,误食可溶性锌盐对消化道黏膜有腐蚀作用。过量的锌会引起急性肠胃炎症状,如恶心、呕吐、腹痛、腹泻,偶尔腹部绞痛,同时伴有头晕、周身乏力。误食氯化锌会引起腹膜炎,导致休克而死亡。锌对敏感鱼类的致死浓度约为 $0.01mg/L$。水中锌浓度为 $0.1\sim1.0mg/L$ 时,开始对农作物产生危害。此外,锌对水体自净也有影响,对生物法处理设施和城市污水处理厂也有影响。

锰含量高时引起神经细胞的退行性变、坏死和胶质细胞增生,脑血管内膜增厚,血管变窄、脑血流量减少。同时锰能抑制多巴胺的形成,使体内多巴胺含量减少,引起血管收缩、血压升高。

在普通锌锰电池生产中,升汞作为负极缓蚀剂通常加入浆糊中或浆层纸中,常温下升汞极易挥发,所以在普通锌锰电池生产过程中,会产生含汞废气。含汞废气对人类的危害很大,如吸入浓度为 $1200\sim5000\mu g/m^3$ 含汞蒸气的气体,会发生严重急性中毒,将导致生命危险和长期破坏神经系统。浓度在 $100\mu g/m^3$ 水平时,一般人呼吸 $3\sim4$ 年导致慢性中毒;呼吸 4 个月会发生汞吸收。

沥青作为普通锌锰电池封口剂的主要原料,被广泛用于该电池生产中,电池封口时，加热沥青至 150℃ 以上，这时沥青中的挥发分产生多种致癌物质（如苯并 [a] 芘、石蜡气等）。沥青烟气主要来源于普通锌锰电池封口剂工序。沥青烟主要从呼吸道被人体吸入，轻者咳嗽、头晕、恶心，重者易患视力衰退、湿疹、皮肤过敏等。

（2）锌锰电池污染物防治措施与要求

① 含汞废水处理方法与排放要求。

目前，电池企业含汞废水的治理工艺有：a. 铁屑还原法；b. 硫化物、氢氧化物沉淀法；c. 活性炭吸附法；d. 离子交换树脂法等。其中，采用硫化物、氢氧化物沉淀法最为普遍，其去除率可达 95％ 以上。

按 2006 年《电池工业污染物排放标准》（征求意见稿）编制说明：对于普通锌锰电池而言，现有企业总汞排放限值为 0.05mg/L；新建（改、扩建）企业总汞排放限值为 0.02 mg/L；对于碱性锌锰电池而言，总汞不得检出。

② 含锌废水处理方法与排放要求。

目前，含锌废水的治理工艺有：a. 中和沉淀法；b. 离子交换法；c. 反渗透法等。我国目前对含锌废水的治理已经十分成熟。采用中和沉淀法，去除率能达到 99％。

按 2006 年《电池工业污染物排放标准》（征求意见稿）编制说明：现有企业总锌的排放限值为 3.0 mg/L；新建企业总锌的排放限值为 2.0 mg/L。

③ 含锰废水处理方法与排放要求。

目前，含锰废水的治理工艺有：a. 中和沉淀法；b. 离子交换法；c. 反渗透法等。我国目前对含锰废水的治理已经十分成熟。采用中和沉淀法，去除率能达到 98％ 以上。

按 2006 年《电池工业污染物排放标准》（征求意见稿）编制说明：现有企业和新建（改、扩建）企业总锰的排放限值均为 2.0mg/L。

④ 含氨氮水处理方法与排放要求。

按 2006 年《电池工业污染物排放标准》（征求意见稿）编制说明：现有普通锌锰电池生产企业氨氮的标准限值为 25mg/L；新建（改、扩建）企业氨氮的排放限值为 15mg/L。

⑤ 总量排放标准。

锌锰电池生产过程排放的废水为重金属废水，需要对其进行总量控制。目前，《污水综合排放标准》（GB 8978—1996）没有对锌锰电池重金属排放进行总量控制。经过调查，美国联邦法典（40CFR）461 对锌锰电池重金属废水的排放总量做出了规定：汞的标准限值为 11.81mg/kg 锌；锌的标准限值为 1946 mg/kg 锌。按 2006 年《电池工业污染物排放标准》（征求意见稿）编制说明：总汞的标准限值为 30mg/kg 锌，总锌的标准限值为 1800mg/kg 锌；以先进水平为依据，新建（改、扩建）企业废水排放总量，总汞的标准限值为 10mg/kg 锌，总锌的标准限值为

1000mg/kg 锌。

⑥ 含汞废气净化与排放要求。

目前主要净化方法包括：冷凝法、吸收法、吸附法、电子射线法、联合法。如汞浓度较高，先用冷凝法进行预处理。

以吸收法，采取 $KMnO_4$、I_2、$Ca(ClO)_2$、HNO_3、$NaClO$、$K_2Cr_2O_7$、$FeCl_3$ 与汞络合，净化效率可达 $93\% \sim 99\%$。

对于普通锌锰电池生产企业，排放标准（标准状态）要求达到 $0.01mg/m^3$。

⑦ 沥青烟气净化与排放要求。

目前主要净化工艺包括静电捕集法、冷凝法、燃烧法、冷凝-吸附法、吸附法、吸收法以及机械分离法。目前，锌锰电池企业主要采用旋风除尘的方法，其净化效率可达 90% 以上。

对于使用沥青作封口剂的电池生产企业，沥青烟最高允许排放浓度为 $10mg/m^3$。

7.3.2　铅酸电池生产过程中的"三废"危害与防治措施

（1）铅酸电池生产过程中的"三废"危害

在铅酸蓄电池生产过程中，涂板工序、化成工序以及电池清洗工序产生含铅的重金属废水。经调查，水污染物中铅的产生浓度为：$2.2 \sim 97.7mg/L$。在板栅铸造、合金配制、铅零件、铅粉制造等工序不可避免地产生多种含铅烟、铅尘。一般每生产1000个电池会产生 $63.2kg$ 铅尘。另外，在铅酸蓄电池化成工序中，会产生硫酸雾，废弃的化成液及清洗极片的废水也含有一定浓度的硫酸，排放后会对环境造成污染。

铅及其化合物都有毒性。因铅化合物在液体中的溶解度、铅化合物颗粒的大小、化合物的形态不同而毒性不同。铅对人体很多系统都有毒性作用，铅主要经呼吸道侵入人体或污染食物及水之后再经消化系统侵入人体。侵入人体的铅再积蓄于骨髓、肝、脾、大脑及骨骼中，以后慢慢放出，进入血液，积存在软组织中，产生毒性作用。慢性中毒的特点是在齿龈边缘与齿龈中间出现蓝灰色或黑色的连续点（铅线）。

急性铅中毒突出的症状是腹绞痛、肝炎、高血压、周围神经炎、中毒性脑炎及贫血，慢性中毒常见的症状是神经衰弱症。铅中毒引起血液系统的症状，主要是贫血和铅溶。除此之外，铅中毒还可以引起泌尿系统症状，一是铅大量侵入人体后会造成高血压，二是引起肾炎。

铅对鱼类的致死浓度为 $0.1 \sim 0.3mg/L$。浓度为 $0.1mg/L$ 时，可破坏水体自净能力。

（2）铅酸电池生产过程中的污染物防治措施与要求

① 含铅废水处理方法与排放要求。

目前，含铅废水的治理工艺可采取以下方法：a. 混凝沉淀法；b. 中和还原法；

c. 离子交换法等。中、低浓度时，一般采用中和沉淀法，去除率能达到98％以上。

要求：现有企业总铅的排放限值为1.0mg/L；新建（改、扩建）企业总铅的排放限值为0.5mg/L。

② 铅总量排放标准。

铅酸蓄电池生产过程排放的废水为重金属废水，需要对其进行总量控制。

目前，《污水综合排放标准》（GB 8978—1996）没有对铅酸蓄电池重金属排放进行总量控制。经过调查，美国联邦法典（40CFR）461对铅酸蓄电池含铅废水的排放总量做出了规定：铅的标准限值为0.09mg/kg铅。

要求：总铅的标准限值为0.4mg/kg铅；以先进水平为依据，制订新建（改、扩建）企业废水排放总量排放标准，总铅的标准限值为0.2mg/kg铅。

③ 铅及其化合物废气的防治与排放要求。铅酸蓄电池企业废气产生及治理见表7-6。

表7-6　铅酸蓄电池企业废气产生及治理

	废气来源	排气口高度/m	废气产生量/(m³/h)	污染物产生浓度/(mg/m³) 铅	治理措施	除尘效率/%	排放浓度/(mg/m³) 铅
1	制粉	15	4000	3	袋式除尘器	99.5	0.015
2	和膏	15	3000	0.7	冲激式除尘器	98	0.014
3	配合金	15	4000	1.5	HKE铅烟净化装置	99	0.045
4	板栅压铸	15	6000	1.4	HKE铅烟净化装置	99	0.042
5	板栅铸造	15	15000	1.4	HKE铅烟净化装置	99	0.042
6	端子铸造						
7	极耳打磨	15	10000	110	脉冲式布袋除尘器	99.5	0.55
8	分片						
9	半自动极群焊铸	15	15000	1.5	脉冲式布袋除尘器	99.5	0.0075
10	外化成	15	45000	60(酸雾)	物理捕捉器	95	3(酸雾)

减少铅酸蓄电池含铅废气的排放主要有以下几种方法。

a. 工艺技术改造。

目前，铅酸蓄电池熔铅炉铸板工艺主要为高温熔化，高温浇铸。在500～550℃时，铅液具有明显的挥发性。如改用低温熔化（400℃），则铅液较少挥发。

b. 尾气净化工艺。

含铅废气主要净化工艺包括：布袋除尘净化、电除尘、湿法洗涤净化。

一般铅粉机的尾部安装为：旋风分离→布袋除尘→水浴除尘器。个别工厂在尾部加有稀醋酸斜孔塔，用吸收法最后除尘，其效果更好。含铅废气经处理后浓度可由原来的7000mg/m³降到0.1～0.2mg/m³，除尘效率达99.9％。

某蓄电池有限公司铅尘处理工艺如图7-3所示。

根据我国铅酸蓄电池含铅废气的排放现状，以布袋除尘和水浴除尘技术为主，对铅酸蓄电池生产企业，要求达到0.5mg/m³（标准状态）的控制水平。

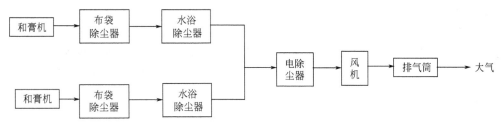

图 7-3 蓄电池铅尘处理工艺流程图

④ 硫酸雾净化与排放标准。

目前，铅酸蓄电池企业硫酸雾净化方式主要有两种：物理捕集过滤法和化学喷淋吸收法。

物理捕集过滤法工艺流程：

废气→风道→初级集酸器→铅酸回收器→防腐风机→管道→排空

化学喷淋吸收法工艺流程：

废气→风道→初级集酸器→防腐风机→PST 型净化塔→管道→排空

根据我国铅酸蓄电池硫酸雾的排放现状，以物理捕集过滤法和化学喷淋吸收法为主，对铅酸蓄电池生产企业，要求达到 $20mg/m^3$（标准状态）的控制水平。

7.3.3 镉镍、镍氢电池生产过程中的"三废"危害与防治措施

（1）镉镍、镍氢电池生产过程中的"三废"危害 在镉镍、氢镍电池生产过程中，排放的主要水污染物为镉、镍等重金属。含镉废水主要来自电池化成负极车间或电解镉负极生产车间，Cd^{2+} 浓度为 0.5～3mg/L。在镉镍电池负极生产和装配工序中还产生含镉及其化合物废气；含镍废水主要来自电极浸渍、化成车间，Ni^{2+} 浓度为 0.5～40mg/L，在镉镍、氢镍电池正极生产和装配工序中还产生含镍及其化合物废气。

镉类化合物毒性很大，与其他金属（如铜、锌）的协同作用可增加其毒性，对水生物、微生物、农作物都有毒害作用。镉是很强的积累性毒物，玉米、蔬菜、小麦等对其具有富集性，人体组织也对其具有积聚作用。镉进入人体后，主要累积于肝、肾等器官，引起骨节变形、神经痛、分泌失调等症状。水体中镉浓度为0.01～0.02mg/L 时，对鱼类有毒性影响；浓度为 0.1mg/L 时，可破坏水体自净能力。口服镉盐中毒潜伏期极短，经 10～20min 即发生恶心、呕吐、腹痛、腹泻等症状。严重者伴有眩晕、大汗、虚脱、上肢感觉迟钝、麻木，甚至可能休克。口服硫酸镉的致死剂量仅为约 30mg。众所周知的"骨痛病"首先发生在日本的富山省通川流域，这是一种典型的镉公害病。原因是镉慢性中毒，导致镉代替了骨骼中的钙而使骨质变软，患者长期卧床，营养不良，最后发生废用性萎缩、并发性肾功能衰竭和感染等并发症而死亡。

镍进入人体后主要存在于脊髓、脑、肺和心脏，以肺为主。如误服镍盐量较大

215

时，则可产生急性胃肠道刺激现象，发生呕吐、腹泻。金属镍粉及镍化合物有可能在动物身上引起肿瘤，肺部可逐渐硬化。镍及其盐类对电镀工人的毒害，主要是镍皮炎。某些皮肤过敏的人长期接触镍盐，先以发痒起病，在接触镍的皮肤部位首先产生皮疹，呈红斑、红斑丘疹或毛囊性皮疹，以后出现散布在浅表皮的溃疡、结痂，或出现湿疹样病损。

(2) 镉镍、镍氢电池生产过程中的防治措施与要求

① 含镉废水的防治措施与要求。

目前，含镉废水的处理方法有：a. 化学沉淀法；b. 电解法；c. 离子交换法等。其中，采用化学沉淀法最为普遍，去除率一般能达到99％以上。

要求：现有企业和新建企业总镉的排放限值均为 0.1mg/L。

② 含镍废水的防治措施与要求。

目前，含镍废水的处理方法有：a. 化学沉淀法；b. 离子交换法；c. 反渗透法等。一般采用化学沉淀法或离子交换法，去除率可达90％以上。

要求：现有企业总镍的标准限值为 1.0mg/L；新建（改、扩建）企业总镍的标准限值均为 0.5mg/L。

③ 总量排放标准。

镉镍、氢镍电池生产过程排放的废水为重金属废水，需要对其进行总量控制。但《污水综合排放标准》（GB 8978—1996）没有对镉镍、氢镍电池重金属排放总量进行控制。

目前，镉镍电池生产企业主要采用负极拉浆工艺，这种工艺能耗大、污染较严重。一些先进企业引进了电沉积设备，采用电沉积工艺后不仅成本低于负极拉浆工艺，且污染物排放量大大减少。镉镍、氢镍电池生产企业正极制造主要采用正极浸渍工艺，浸渍后极带表面会产生氢氧化亚镍浮粉，需经刷片机清洗后才能进入下道工序。清洗水中主要含有氢氧化亚镍的悬浮物。如果采用多级沉降将氢氧化亚镍颗粒沉淀分离，分离后水中仅含有微量的氢氧化亚镍，可进行循环利用，即节约大量用水，又减少污水排放量。

要求：总镉的标准限值为 500mg/kg 镉；以电沉积工艺为依据，制订新建（改、扩建）企业总镉总量排放限值，总镉的标准限值为 200mg/kg 镉。总镍的标准限值为 300mg/kg 镍粉 [以 $Ni(OH)_2$ 计]；以先进水平为依据，制订新建（改、扩建）企业总镍总量排放限值，总镍的标准限值为 100mg/kg 镍粉 [以 $Ni(OH)_2$ 计]。

④ 镉、镍及其化合物废气的排放要求。

对于镉镍电池生产企业，镉及其化合物废气的排放要求达到 $0.5mg/m^3$（标准状态）。

对于镉镍、氢镍电池生产企业，镍及其化合物废气的排放要求达到 $3.5mg/m^3$（标准状态）。

7.3.4 电池污染物控制的有关规定

（1）有关废电池回收的规定 废电池环境管理、处理处置和资源再生执行《废电池污染防治技术政策》。

（2）有关一般固废的规定 电池生产过程中产生的固体废弃物进行最大限度的回收利用，如不能回收利用而进行外排或堆放，应考虑其中是否存在有毒有害物质。对于一般工业固体废物处理处置应执行《一般工业固体废物贮存、处置场污染控制标准》（GB 18599）。

（3）有关危险废物的规定 根据《国家危险废物名录》的规定，含锌电池制造业产生的含锌废物、含镉电池制造业产生的含镉废物、含汞电池制造业产生的含汞废物以及铅（酸）蓄电池生产中产生的废铅渣及铅酸（污泥）属于危险废物。这些危险废物如不妥善处理，会对环境造成严重的影响。因此，企业如果对危险废物自行处理，必须执行以下要求。

① 电池生产企业对产生的危险废物必须按照国家有关规定申报登记，对盛放危险废物的容器和包装物以及收集、贮存的设施、场所，必须设置危险废物识别标志。

② 企业对生产过程中产生的危险废物的暂时贮存应执行《危险废物贮存污染控制标准》（GB 18597—2001）。

③ 危险废物的焚烧应执行《危险废物焚烧污染控制标准》（GB 18484—2001）；危险废物的填埋应执行《危险废物填埋污染控制标准》（GB 18598—2001）。

④ 危险废物产生单位如无妥善处理危险废物的技术设施，将危险废物转移至其他单位进行处理时，接受单位必须具有"危险废物经营技术资格证书"。危险废物的转移和运输，必须遵守《危险废物转移联单管理办法》中的有关规定。

（4）有关电池防尘、防毒的规定 根据电池生产企业的实际情况，以及相关法规的规定，防尘、防毒规定如下。

① 电池生产企业必须制订防尘、防毒工作的规章制度：岗位责任制、操作规程、运行记录，建立防尘、防毒设施的维修保养制度等。

② 除尘设备的利用率不得低于90%。

③ 生产车间粉尘以及汞、镉、铅等有毒物质必须符合《工作场所有害因素职业接触限值》的规定。

④ 锌锰电池生产过程中的防尘措施执行《锌锰干电池生产防尘毒技术规范》。

（5）卫生防护距离的规定 铅酸蓄电池企业必须符合《铅蓄电池厂卫生防护距离标准》的规定。

参 考 文 献

［1］朱松然．蓄电池手册．天津：天津大学出版社，1997.

［2］郭鹤桐，谭奇贤．电化学教程．天津：天津大学出版社，2000.

［3］印永嘉，奚正楷，李大珍．物理化学简明教程，北京：高等教育出版社，1992.

［4］宋文顺．化学电源工艺学．北京：中国轻工业出版社，1998.

［5］查全性．电极过程动力学导论．北京：科学出版社，2002.

［6］朱松然等．铅蓄电池技术．北京：机械工业出版社，1995.

［7］吕鸣祥等．化学电源．天津：天津大学出版社，1992.

［8］郭炳焜，李新海，杨松青．化学电源——电池原理及制造技术．长沙：中南工业大学出版社，2000.

［9］朱松然．铅蓄电池实用手册．北京：机械工业出版社，1995.

［10］李荻．电化学原理．北京：北京航空航天大学出版社，1999.

［11］高颖，邬冰．电化学基础．北京：化学工业出版社，2004.

［12］魏宝明．金属腐蚀理论与应用．北京：化学工业出版社，1984.

［13］胡福增，陈国革，杜永娟．材料表界面．上海：华东理工大学出版社，2001.

［14］吉泽四郎主编．电池手册．杨玉伟等译．北京：国防工业出版社，1987.

［15］李景虹．先进电池材料．北京：化学工业出版社，2004.

［16］K V Kordesch 主编．电池组（第一卷）．夏熙，袁光钰译．北京：轻工业出版社，1981.

［17］D berndf 著．免维护蓄电池．唐槿译．北京：中国科学技术出版社，2001.

［18］吴宇平等．锂离子电池——应用与实践．北京：化学工业出版社，2004.

［19］吴宇平，万春荣，姜长印等．锂离子二次电池．北京：化学工业出版社，2002.

化学电源设计

附录一 固定型阀控密封式铅酸蓄电池 (GB/T 19638.2—2005)

1 范围

本标准规定了固定型阀控密封式铅酸蓄电池的技术要求、试验方法、检验规则、标志、包装、运输和贮存。

本标准适用于在静止的地方并与固定设备结合在一起的浮充使用或固定在蓄电池室内的用于通信、设备开关、发电、应急电源及不间断电源或类似用途的所有的固定型阀控密封式铅酸蓄电池（以下简称蓄电池）和蓄电池组。蓄电池中的硫酸电解液是不流动的，或吸附在电极间的微孔结构中或呈胶体形式。

本标准不适用于机车起动用、太阳能充电用和普通的铅酸蓄电池和蓄电池组。

2 规范性引用文件（略）

3 定义（略）

4 符号（略）

5 蓄电池型号与外型尺寸

5.1 蓄电池型号的命名

蓄电池型号的命名按 JB/T 2599 标准，用以下含义：

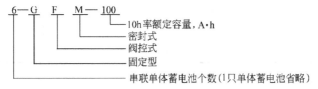

5.2 蓄电池的外形尺寸

蓄电池的外形尺寸由制造商提供图样或文件。

6 技术要求

6.1 结构要求

（1）蓄电池由正极板、负极板、隔板、蓄电池槽、蓄电池盖、硫酸（或胶体）电解质、端子、排气阀等组成；蓄电池槽与蓄电池盖之间应密封，使蓄电池内部产生的气体不得从排气阀以外排出，蓄电池组由单只蓄电池连接形成。

（2）蓄电池的正、负极端子及极性应有明显标记，便于连接，端子尺寸应符合制造商产品图样。

（3）蓄电池槽应符合 JB/T 3076 标准规定。

（4）蓄电池外形尺寸应符合制造商产品图样或文件规定。

（5）蓄电池外观不应有裂纹、污迹及明显变形。

（6）蓄电池除排气阀外，其他各处均要保持良好的密封性，应能承受 50kPa 正压或负压。

（7）蓄电池重量。

① 蓄电池重量应不超过表 1 的要求，表 1 中的蓄电池重量为标称值，以 1000A·h 为界；1000A·h 以下的重量上偏差不超过标称值的 8%，1000A·h 以上包括 1000A·h 上偏差不超过标称值的 5%。重量下偏差不限。

② 特殊蓄电池的重量由制造商与用户协商确定。

表 1 蓄电池重量

额定容量/A·h	重量/kg		
	12V	6V	2V
25	14	—	—
50	23	—	—
65	31	—	—
80	36	—	—
100	44	21	8
200	80	40	17
300	124	—	24
400	—	—	31
450	—	—	35
500	—	—	38
600	—	—	44
800	—	—	60
1000	—	—	72
1500	—	—	114
2000	—	—	145
3000	—	—	215

6.2 安全性要求

6.2.1 气体析出量

蓄电池按 7.7 试验，单体蓄电池平均每安·时对外释放出的气体量 G_e，在标准状态下应符合下述规定值：

a. 在 20℃及单体蓄电池电压为 U_{flo}（V）充电条件下 $G_e \leqslant 0.04\text{mL}$；

b. 在 20℃及单体蓄电池电压为 2.40V 充电条件下 $G_e \leqslant 1.70\text{mL}$。

6.2.2 大电流耐受能力

蓄电池按 7.8 试验，端子、极柱及汇流排不应熔化或熔断；槽、盖不应熔化或变形。

6.2.3 短路电流与内阻水平

蓄电池按 7.9 试验，表示出其短路电流值和内阻计算值供用户参考。

6.2.4 防爆能力

蓄电池按 7.10 试验，当外遇明火时其内部不应发生燃烧或爆炸。

6.2.5　防酸雾能力

蓄电池按 7.11 试验，充电电量每 1A·h 析出的酸雾量应不大于 0.025mg。

6.2.6　排气阀动作

蓄电池按 7.12 试验，排气阀应在 1～49kPa 的范围内可靠的开启和关阀。

6.2.7　耐接地短路能力

蓄电池按 7.13 试验，不应有腐蚀、烧灼迹象及槽盖的碳化。

6.2.8　材料的阻燃能力

有阻燃要求的蓄电池按 7.14 试验，槽、盖的有焰燃烧时间应≤10s；有焰加无焰燃烧时间应≤30s。

6.2.9　抗机械破损能力

蓄电池按 7.15 试验，槽体不应有破损及漏液。

6.3　使用性要求

6.3.1　端电压的均衡性能

蓄电池按 7.16 试验，开路端电压最高值与最低值的差值 $\Delta U \leqslant 20\text{mV}(2\text{V})$；$50\text{mV}(6\text{V})$；$100\text{mV}(12\text{V})$；浮充状态 24h 端电压最高值与最低值的差值 $\Delta U \leqslant 90\text{mV}(2\text{V})$；$240\text{mV}(6\text{V})$；$480\text{mV}(12\text{V})$。

6.3.2　容量性能

蓄电池按 7.17 及表 2 程序试验。10h 率容量在第一次循环应不低于 $0.95C_{10}$，在第 3 次循环内应达到 C_{10}。3h 率容量应达到 C_3，1h 率容量应达到 C_1。

6.3.3　连接电压降

蓄电池按 7.18 试验，蓄电池与蓄电池间的连接电压降应≤10mV。

6.3.4　耐过充电能力

蓄电池按 7.19 试验，其外观应无明显变形及漏液。

6.3.5　荷电保持性能

蓄电池按 7.20 试验，储存 90d 后其荷电保持能力 $R \geqslant 80\%$。

6.3.6　再充电性能

蓄电池按 7.21 试验，U_{flo}（V）恒压充电 24h 的再充电能力因素 R_{bf24h} 应≥85%；恒压充电 168h 的再充电能力因素 R_{bf168h} 应≥100%。

6.4　耐久性要求

6.4.1　循环耐久性

以下三项要求可任选一项进行试验。

6.4.1.1　浮充电循环耐久性

蓄电池按 7.22 试验，浮充电循环应不低于 300 次。

6.4.1.2　过充电循环耐久性

蓄电池按 7.23 试验，过充电循环 2V 蓄电池应不低于 240d；6V，12V 蓄电池应不低于 180d。

6.4.1.3　加速浮充电循环耐久性

蓄电池按 7.24 试验，加速浮充电循环 2V 蓄电池应不低于 180d；6V，12V 蓄电池应不低于 150d。

6.4.2　热失控敏感性

蓄电池按 7.25 试验，蓄电池温升应≤25℃；每 24h 之间的电流的增长率应≤50%。

6.4.3　低温敏感性

蓄电池按 7.26 试验，10h 率放电容量 C'_a 应≥0.90C_a；外观不应有破裂、过度膨胀及槽、盖分离。

6.4.4　信息与警告标记的存在与耐久性

蓄电池按 7.27 试验，单体或整体蓄电池应耐久性地显示下述信息与警告标记。

a. 蓄电池正、负极端子的极性符号（＋、－）凹的或凸的模制在临近的端子的盖子上，符号的尺寸不得小于 5mm。

b. 蓄电池的名称、型号、额定电压、额定容量（C_{10}），商标。

c. 在 20℃ 或 25℃ 时规定的浮充电压，（U_{flo}）。

d. 蓄电池连接时推荐使用的端子扭矩（N_m）。

e. 蓄电池的制造地点和制造商名称。

f . ISO 给出的警告符号：

——电击危险；

——不允许明火或火花；

——佩戴眼睛保护设施；

——遵守使用说明书；

——环境保护和循环利用符号；

——十字路口废物箱。

7　检验方法

7.1　电流测量仪器

7.1.1　仪表量程

所使用仪表的量程随被测电流和电压的量程值确定，指针式仪表读数应在量程后三分之一范围内。

7.1.2　电压测量

测量电压用的仪表是具有 0.5 级或更高精度的电压表，其内阻至少为 10000Ω/V。

7.1.3　电流测量

测量电流用的仪表应是具有 0.5 级或更高精度的电流表。

7.1.4　温度测量

测量温度用的温度计应具有适当的量程，每个分度值不应大于1℃，温度计的标定精度应不低于0.5℃。

7.1.5　时间测量

测量时间用的仪表应按时、分、秒分度，至少具有每小时±1s的精度。

7.1.6　长度测量

测量蓄电池外形尺寸的量具精度应不低于±0.1％。

7.1.7　压力测量

测量压力用仪表精度应不低于±10％。

7.1.8　气体体积测量

测量气体体积用仪器精度应不低于±5％。

7.2　试验前的准备

7.2.1　完全充电

a. 蓄电池在20～25℃条件下，以（2.40±0.01)V/单格［限流2.5I_{10}(A)］的恒定电压充电至电流值5h稳定不变时，认为蓄电池是完全充电。

b. 按制造商提供的完全充电方法。

7.2.2 试验用的蓄电池必须是在三个月内生产的产品，并经完全充电后在单体蓄电池或蓄电池组沿竖直位置进行。

7.3　外观检验

用目视检查蓄电池外观质量。

7.4　外形尺寸检查

用符合精度的量具测量蓄电池外形尺寸。

7.5　极性检验

用目视或反极仪器检查蓄电池极性。

7.6　密封性检验

通过蓄电池排气阀的孔内充入（或抽出）气体，当正压力（或压力）为50kPa时，压力计指针应稳定3～5s。

7.7　气体析出量试验

（1）经7.17 10h率容量试验达到额定容量值的蓄电池完全充电后在20～25℃的环境中以U_{flo}(V)电压浮充电72h，记录蓄电池电压值并检查蓄电池封合处有无电解液泄漏。

（2）浮充电72h后在浮充状态下按图1所示方法收集气体并持续192h（收集气体的量筒最大应距水面20mm）。

（3）测量并记录192h内收集的气体总量V_a(mL)，在气体收集期间，

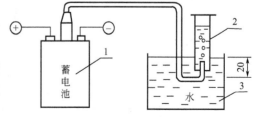

图1　收集气体装置
1—蓄电池；2—量筒；3—水

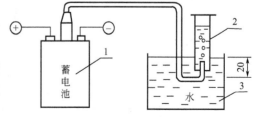

每天测记一次环境温度（℃）和环境大气压力（kPa）。

（4）按式（1）计算在标准状态下（20℃，101.3kPa）的修正气体量 V_n（水蒸气压力忽略不计）。

$$V_n = \frac{V_a \times 293}{T_a + 273} \times \frac{p_a}{101.3} \tag{1}$$

式中　T_a——收集气体期间的环境平均温度，℃；

　　　p_a——收集气体期间的环境平均大气压力，kPa；

　　　273——绝对温标，K；

　　　293——［20℃＋273］，K。

（5）按式（2）计算出在浮充状态下每单体蓄电池每安时，对外析出的气体量 G_e(mL)。

$$G_e = \frac{V_n}{n \times 192 \times C_{10}} \tag{2}$$

式中　n——单体蓄电池数；

　　　C_{10}——10h率额定容量。

（6）将蓄电池充电电压提高到（2.40±0.01）V/单体，重复（2）条～（5）条。

7.8　大电流耐受能力试验

（1）经7.17条进行3h率容量试验并达到额定容量值的蓄电池完全充电后，在20～25℃环境中，以 $30I_{10}$（A）的电流放电3min。

（2）检查蓄电池的内外部有否端子、极柱及汇流排熔化、熔断现象及槽盖熔化、变形现象，并做好记录。

注：试验期间应采取措施防备电池爆炸，电解液和熔融铅飞溅的危险。

7.9　短路电流与内阻水平试验

（1）经7.17 3h率容量试验达到额定容量值的蓄电池完全充电后，在20～25℃的环境中，通过两点测定法测定 $U = f(I)$ 放电特性曲线。

a. 第一点（U_a，I_a）

以电流 $I_a = 4 \times I_{10}$（A）放电20s，测量并记录蓄电池的端电压 U_a 值，间断5min。不经再充电确定第二点。

b. 第二点（U_b，I_b）

以电流 $I_b = 20 \times I_{10}$（A）放电5s，测量并记录蓄电池电压 U_b 值。

注：端电压应在每只蓄电池的端子处测量，确定无外部电压降干扰试验结果。

（2）用测定的两点电压值（U_a，U_b）和电流值（I_a，I_b）绘出 $U = f(I)$ 特性曲线（图2），将特性曲线 $U = f(I)$ 线性外推，当 $U=0$ 时示出

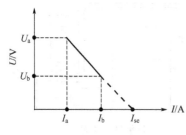

图2　$U = f(I)$ 特性曲线

短路电流（I_{se}），并通过计算得出内电阻（R_i）。

由图 2 可求出：

$$I_{se} = \frac{U_a I_b - U_b I_a}{U_a - U_b}(A)$$

$$R_i = \frac{U_a - U_b}{I_b - I_a}(\Omega)$$

7.10 防爆能力试验

（1）试验应在确认安全措施得以保证后进行。

（2）以 $0.5I_{10}$（A）电流对完全充电状态下的蓄电池进行过充电 1h。

（3）在不终止充电情况下，在蓄电池排气孔附近，用直流 24V 电源，熔断 1～3A 保险丝（保险丝距排气孔 2～4mm）反复试验两次。

7.11 防酸雾能力试验

（1）完全充电的蓄电池用 $0.5I_{10}$（A）的电流，继续充电 2h 后开始收集气体。

（2）用图 3 所示方法将三只分别装有氢氧化钠溶液和蒸馏水的吸收瓶（500mL）串联收集气体 2h。其中第一个吸收瓶内装有 0.01mol/L 的氢氧化钠溶液 25mL 及蒸馏水 70mL；第二、第三个吸收瓶内分别装有蒸馏水 50mL。收集气体时间从溶液中产生气泡开始计时。

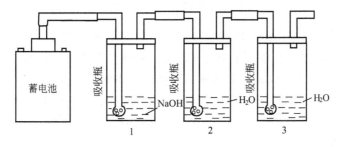

图 3　防酸雾试验气体收集装置

（3）将收集气体后的溶液移至 500mL 烧杯中，用第二、第三吸收瓶中的溶液依次洗涤第一吸收瓶，然后再将三个吸收瓶统一用 50mL 蒸馏水洗涤，洗涤液一同并入 500mL 烧杯中，加入 18～20 滴中性红-亚甲基蓝混合指示剂，然后用 0.01mol/L 的盐酸标准溶液滴定至溶液由绿色变为蓝色为终止。

（4）用移液管吸取 0.01mol/L 氢氧化钠标准溶液 25mL 作空白，加蒸馏水至溶液体积约为 250mL，加入 18～20 滴中性红-亚甲基蓝混合指示剂，用 0.01mol/L 的盐酸标准溶液滴定至溶液由绿色变为蓝色为终止。

（5）按式（3）计算酸雾析出量 M_a[mg/(A·h)]。

$$M_a(H_2SO_4) = \frac{(V_0 - V_1) \times 49.04c}{0.5I_{10} \times 2 \times n} \tag{3}$$

式中　V_0——滴定空白时盐酸标准溶液用量，mL；

　　　V_1——滴定试样时盐酸标准溶液用量，mL；

　　　c——盐酸标准溶液的浓度，mol/L；

　　49.04——$M\left(\dfrac{1}{2}H_2SO_4\right)$的毫摩尔质量，mg/mol；

　　　2——充电时间，h；

　　　n——单体蓄电池数。

7.12　排气阀动作试验

（1）按图 4 所示方法将完全充电的蓄电池连接到测量装置，并置于水槽中，水槽液面至安全阀顶部的距离不超过 5cm。

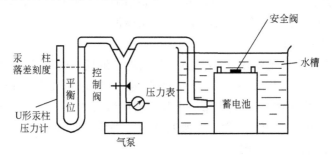

图 4　安全阀动作测量系统图

（2）试验在 25℃±5℃ 的环境中进行，先测记 U 形汞柱压力计的平衡位刻度值，启动气泵，将压力控制在 1 个大气压力，缓慢打开控制阀给蓄电池内部加压，这时 U 形汞柱压力计内的汞柱分别偏离平衡值，当加压至排气阀部位冒出气泡时刻，测记汞柱压力计连通大气压侧的刻度值，然后关闭控制阀及气泵，通过自然减压法观察排气阀处气泡产生情况，当无气泡冒出时，测记 U 形汞柱压力计汞柱连通大气压侧的刻度值。

（3）开阀压、闭阀压的计算

$$开阀压=(p_1-p_0)\times2\times0.1332(kPa)$$

$$闭阀压=(p_2-p_0)\times2\times0.1332(kPa)$$

式中　p_0——平衡位汞柱刻度值，mm；

　　　p_1——开阀时汞柱刻度值，mm；

　　　p_2——闭阀时汞柱刻度值，mm；

　　0.1332——1mmHg 压力值，kPa。

7.13　耐接地短路能力

（1）完全充电的蓄电池在 20～25℃ 的环境中以 U_{flo}(V) 进行浮充，在浮充状态下将蓄电池按图 5 所示方法连接到一个在端子与金属铅带间能施加 110V±10V 直流电压，受试验电池水平放置，并使金属铅带保持接地状态，槽盖的封合处尽可能直接接触到金属铅带。

（2）在 $20\sim25℃$ 的干燥环境中直流电压的负极与电池的端子连接，正极与金属铅带连接，接通电路并在此状态下保持 $30d$，每天测记一次对地短路电流值。

（3）$30d$ 结束后，检查并记录金属铅带和蓄电池是否有腐蚀、烧灼迹象以及槽盖的炭化区域。

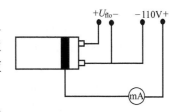

图 5　接地短路试验装置

7.14　材料的阻燃能力试验

（1）在蓄电池的槽和盖上各截取一块长 $(125\pm5)mm$，宽 $(13.0\pm0.3)mm$ 的试样。

（2）按图 6 所示方法用环形支架上的夹具夹住试样上端 $6mm$，使试样长轴保持铅直，并使试样下端距水平铺置的干燥医用脱脂棉层（$50mm\times50mm\times6mm$）距离约为 $300mm$。

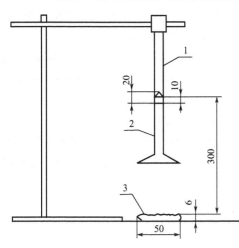

图 6　垂直燃烧试验装置

1—试样；2—本生灯；3—脱脂棉

（3）对试样施加火焰 $10s$ 后，立即把本生灯撤到离试样至少 $150mm$ 处，同时用计时器测定试样的有焰燃烧时间 t_1。

（4）试样有焰燃烧停止后，立即按上述方法再次施焰 $10s$，并需保持试样余下部分与本生灯口相距 $10mm$，施焰完毕，立即撤离本生灯，同时测定试样的有焰燃烧时间 t_2 和无焰燃烧时间 t_3。此外要记录是否有滴落物及滴落物是否引燃了脱脂棉。

（5）试样的有焰燃烧时间（t_1+t_2）应 $\leqslant10s$，第二次施焰加上无焰燃烧时间（t_2+t_3）应 $\leqslant30s$。

注：有焰燃烧——移开火源后，材料火焰持续的燃烧。

无焰燃烧——移开火源后，当有焰燃烧终止或无火焰产生时，材料保持辉光的燃烧。

7.15　抗机械破损能力

完全充电的蓄电池在 $20\sim25℃$ 的环境中按以下规定的高度向坚固、平滑的水泥地面上以正立状态自由跌落两次，检查并记录蓄电池是否有破损及泄漏。

$\leqslant50kg$ 的蓄电池跌落高度为 $100mm$；

$>50kg\leqslant100kg$ 的蓄电池跌落高度为 $50mm$；

$>100kg$ 的蓄电池跌落高度为 $25mm$。

227 ●

7.16 端电压的均衡性能试验

(1) 完全充电的蓄电池组在 20～25℃ 的环境中开路静置 24h，分别测量和记录每只蓄电池的开路端电压值（测量点在端子处），计算开路端电压最高值与最低值的差值 ΔU。

(2) 用 U_{flo}(V) 电压对蓄电池组进行浮充电，在浮充状态 24h 后，分别测量和记录每只蓄电池的浮充端电压值（测量点在端子处），计算浮充端电压最高值与最低值的差值 ΔU。

7.17 容量性能试验

(1) 蓄电池经完全充电后，静置 1～24h，当蓄电池的表面温度为 25℃±5℃ 时，进行容量放电试验。10h 率容量用 I_{10}(A) 的电流放电到单体蓄电池平均电压为 1.80V 时终止；3h 率容量用 I_3(A) 的电流放电到单体蓄电池平均电压为 1.80V 时终止；1h 率容量用 I_1(A) 的电流放电到单体蓄电池平均电压为 1.75V 时终止，记录放电开始时蓄电池平均表面初始温度 t 及放电持续时间 T。

(2) 放电期间测量并记录单体蓄电池的端电压及蓄电池表面温度，测记间隔 10h 率容量试验为 1h；3h 率容量试验为 30min；1h 率容量试验为 10min。在放电末期要随时测量，以便确定蓄电池放电到终止电压的准确时间。

(3) 在放电过程中，放电电流的波动不得超过规定值的 ±1%。

(4) 用放电电流值 I(A) 乘以放电持续时间 T(h) 来计算实测容量 C_t(A·h)。

(5) 当放电期间蓄电池平均表面温度不是基准 25℃ 时，应按公式 (4) 换算成 25℃ 基准温度时的实际容量 C_a。

$$C_a = \frac{C_t}{1 + f(t - 25)} \tag{4}$$

式中 t——放电过程蓄电池平均表面温度，℃；

C_t——蓄电池平均表面温度为 t(℃) 时实测容量，A·h；

C_a——基准温度 25℃ 时容量，A·h；

f——温度系数，℃$^{-1}$，C_{10} 和 C_3 时 $f = 0.006^{-1}$；C_1 时 $f = 0.01^{-1}$。

(6) 放电结束后，蓄电池进行完全充电。

7.18 蓄电池连接电压降试验

连接电压降试验在 7.17 (1) 1h 率容量试验过程中进行，在 1h 率容量试验的放电过程中，依次测量每相邻两只蓄电池之间连接条的电压降，测量部位在端子根部，记录电压值。

7.19 耐过充电能力试验

(1) 经 7.17 容量试验达到额定值的蓄电池完全充电后在 20～25℃ 环境中以 $0.3I_{10}$(A) 电流连续充电 160h。

(2) 过充电完毕后，静置 1h，检查蓄电池外观有无变形泄漏现象。

7.20 荷电保持性能试验

（1）10h 率容量试验达到额定值的蓄电池完全充电后，按 7.17 规定的方法进行静置前的 10h 率容量试验，得出静置前的容量 C_a（25℃）后，将蓄电池面在清洁、25℃±5℃的环境中开路静置 90d，在蓄电池静置过程中每天记录一次蓄电池端电压及表面温度，静置 90d 后蓄电池不经再充电按 7.17 条进行静置后的 10h 率容量试验，并得出静置后的容量 C_b（25℃）。

（2）按式（5）计算荷电保持能力 R 值：

$$R = \frac{C_b}{C_a} \times 100\% \qquad\qquad (5)$$

式中　R——荷电保持能力，%；

　　　C_a——静置前实际容量，$A \cdot h$；

　　　C_b——静置后实际容量，$A \cdot h$。

7.21 再充电性能试验

（1）经 7.17 10h 率容量试验达到额定值的蓄电池完全充电后在 25℃±5℃ 的环境中，以 I_{10}（A）电流放电至单体平均电压为 1.80V 时终止，将所得的容量值修正至 25℃容量 C_a。

（2）放电后蓄电池静置 1h，以 U_{flo}（V）电压限流 $2.0I_{10}$（A）进行再充电 24h。然后以 I_{10}（A）电流放电至单体蓄电池平均电压为 1.80V 时终止，将所得的容量值修正至 25℃容量 C_{a24h}。

（3）计算蓄电池再充电能力因素 $R_{bf24h} = (C_{a24h} \times 100)/C_a$（%）。

（4）蓄电池进行完全充电后再次以 I_{10}（A）电流放电至单体蓄电池平均电压为 1.80V 时终止，将所得的容量值修正至 25℃容量 C_a。

（5）放电后蓄电池静置 1h，以 U_{flo}（V）电压限流 $2.0I_{10}$（A）进行再充电 168h。然后以 I_{10}（A）电流放电至蓄电池单体平均电压为 1.80V 时终止，将所得的容量值修正至 25℃容量值 C_{a168h}。

（6）计算蓄电池再充电能力因素 $R_{bf168h} = (C_{a168h} \times 100)/C_a$（%）。

7.22 浮充电循环耐久性试验

（1）经 10h 率容量试验达到额定值的蓄电池完全充电后在 20℃±5℃ 的环境中按以下方法进行连续放充循环：

　　a. 以 $2.0I_{10}$（A）的恒定电流放电 2h；

　　b. 以 U_{flo}（V）的恒定电压［限流 $2.0I_{10}$（A）］充电 22h。

（2）经过 50 次这样的循环之后，蓄电池不经再充电按 7.17 进行 10h 率容量试验。计算放电容量 C_a（25℃）。

（3）当放电容量 C_a 不低于 $0.80C_{10}$ 时，蓄电池经完全充电后按 7.22（1）进行下一个 50 次放充循环。

（4）当放电容量 C_a 低于 $0.80C_{10}$ 时，再进行一次 10h 率容量放电试验验证，

如果验证结果 C_a 不低于 $0.80C_{10}$，则蓄电池经完全充电后继续转入下一 50 次放充循环；如果验证结果 C_a 仍低于 $0.80C_{10}$，则浮充电循环耐久试验终止，此 50 次循环不计入浮充电循环总数。

7.23　过充电循环耐久性试验

（1）经 7.17 1h 率容量试验达到额定值的蓄电池完全充电后在 $25℃±2℃$ 的环境中以 $0.2I_{10}$（A）的恒定电流连续充电 30d。

（2）经过 30d 连续充电后，蓄电池不经再充电按 7.17 进行 1h 率容量放电试验，计算放电容量 C_a（25℃）。

（3）当放电容量 C_a 不低于 $0.80C_1$ 时，蓄电池完全充电后按 7.22（1）进行下一次 30d 连续充电。

（4）当放电容量 C_a 低于 $0.80C_1$ 时，再进行一次 1h 率容量放电试验验证，如果验证结果 C_a 不低于 $0.80C_1$，蓄电池继续转入下一次 30d 连续充电；如果验证结果 C_a 仍低于 $0.80C_1$，则过充电循环耐久试验终止，此 30d 不计入过充电循环总数。

7.24　加速浮充电循环耐久性试验

（1）经 7.17 3h 率容量试验达到额定值的蓄电池完全充电后在 $60℃±2℃$ 的环境中以 U_{flo}（V）恒定电压连续充电 30d。

（2）经过 30d 连续浮充电后，蓄电池在浮充状态下冷却到 $25℃±2℃$，然后进行 3h 率容量放电试验，计算放电容量 C_a（25℃），整个冷却及放电过程应在 36h 以内完成。

（3）当放电容量不低于 $0.80C_3$ 时，蓄电池经完全充电后按 7.24（1）进行下一次 30d 连续浮充电。

（4）当放电容量低于 $0.80C_3$ 时，再进行一次 3h 率容量放电试验验证，如果验证结果 C_a 不低于 $0.80C_3$，则蓄电池经完全充电后按 7.24（1）继续下一次 30d 连续浮充电；如果验证结果 C_a 仍低于 $0.80C_3$ 时，加速浮充电耐久试验终止，此 30d 不计入浮充电循环总数。

7.25　热失控敏感性试验

（1）经 7.17 10h 率容量试验达到额定容量值的蓄电池完全充电后在 $20\sim25℃$ 的环境中以 $(2.45±0.01)V$/单体的恒定电压（不限流）连续充电 144h。

（2）充电过程中每隔 24h 测记一次浮充电流值和蓄电池表面温度值（测量点在端子部位）。

（3）计算浮充电流在任一 24h 之内的增长率 ΔI 和充电初始温度与充电结束时温度的温升值 Δt；当 ΔI 大于 50%（例如由 $200mA$ 增大到 $300mA$）和 Δt 大于 $25℃$ 时，则认为蓄电池存在热失控的条件。

7.26　低温敏感性试验

（1）按 7.17 10h 率容量试验达到额定容量值的蓄电池完全充电后在 $20\sim25℃$

的环境中以 I_{10} 电流放电至单体蓄电池平均电压为 1.80V 时终止，将所得到的实际容量修正至 C_a（25℃），蓄电池不经再充电置于 $-18℃\pm2℃$ 的冷冻机（室）中静置 72h。

（2）72h 后将蓄电池从冷冻机（室）内取出在室温下开路静置 24h，然后在 20～25℃ 的环境中以 U_{flo} 电压（限流 $2.0I_{10}$）连续充电 168h。

（3）蓄电池按 7.17 进行 10h 率容量试验，将所得的实测容量修正至 C'_a（25℃）。

7.27 信息与警告标记的存在与耐久性试验

（1）对标记的存在进行目测检查。

（2）完全充电的蓄电池擦净表面在室温下用下述试剂进行标记耐久性试验：

a. 用浸有水的软布擦拭标签和标记 15s，再用浸有汽油的软布擦拭 15s，然后用目力检查。

b. 用浸有碳酸钠（Na_2CO_3）或碳酸氢钠（Na_2HCO_3）饱和水溶液的软布擦拭标签和标记 15s，在空气中晾干，然后目力检查。

c. 用浸有密度为 $1.300g/cm^3$（25℃）硫酸溶液的软布擦拭标签和标记 15s，用水冲洗，在空气中晾干，然后目力检查。

（3）记录或图示、图片标签和标记及应用试剂前后状态。

8 检验规则

（1）**检验分类** 检验分为出厂检验、周期检验和型式检验。

① **出厂检验、周期检验** 凡提出交货的产品，须按出厂检验项目和周期检验项目进行检验，检验项目及检验样品数量见表 3。

② **型式检验** 遇有下列情况之一时，应抽样进行型式检验，作型式检验必须是经出厂检验合格的产品。

a. 试制的新产品；

b. 产品结构、工艺配方或原材料有更改时；

c. 批量生产的产品进行的定期抽样检验；

d. 政府行为的检验。

同系列蓄电池型式检验时一般选取产量最大的型号抽样。

（2）型式检验项目与全项试验程序见表 2。

（3）出厂检验和周期检验项目、样品数量和检验周期见表 3。

（4）检验判定准则：

a. 依检验现象评定的检验项目，以检验现象进行判定；

b. 依检验数据评定的检验项目，以全部参试蓄电池的测试数据作为该项目的判定数据，若有一只参试电池的测试数据不符合本标准要求时，可加倍复测，如仍有一只达不到要求，则判定该批产品不合格。

（5）产品出厂检验合格后方可出厂，并附有产品检验合格的文件。

表 2 型式检验项目与全项试验程序

试验程序	检验项目	样品编号及试验项目分配					
		1	2	3	4	5	6
试验前	外观、极性	√	√	√	√	√	√
	外形尺寸	√					
	密封性	√	√	√	√	√	√
	重量	√	√	√	√	√	√
	信息与警告标记的存在与耐久性						√
1～3	10h 率容量	√	√	√	√	√	√
4	3h 率容量	√	√	√	√	√	√
5	10h 率容量	√	√	√	√	√	√
6	1h 率容量、连接电压降	√	√	√	√	√	√
7	端电压的均衡性	√	√	√	√	√	√
8	气体析出量	√					
8	循环耐久性		√				
8	再充电能力			√			
8	荷电保持能力				√		
8	低温敏感性					√	
8	短路电流与内阻水平						√
9	排气阀动作		√				
9	热失控敏感性						√
9	防酸雾能力	√					
9	耐接地短路能力			√			
9	大电流耐受能力				√		
9	抗机械破损能力						√
10	耐过充电能力	√					
10	防爆能力					√	
10	材料的阻燃能力						√

10h 率容量提前达到可直接进行下项试验

表 3 出厂检验及周期检验项目、样品数量与检验周期

序号	检验分类	检验项目	样本单位	检验周期
1	出厂检验	外观	全数	—
2		极性	全数	—
3		密封性	全数	—
4		尺寸	抽查 3%	—
5		重量	抽查 3%	—

序号	检验分类	检 验 项 目	样 本 单 位	检 验 周 期
6		容量性能	6只	3月一次
7		端电压的均衡性能	6只	3月一次
8		连接电压降	6只	3月一次
9		气体析出量	1只	6月一次
10		大电流耐受能力	1只	6月一次
11		短路电流与内阻水平	1只	6月一次
12		防爆能力	1只	6月一次
13		防酸雾能力	1只	6月一次
14		排气阀动作	1只	12月一次
15	周期检验	耐接地短路能力	1只	6月一次
16		材料的阻燃能力	1只	6月一次
17		抗机械破损能力	1只	6月一次
18		耐过充电能力	1只	6月一次
19		荷电保持性能	1只	12月一次
20		再充电性能	1只	12月一次
21		热失控敏感性	1只	12月一次
22		低温敏感性	1只	12月一次
23		循环耐久性	1只	12月一次
24		信息与警告标记存在与耐久性	1只	12月一次

9　标志、包装、运输、贮存（略）

附录一　固定型阀控密封式铅酸蓄电池

附录二 起动用铅酸蓄电池产品品种和规格（GB/T 5008.2—2005）

1 范围

GB/T 5008 本部分规定了起动用铅酸蓄电池的规格、外形尺寸、端子位置等。

本部分适用于额定电压为 12V 的，供各种汽车、拖拉机及其他内燃机的起动、点火和照明用的排气（富液）式铅酸蓄电池（以下简称蓄电池）和阀控（有气体复合功能）式蓄电池。

本部分不适用于用作其他目的蓄电池，例如：铁路内燃机起动用蓄电池。

2 规范性引用文件（略）

3 蓄电池型号（略）

4 蓄电池规格及外形尺寸

a. 橡胶槽上固定式蓄电池应符合表 1 的规定。

b. 塑料槽上固定式蓄电池应符合表 2 的规定。

c. 塑料槽下固定式蓄电池应符合表 3 的规定。

表 1 橡胶槽上固定式蓄电池

序号	额定电压/V	20h 率额定容量/A·h	储备容量（排气式）/min	起动电流 I/A	最大外形尺寸/mm		
					L	b	h
1	12	60	100	300	319	178	250
2	12	75	130	375	373	178	250
3	12	90	160	420	427	178	250
4	12	105	192	450	485	178	250
5	12	120	224	480	517	198	250
6	12	135	258	520	517	216	250
7	12	150	291	560	517	231	250
8	12	165	326	600	517	252	250
9	12	180	361	630	517	270	250
10	12	195	397	650	517	288	250

表 2 塑料槽上固定式蓄电池

序号	额定电压/V	20h 率额定容量/A·h	储备容量/min		起动电流 I/A	最大外形尺寸/mm		
			排气式	阀控式		L	b	h
1	12	30	44	50	150	187	127	227
2	12	35(36)	53	59	175(180)	197	129	227
3	12	40	62	69	200	238	138	235
4	12	45	71	79	225	238	129	227
5	12	50	81	89	250	260	173	235

序号	额定电压/V	20h率额定容量/A·h	储备容量/min		起动电流 I/A	最大外形尺寸/mm		
			排气式	阀控式		L	b	h
6	12	60	100	109	300	270	173	235
7	12	70	120	130	350	310	173	235
8	12	75	130	141	375	310(318)	173	235
9	12	80	140	151	400	310	173	235
10	12	90	160	173	420	380	177	235
11	12	100	182	195	440	410	177	250
12	12	105	192	206	450	450	177	250
13	12	120	224	239	480	513	189	260
14	12	135	258	273	520	513	189	260
15	12	150	292	408	560	513	223	260
16	12	165	326	343	600	513	223	260
17	12	180	361	378	630	513	223	260
18	12	195	397	414	650	517	272	260
19	12	200	409	426	680	621	278	270
20	12	210	433	450	680	521	278	270
21	12	220	457	495	680	521	278	270

注：表内小括号内尺寸为带提手的蓄电池。

表 3　塑料槽下固定式蓄电池

序号	额定电压/V	20h率额定容量/A·h	储备容量/min		起动电流 I/A	最大外形尺寸/mm		
			排气式	阀控式		L	b	h
1	12	36	55	61	180	218	175	175
2	12	45	71	79	255	218	175	190
3	12	50	81	89	250	290	175	190
4	12	54	88	97	270	294	175	175
5	12	55	90	99	275	246	175	190
6	12	60	100	109	300	293	175	190
7	12	63	106	116	315	297	175	175
8	12	66	112	122	330	306	175	190
9	12	88	15	169	420	381	175	190
10	12	100	182	159	440	374	175	235
11	12	135	258	273	520	513	189	223
12	12	165	326	343	600	513	223	223

5　端子位置

a. 端子位置可分为四种类型如图 1 所示。

图 1　端子位置

b. 端子位置具体选择可由用户与制造厂协商。

6 蓄电池的固定方式

蓄电池的固定方式如图2～图4所示。

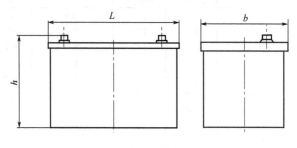

图2　上固定

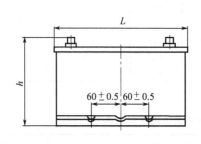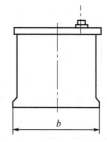

图3　下固定（一）

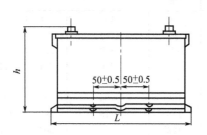

图4　下固定（二）

附录三 起动用铅酸蓄电池技术条件 (GB/T 5008.1—2005)

1 范围

GB/T 5008 的本部分规定了起动用铅酸蓄电池的技术要求、试验方法、检验规则和标志、包装、运输、储存。

本部分适用于额定电压为 12V 的供各种汽车、拖拉机及其他内燃机的起动、点火和照明用排气（富液）式铅酸蓄电池（以下简称蓄电池）和阀控（有气体复合功能）式蓄电池

本部分不适用于用作其他目的的蓄电池，例如铁路内燃机车起动用蓄电池。

2 规范性引用文件（略）

3 术语、符号（略）

4 技术要求

4.1 容量

4.1.1 额定储备容量

（1）额定储备容量 $C_{r,n}$ 应符合 GB/T 5008.2 标准的规定。

（2）实际储备容量 $C_{r,e}$ 应在第三次或之前的储备容量试验时，达到额定储备容量 $C_{r,n}$。

4.1.2 20h 率额定容量

（1）额定容量 C_{20} 应符合 GB/T 5008.2 标准的规定。

（2）实际容量 C_e 在第三次或之前的容量试验时，应不低于额定容量 C_{20} 的 95%。

容量试验优先采用 4.1.1 额定储备容量，也可采用 4.1.2 20h 率额定容量。额定储备容量和 20h 率额定容量的采用由制造厂确定。

4.2 低温起动能力

（1）蓄电池按 5.5 试验时，以 I_s 电流放电：5s 时，蓄电池端电压不得低于 9.00V；60s 时，单体蓄电池平均电压不得低于 8.40V。

（2）低温起动能力应在第三次或之前的低温起动能力试验时，达到 4.2.1 的要求。

4.3 充电接受能力

蓄电池按 5.6 试验时，充电电流 I_s 与 $C_{20}/20$ 的比值不应小于 3.0。

4.4 荷电保持能力

蓄电池按 5.7 试验时，以电流放电 30s，蓄电池端电压不得低于 7.20V。

4.5 电解液保持能力

蓄电池按 5.8 试验时，表面不得有电解液渗漏溅出。

4.6 循环耐久能力

A 类蓄电池按 5.9.1 试验时，以 I_s 电流放电 30s，蓄电池端电压不得低于 7.20V。

B 类蓄电池按 5.9.2 试验时，以 I_s 电流放电 30s，蓄电池端电压不得低于 7.20V。

4.7 耐振动性

蓄电池按 5.10 试验时，以 I_s 电流放电 60s，蓄电池端电压不得低于 7.20V。

4.8 水损耗

4.8.1 排气式蓄电池（少失水）

蓄电池按 5.11.1 试验时，按实际容量 C_e（或实际储备容量 $C_{r,e}$）计算，蓄电池质量损失不得大于 4g/A·h（或 2.66g/min）。

4.8.2 阀控式蓄电池

蓄电池按 5.11.2 试验时，按实际容量 C_e（或实际储备容量 $C_{r,e}$）计算，蓄电池质量损失被 2 除 $[(W_1-W_2)/2]$ 不得大于 1g/A·h（或 0.67g/min）。

4.9 干式荷电蓄电池起动能力

蓄电池按 5.12 试验时，以 I_s 电流放电 5s 时，蓄电池端电压不得低于 9.00V；150s 时，单体蓄电池平均电压不得低于 6.00V。

4.10 干式荷电蓄电池在未注液条件下贮存后的起动能力

蓄电池按 5.13 试验时，以 I_s 电流放电 100s，蓄电池端电压不得低于 6.00V。

4.11 气密性

蓄电池按 5.14 试验时，应具有良好的气密性。

4.12 耐温变性（适用于塑料槽蓄电池）

蓄电池按 5.15 试验时，应符合 4.11 的规定。

4.13 封口剂

蓄电池按 5.16 试验时，封口剂在 −30℃ 时不应裂纹或与蓄电池槽、盖分离；在 65℃ 时不得溢流。

4.14 贮存期

蓄电池按 5.17 试验时，其容量和低温起动能力应符合 4.1 和 4.2 的规定。

5 试验方法

5.1 测量仪器

5.1.1 电气测量

（1）仪表量程　所用仪表量程应随被测电压和电流的量值而变，指针式仪表读数应在量程的后 1/3 范围内。

（2）电压测量　测量电压用的仪表应是具有 1.0 级精度或更精密的电压表，电压表内阻至少应是 300Ω/V。

（3）电流测量　测量电流用的仪表应是具有 1.0 级精度或更精密的电流表。

5.1.2　温度测量

测量温度用的温度计应具有适当的量程，每个分度值不应大于1℃，温度计的标定精度应不低于0.5℃。

5.1.3　密度测量

测量电解液密度用的密度计应具有适当的量程，每个分度不应大于$0.005g/cm^3$。

5.1.4　时间测量

测量时间用的仪表应按时、分、秒分度，至少应具有每小时$\pm 1s$的精度。

5.1.5　尺寸测量

测量蓄电池外形尺寸的量具，应具有1mm以上的精度。

5.1.6　质量称重

称量蓄电池质量的衡器，应具有$\pm 0.05\%$以上的精度。

5.2　电解液

（1）用于所有试验的完全充电蓄电池的电解液密度为$1.28g/cm^3 \pm 0.01g/cm^3$（25℃），也可由制造厂另行规定。

（2）蓄电池在完全充电时，电解液液面高度应符合制造厂规定，在无规定时，液面高度应高于保护板10～15mm。

（3）电解液应符合JB/T 10052标准的规定。

5.3　试验进行前的预处理

（1）试验应用新的蓄电池进行，试验前所有蓄电池必须完全充电，干式荷电蓄电池要经激活。

（2）蓄电池的完全充电可按恒流充电或改进的恒压充电进行，充电期间，电解液温度应维持在25℃±10℃之间，以中间单体蓄电池的测量为准。

① 排气式蓄电池的恒流充电　蓄电池以$2I_{20}$电流充电全单体蓄电池平均电压达到2.40V后，再继续充电5h（作起动试验后的继续充电时间为3h）。

② 排气式蓄电池的改进的恒压充电　蓄电池以16.00V电压充电24h（作起动试验后的充电时间为16h），最大电流限制到$5I_{20}$。

③ 阀控式蓄电池的充电　蓄电池以14.40V电压充电20h，最大电流限制到$5I_{20}$，接着用$0.5I_{20}$电流再充电5h。

（3）蓄电池的充电时间允许由制造厂另行规定。

5.4　容量试验

5.4.1　储备容量试验

（1）整个试验期间，蓄电池均放置在温度为25℃±2℃的水浴中，蓄电池上缘露出水面不得超过25mm，蓄电池之间和蓄电池与水浴壁之间的距离，均不得少于25mm。

（2）蓄电池在完全充电结束后1～5h内。当电解液温度达到25℃±2℃时，以25A电流放电到蓄电池电压达（10.50±0.05）V时终止，记录放电持续时间t_1（min）。

5.4.2　20h率容量试验

（1）整个试验期间，蓄电池均放置在温度为 25℃±5℃ 的水浴中，蓄电池上缘露出水面不得超过 25mm，蓄电池之间和蓄电池与水浴壁之间的距离，均不得少于 25mm。

（2）蓄电池在完全充电结束后 1～5h 内，当电解液温度达到 25℃±5℃ 时，以 I_{20} 电流放电到蓄电池端电压达 $(10.50±0.05)$V 时终止，记录放电持续时间 t_2（min）。

（3）20h 率实际容量按式（1）计算：

$$C_e = I_{20} \times t_2 [1 - 0.01(T - 25)] \tag{1}$$

式中　T—— 放电终止时中间单体蓄电池电解液温度，单位为摄氏度，℃；

　　0.01——温度系数。

5.4.3　储备容量与 20h 率容量之间的关系

$$C_{t,n} = \beta(C_n)^a \tag{2}$$

式中　a——1.170（富液式蓄电池）或 1.130（阀控式蓄电池）；

　　β——0.830（富液式蓄电池）或 1.070（阀控式蓄电池）。

5.5　低温起动能力试验

蓄电池完全充电后 1～5h 内，将蓄电池放入温度为 −18℃±1℃ 的低温箱或低温室内至少 20h 或当中间单体蓄电池电解液温度达到 −18℃±1℃ 时，蓄电池在低温室内或从低温箱取出后 1min 内，以 I_s 电流放电 60s，测记 5s 和 60s 时蓄电池端电压。

5.6　充电接受能力试验

（1）完全充电的蓄电池在温度为 25℃±5℃ 的条件下，以 I_0 电流放电 5h。

（2）I_0 按式（3）计算：

$$I_0 = C_e/10(A) \tag{3}$$

式中　C_e——按 5.4.2 进行三次试验中的最大值。

（3）放电结束后，立即将蓄电池放入温度为 0℃±1℃ 的低温箱或低温室内 20～25h。

（4）蓄电池在低温室内或从低温箱中取出后 1min 内，蓄电池用恒压 14.4V±0.1V 充电，经 10min 后，测记充电电流值 I_{ca}。

5.7　荷电保持能力试验

（1）将完全充电的蓄电池旋紧液孔塞，擦净蓄电池表面，在温度为 40℃±20℃ 的水浴中，开路静置 21d。

（2）然后蓄电池不经再充电按 5.5 进行低温起动试验，放电 30s，测记蓄电池端电压。

（3）排气式蓄电池（少失水）或阀控式蓄电池按（1）相同条件开路静置 49d，然后按（2）进行低温起动能力试验。

5.8　电解液保持能力试验

5.8.1　排气式蓄电池

（1）将完全充电的蓄电池开路放置 4h。

（2）必要时应再次调整每单体蓄电池中电解液液面高度至规定位置。

（3）蓄电池旋紧液孔塞，然后擦净蓄电池表面。

（4）蓄电池向前、后、左、右四个方向依次倾斜，每次倾斜间隔时间不小于30s，倾斜按下列条件进行。

a. 蓄电池在 1s 内，由垂直位置倾斜 45°。

b. 蓄电池在这个位置上保持 3s。

c. 蓄电池在 1s 内，由倾斜位置恢复到垂直位置。

（5）用目测法观察，电解液有无溅出。

5.8.2 阀控式蓄电池

（1）蓄电池完全充电后，立即将蓄电池倒置在有隔离表面的一张吸墨纸上，在温度为 25℃±5℃ 的环境中倒置 6h。

（2）用目测法观察，在吸墨纸上应未见电解液痕迹。

5.9 循环耐久能力试验

5.9.1 A 类蓄电池的循环耐久能力试验

（1）整个试验期间，除低温起动能力试验外，蓄电池均放置在温度为 40℃±2℃ 的水浴中，蓄电池上缘露出水面不得超过 25mm，蓄电池之间和蓄电池与水浴壁之间的距离，均不得少于 25mm。

（2）完全充电的蓄电池以 $5I_{20}$ 电流放电 1h，随后以 14.80V±0.05V 的恒压充电 2h（阀控式蓄电池为 14.40V±0.05V）最大电流不得超过 $10I_{20}$，组成一次循环，蓄电池连续进行 32 次这样循环后，开路静置 72h，然后以 14.80V±0.05V 的恒压充电 2h（阀控式蓄电池为 14.40V±0.05V）最大电流不得超过 $10I_{20}$，进行补充电，紧接着进行下一个循环耐久试验单元的试验。

注：蓄电池的恒压充电电压值允许制造厂另行确定。

（3）32 次循环连同紧接着的开路静置时间，构成一个循环耐久试验单元的试验。

（4）蓄电池经过三个这样的试验单元后，再经受 32 次循环和开路静置 72h，蓄电池不经补充电，按 5.5 进行低温起动能力试验放电 30s，测记蓄电池端电压。

5.9.2 B 类蓄电池的循环耐久能力试验

（1）整个试验期间，除低温起动能力试验外，蓄电池均按 5.9.1 的要求，放置在温度为 40℃±2℃ 的水浴中。

（2）完全充电的蓄电池以 14.80V±0.05V 的恒压充电 5h（阀控式蓄电池为 14.40V±0.05V）最大电流不得超过 $5I_{20}$，随后以 $5I_{20}$ 电流放电 2h，组成一次循环，蓄电池连续进行 14 次这样循环后，以 14.80V±0.05V 的恒压充电 2h（阀控式蓄电池为 14.40V±0.05V）最大电流不得超过 $5I_{20}$，进行补充电，然后开路静置 70h，紧接着进行下一个循环耐久试验单元的试验。

注：蓄电池的恒压充电电压值允许制造厂另行确定。

(3) 14 次循环连同紧接着的开路静置时间，构成一个循环耐久试验单元的试验。

(4) 蓄电池第 14 次循环放电终止时，单体蓄电池平均电压不得低于 10.00V。

(5) 蓄电池经过 5 个这样的试验单元后，不经补充电，按 5.5 进行低温起动能力试验，放电 30s，测记蓄电池端电压。

5.10 耐振动性试验

(1) 蓄电池完全充电后在温度为 25℃±10℃ 的环境中贮存 24h，然后，用下列两种方法之一紧固到振动试验台上。

a. 用蓄电池槽底部压紧装置或槽下部的凸缘和适当的压紧工具，用 M8 的螺栓旋紧到扭矩至少为 15N·m。

b. 用角铁框覆盖蓄电池槽盖组件上部边缘，最低覆盖宽度 X 值（见表 1），用四个 M3 的螺栓旋紧到扭矩至少为 8N·m。

表 1　覆盖宽度垂直振动时间及 Z 值

蓄电池类型	A 类	B 类
X	15mm	33mm
T	2h	2h
Z	30m/s²	50m/s²

(2) 蓄电池经受频率为 30～35Hz，垂直振动时间 T 值（见表 1），且振动尽可能接近正弦形。

(3) 蓄电池上的最大加速度应达到 Z 值（见表 1）。

振动试验结束后，蓄电池不经再充电，在温度为 25℃±2℃ 的条件下，以 I_s 电流放电 60s，测记蓄电池端电压。

5.11 水损耗试验

5.11.1 排气式蓄电池（少失水）

(1) 蓄电池完全充电后，擦净蓄电池全部表面，干燥并称量质量到精度±0.05%。

(2) 然后将蓄电池按 5.9.1 (1) 的要求，放置在温度为 40℃±2℃ 的水浴中。

(3) 蓄电池用恒压 14.40V±0.05V 充电 500h。

(4) 蓄电池充电结束后，立即按 5.11.1 (1) 的要求进行质量称量。

5.11.2 阀控式蓄电池

(1) 完全充电的蓄电池按 5.9.1 (1) 的要求，放置在温度为 40℃±2℃ 的水浴中。

(2) 蓄电池用恒压 14.40V±0.05V 充电 500h 后，擦净蓄电池全部表面，干燥并称量质量（W_1）到精度±0.05%。

(3) 蓄电池按 5.9.1 (1) 的要求，放置在温度为 40℃±2℃ 的水浴中，用恒压 14.40V±0.05V 充电 1000h 后，擦净蓄电池全部表面，干燥并称量质量（W_2）到精度±0.05%。

5.12 干式荷电蓄电池的起动能力试验

（1）本试验应在蓄电池生产后 60d 内进行。

（2）将蓄电池和符合 5.2 的电解液，放入温度为 25℃±5℃的室内至少 12h，然后在同一环境中，按 5.2 的规定，将电解液注入蓄电池，静置 20min 后，以 I_s 电流放电 150s，测记 5s 和 150s 时蓄电池端电压。

5.13 干式荷电蓄电池在未注液条件下贮存后的起动能力试验

（1）干式荷电蓄电池在制造厂说明书要求的条件下，在温度为 20℃±10℃，相对湿度不超过 80%的环境中存放 12 个月。

（2）将蓄电池和符合 5.2 的电解液，放入温度为 25℃±5℃的室内，至少 12h，然后在同一环境中，按 5.2 的规定，将电解液注入蓄电池，静置 20min 后，以 I_s 电流放电 100s，测记蓄电池端电压。

5.14 气密性试验

对未注入电解液的每一单体蓄电池充入或抽出空气，使其内部气压与大气压力差等于 20kPa，压力计的读数在 3～5s 内不应变动。

5.15 耐温变性试验

（1）未注入电解液的蓄电池在温度为 25℃±10℃的环境中，按 5.14 进行气密性试验。

（2）将符合 5.14 要求的蓄电池在 65℃±10℃的环境中放置 24h，移出后在 25℃±10℃的环境中放置 12h，然后在−30℃±1℃的环境中放置 24h，再在 25℃±10℃的环境中放置 12h。

（3）按 5.14 进行气密性试验。

5.16 封口剂试验

5.16.1 耐寒试验

将未注入电解液的蓄电池，在室温情况下放入低温箱或低温室内，并在−30℃±1℃温度中保持 6h，当温度回升到−20℃±1℃时，从低温室内或低温箱取出后 1min 内，用目力观察，封口剂应无裂纹及不应与槽、盖分离。

5.16.2 耐热试验

将做过耐寒试验的蓄电池，旋下液孔塞，在室温下放置 6h 后，放入恒温箱内，并将蓄电池倾斜成 45°，在 65℃±10℃温度中保持 6h，然后从恒温箱中取出蓄电池，用目力观察，封口剂是否溢流。

5.17 贮存期试验

蓄电池在制造厂说明书规定的条件下，在温度为 20℃±10℃，相对湿度不超过 80%的环境中，存放 24 个月，然后按 5.4 和 5.5 进行试验。

6 检验规则

6.1 检验分类

蓄电池的检验分为型式检验、出厂检验和周期检验。

（1）蓄电池型式检验的试验项目、样品数量见表2，蓄电池的型式检验应连续进行。

（2）蓄电池出厂检验和周期检验的试验项目、样品数量及试验周期见表3。

表 2　型式检验

序号	实验项目	蓄电池编号				
		Ⅰ	Ⅱ	Ⅲ	Ⅳ	Ⅴ
1	干式荷电蓄电池起动能力(5.12)	×	×	×	×	
2	储备容量或20h率容量(5.4.1)(5.4.2)	×	×	×	×	
3	低温起动能力(5.5)	×	×	×	×	
4	储备容量或20h率容量(5.4.1)(5.4.2)	×	×	×	×	
5	低温起动能力(5.5)	×	×	×	×	
6	储备容量或20h率容量(5.4.1)(5.4.2)	×	×	×	×	
7	低温起动能力(5.5)	×	×	×	×	
8	充电接受能力(5.6)	×				
9	荷电保持能力(5.7)	×				
10	电解液保持能力(5.8)	×				
11	循环耐久能力(5.9)		×			
12	耐振动性(5.10)				×	
13	水损耗(5.11)				×	
14	耐温变性或封口剂(5.15)或(5.16)					×

注：1. 干式荷电蓄电池起动能力只适用于干式荷电蓄电池。

2. 水损耗实验只适用于排气式蓄电池（少失水）和阀控式蓄电池。

3. 储备容量或20h率容量及低温起动能力实验项目如提前达到规定要求，下面的相同实验项目可不再进行。

表 3　出厂检验和周期检验

序号	检验分类	实验项目	样品数量	实验周期
1	出厂检验	最大外形尺寸	抽检1%	
2		端子		
3		极性	逐只检查	
4		气密性		
5	周期检验	容量	各一只	每月一次
6		低温起动能力		每月一次
7		充电接受能力		半年一次
8		荷电保持能力		每年一次
9		电解液保持能力		每年一次
10		循环耐久能力		每年一次
11		耐振动性		每年一次
12		水损耗		每年一次
13		干式荷电蓄电池起动能力		每月一次
14		耐温变性		每年一次
15		封口剂		每季一次
16		贮存期		每年一次
17		干式荷电蓄电池在未注液条件下的贮存	三只	每年一次

6.2 抽样规则

（1）同一系列产品中，型式检验抽样规则，应以制造厂上一年度实际产量的统计（以蓄电池只数计）为依据，抽取产量最大的规格为代表产品。

（2）当某月确实未生产作为代表产品的规格时，则每月一次的试验项目，可抽取该月产量最大的产品进行。

（3）每半年一次及每年一次的试验项目必须以代表产品进行测试，不得用其他规格的产品代替。

6.3 判定规则

（1）凡不依测试数据评定的试验项目，当检验不合格时该项目应判定为不合格。

（2）凡依测试数据评定的试验项目，均以该项目的测试数据作为判定的依据。

（3）贮存期试验，以该项试验的 3 只蓄电池中 2 只是否符合标准要求，作为判定依据。

（4）型式检验中的试验项目，当第一次抽试不符合标准要求时，可进行第二次加倍抽试，如仍有一只不符合标准要求，则应判定为不合格。

7 标志、包装、运输、贮存（略）

附录四 起动用铅酸蓄电池端子的尺寸和标记（GB/T 5008.3—2005）

1 范围

GB/T 5008 本部分规定了起动用铅酸蓄电池正、负端子的尺寸和标记。

本部分适用于额定电压为 12V 的，供各种汽车、拖拉机及其他内燃机的起动、点火和照明用的排气（富液）式铅酸蓄电池（以下简称蓄电池）和阀控（有气体复合功能）式蓄电池。

本部分不适用于用作其他目的的蓄电池，例如：铁路内燃机车起动用蓄电池。

2 端子的尺寸

（1）锥形端子的尺寸如表 1 和图 1 所示。

表 1　锥形端子的尺寸

端子分类	D/mm	
	正极	负极
粗端子	$19.5^{0}_{-0.3}$	$17.5^{0}_{-0.3}$
细端子	$14.7^{0}_{-0.3}$	$13.0^{0}_{-0.3}$

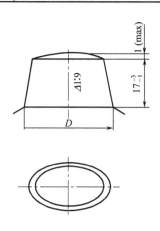

图 1　锥形端子尺寸

（2）角形端子尺寸如图 2 所示。

（3）端子尺寸如有特殊要求，用户可与制造厂另行协商。

3 端子的标记

（1）正极端子的标记如图 3 所示。

（2）负极端子的标记如图 4 所示。

（3）端子的标记也允许（或同时）在蓄电池盖上端子周围的部位标志。

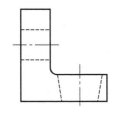
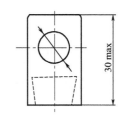

30 max

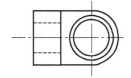

图 2　角形端子尺寸

　　或　　

图 3　正极端子标记

　　或　　

图 4　负极端子标记

247

附录五 蜂窝电话用锂离子电池总规范 (GB/T 18287—2000)

1 范围

本规范规定了蜂窝电话用锂离子电池的定义、要求、测试方法、质量评定程序及标志、包装、运输、贮存。本规范适用于蜂窝电话用锂离子电池（以下简称电池）。

2 引用标准 （略）

3 定义 （略）

4 要求

4.1 外观

　　a. 电池外表面应清洁，无机械损伤，触点无锈蚀；

　　b. 电池表面应有必需的产品标示；

　　c. 与蜂窝电话或模拟装置配合，开机应工作正常，锁扣可靠。

4.2 20℃放电性能

4.2.1 $0.2C_5(A)$ 放电性能

电池按 5.3.2(3) 规定进行放电，放电时间应不低于 5h。

4.2.2 $1C_5(A)$ 放电性能

电池按 5.3.2(4) 规定进行放电，放电时间应不低于 51min。

4.3 高温性能

电池在 55℃±2℃ 下按 5.3.3 规定进行放电，放电时间应不低于 51min，电池外观应无变形、无爆裂。

4.4 低温性能

电池在 −20℃±2℃ 下按 5.3.4 规定进行放电，放电时间应不低于 3h，电池外观应无变形、无爆裂。

对聚合物锂离子电池，电池在 −10℃±2℃ 下按 5.3.4 规定进行放电，放电时间应不低于 3.5h，电池外观应无变形、无爆裂。

4.5 荷电保持能力

电池按 5.3.5 规定进行试验，放电时间应不低于 4.25h。

4.6 循环寿命

电池按 5.3.6 规定进行试验，循环寿命应不低于 300 次。

4.7 环境适应性

4.7.1 恒定湿热性能

电池按 5.3.7(1) 规定进行试验后，电池外观应无明显变形、锈蚀、冒烟或爆炸，放电时间应不低于 36min。

4.7.2 振动

电池按 5.3.7(2) 规定进行试验，电池外观应无明显损伤、漏液、冒烟或爆炸，电池电压应不低于 $n×3.6V$。

4.7.3 碰撞

电池按 5.3.7(3) 规定进行试验，电池外观应无明显损伤、漏液、冒烟或爆炸，电池电压应不低于 $n×3.6V$。

4.7.4 自由跌落

电池按 5.3.7(4) 规定进行试验，电池应不漏液、不冒烟、不爆炸，能插入蜂窝电话，锁扣可靠；放电时间应不低于 51min。

4.8 安全保护性能

4.8.1 过充电保护

电池按 5.3.8(1) 规定进行试验，电池应不爆炸、不起火、不冒烟或漏液。

4.8.2 过放电保护

电池按 5.3.8(2) 规定进行试验，电池应不爆炸、不起火、不冒烟或漏液。

4.8.3 短路保护

电池按 5.3.8（3）规定进行试验，电池应不爆炸、不起火、不冒烟或漏液；瞬时充电后，电池电压应不小于 $n×3.6V$。

4.9 电池安全要求

本项要求是模拟电池误用或滥用情况下可能发生的安全性问题。

4.9.1 重物冲击

电池按 5.3.9(1) 规定进行试验，应不起火、不爆炸。

4.9.2 热冲击

电池按 5.3.9(2) 规定进行试验，应不起火、不爆炸。

4.9.3 过充电

电池按 5.3.9(3) 规定进行试验，应不起火、不爆炸。

4.9.4 短路

电池按 5.3.9(4) 规定进行试验，应不起火、不爆炸，电池的外部温度不得高于 150℃。

4.10 贮存

电池贮存 12 个月，经完全充电后，$0.2 C_5$（A）放电时间不小于 4h。

5 测试方法

5.1 测试条件

除非另有规定，本规范中各项试验应在试验的标准大气条件下进行。

温度：15～35℃；

相对湿度：45%～75%；

大气压力：86～106kPa。

5.2 测量仪表与设备要求

（1）测量电压的仪表准确度应不低于 0.5 级，内阻应不小于 $10k\Omega/V$。

（2）测量电流的仪表准确度应不低于 0.5 级。

（3）测量时间用的仪表准确度不低于 $\pm0.1\%$。

（4）测量温度的仪表准确度应不低于 $\pm0.5℃$。

（5）恒流源的电流恒定可调，在充电或放电过程中，其电流变化应在 $\pm1\%$ 范围内。

（6）恒压源电压可调，其电压变化范围为 $\pm0.5\%$。

5.3 试验方法

5.3.1 外观

用目测法检查被测电池的外观，并检查电池与蜂窝电话或模拟装置配合情况，应符合 4.1 的规定。

5.3.2 20℃放电性能

（1）预循环 在环境温度 20℃±5℃ 的条件下，以 $0.2C_5$（A）充电，当电池端电压达到充电限制电压后，搁置 0.5～1h，再以 $0.2C_5$（A）电流放电到终止电压。

（2）充电制式 电池可采用下列制式之一进行充电。

a. 在环境温度 20℃±5℃ 的条件下，以 $0.2C_5$（A）充电，当电池端电压达到充电限制电压时，改为恒压充电，直到充电电流小于或等于 $0.01C_5$（A），最长充电时间不大于 8h，停止充电。此充电制式为检验的仲裁充电制式。

b. 在环境温度 20℃±5℃ 的条件下，以 $1C_5$（A）充电，当电池端电压达到充电限制电压时，改为恒压充电，直到充电电流小于或等于 $0.01C_5$（A），最长充电时间不大于 8h，停止充电。

（3）$0.2C_5$（A）放电性能 电池按 5.3.2（2）规定充电后搁置 0.5～1h，在 20℃±5℃ 的温度下以 $0.2C_5$（A）电流放电到终止电压。

上述试验可以重复循环 5 次，当有一次循环的电池容量符合 4.2.1 的规定时，试验即可停止。

（4）$1C_5$（A）放电性能 电池按 5.3.2（2）规定充电后搁置 0.5～1h，在 20℃±5℃ 的温度下以 $1C_5$（A）电流放电到终止电压，电池的放电时间应符合 4.2.2 的规定。

5.3.3 高温性能

电池按 5.3.2（2）规定充电结束后，将电池放入 55℃±2℃ 的高温箱中恒温 2h，然后以 $1C_5$（A）电流放电至终止电压，放电时间应符合 4.3 的规定。该试验结束后，将电池取出在环境温度 20℃±5℃ 的条件下搁置 2h，然后目测电池外观，应符合 4.3 的规定。

5.3.4 低温性能

电池按 5.3.2(2) 规定充电结束后，将电池放入 $-20\,^\circ\!\mathrm{C}\pm2\,^\circ\!\mathrm{C}$ 的低温箱中恒温 $16\sim24\mathrm{h}$ 后，以 $0.2C_5(\mathrm{A})$ 电流放电至终止电压，放电时间应符合 4.4 的规定。该试验结束后，将电池取出在环境温度 $20\,^\circ\!\mathrm{C}\pm5\,^\circ\!\mathrm{C}$ 的条件下搁置 $2\mathrm{h}$，然后目测电池外观，应符合 4.4 的规定。

对聚合物锂离子电池，电池按 5.3.2(2) 规定充电结束后，将电池放入 $-10\,^\circ\!\mathrm{C}\pm2\,^\circ\!\mathrm{C}$ 的低温箱中恒温 $16\sim24\mathrm{h}$ 后，以 $0.2C_5(\mathrm{A})$ 电流放电至终止电压，放电时间应符合 4.4 的规定。该试验结束后，将电池取出在环境温度 $20\,^\circ\!\mathrm{C}\pm5\,^\circ\!\mathrm{C}$ 的条件下搁置 $2\mathrm{h}$，然后目测电池外观，应符合 4.4 的规定。

5.3.5 荷电保持能力

电池按 5.3.2(2) 规定充电结束后，在环境温度 $20\,^\circ\!\mathrm{C}\pm5\,^\circ\!\mathrm{C}$ 的条件下，将电池开路搁置 $28\mathrm{d}$，再以 $0.2C_5(\mathrm{A})$ 电流进行放电至终止电压，其放电时间应符合 4.5 的规定。

5.3.6 循环寿命

(1) 电池循环寿命试验应在环境温度 $20\,^\circ\!\mathrm{C}\pm5\,^\circ\!\mathrm{C}$ 的条件下进行。

(2) 在环境温度 $20\,^\circ\!\mathrm{C}\pm5\,^\circ\!\mathrm{C}$ 的条件下，以 $1C_5(\mathrm{A})$ 充电，当电池端电压达到充电限制电压时，改为恒压充电，直到充电电流小于或等于 $20\mathrm{mA}$，停止充电，搁置 $0.5\sim1\mathrm{h}$，然后以 $1C_5(\mathrm{A})$ 电流放电至终止电压，放电结束后，搁置 $0.5\sim1\mathrm{h}$，再进行下一个充放电循环，直至连续两次放电时间小于 $36\mathrm{min}$，则认为寿命终止。电池的循环寿命应符合 4.6 规定。

5.3.7 环境适应性

(1) 恒定湿热性能　电池按 5.3.2(2) 规定充电结束后，将电池放入 $40\,^\circ\!\mathrm{C}\pm2\,^\circ\!\mathrm{C}$，相对湿度为 $90\%\sim95\%$ 的恒温恒湿箱中搁置 $48\mathrm{h}$ 后，将电池取出在环境温度 $20\,^\circ\!\mathrm{C}\pm5\,^\circ\!\mathrm{C}$ 的条件下搁置 $2\mathrm{h}$，目测电池外观，应符合 4.7.1 的规定；再以 $1C_5(\mathrm{A})$ 电流放电至终止电压，放电时间应符合 4.7.1 的规定。

(2) 振动　电池按 5.3.2(2) 规定充电结束后，将电池直接安装或通过夹具安装在振动台的台面上，按下面的振动频率和对应的振幅调整好试验设备，X、Y、Z 三个方向每个方向上从 $10\sim55\mathrm{Hz}$，循环扫频振动 $30\mathrm{min}$，扫频频率为 $1\mathrm{oct/min}$。

振动频率：$10\sim30\mathrm{Hz}$，位移幅值（单振幅）：$0.38\mathrm{mm}$。

振动频率：$30\sim55\mathrm{Hz}$，位移幅值（单振幅）：$0.19\mathrm{mm}$。

振动结束后电池外观及电池电压应符合 4.7.2 的规定。

(3) 碰撞　电池按 5.3.7(2) 规定试验结束后，将电池按 X、Y、Z 三个互相垂直轴向直接或通过夹具坚固在台面上，按下述要求调整好加速度、脉冲持续时间，进行碰撞试验。

脉冲峰值加速度　$100\mathrm{m/s^2}$；

每分钟碰撞次数　$40\sim80$；

脉冲持续时间　$16\mathrm{ms}$；

碰撞次数　1000±10。

碰撞结束后将电池自实验台取下，电池外观及电池电压应符合4.7.3的规定。

（4）自由跌落　电池按5.3.7(3)规定试验结束后，将电池样品由高度（最低点高度）为1000mm的位置自由跌落到置于水泥地面上的18～20mm厚的硬木板上，从X、Y、Z正负方向（六个方向）每个方向自由跌落1次。

自由跌落结束后，将电池以$1C_5$(A)电流放电至终止电压。然后按5.3.2(4)规定进行充放电循环，至放电时间符合4.7.4的规定，即可终止充放电循环，充放电循环次数应不多于3次。

5.3.8　安全保护性能

（1）过充电保护　电池按5.3.2(2)规定充电结束后，用恒流恒压源持续给电池加载8h，恒流恒压源电压设定为2倍标称电压，电流设定为$2C_5$(A)的外接电流，电池应符合4.8.1规定的要求。

（2）过放电保护　电池在环境温度20℃±5℃的条件下，以$0.2C_5$(A)放电至终止电压后，外接$(30×n)$Ω负载放电24h，电池应符合4.8.2规定的要求。

（3）短路保护

电池按5.3.2(2)规定充电之后，将正负极用0.1Ω电阻器短路1h，电池应符合4.8.3规定的要求。

将正负极断开，电池以$1C_5$(A)电流瞬间充电5s后用电压表测量电池电压，应符合4.8.3规定的要求。

注：以上安全性能试验应在有保护措施的条件下进行。

5.3.9　电池安全要求

所用的锂离子单体电池若已通过安全认证或能提供制造厂进行下述四项安全试验的报告，则不进行本条规定的试验。

下述试验应在有强制排风条件及防爆措施的装置内进行。在试验前所有电池都要按5.3.2(2)规定充电，并搁置24h后，再进行以下试验。

（1）重物冲击　电池放置于冲击台上，将10kg重锤自1m高度自由落下，冲击已固定在夹具中的电池（电池的面积最大的面应与台面垂直），电池允许发生变形，但应符合4.9.1的要求。

（2）热冲击　电池放置于热箱中，温度以$(5±2)$℃/min的速率升到150℃±2℃并保温30min，电池应符合4.9.2的要求。

（3）过充电　本项试验应在拆除电池外保护线路后进行。

将接有热电偶的电池置于通风橱中，连接正负极于一恒流恒压电源，调节电流至$3C_5$(A)、电压为$n×10$V，然后对电池以$3C_5$(A)充电，直到电池电压为$n×10$V，电流将到接近0A。试验过程中监视电池温度变化，当电池温度下降到比峰值低约10℃时，结束试验，电池应符合4.9.3的要求。

（4）短路　本项试验应在拆除电池外保护线路后进行。

将接有热电偶的电池置于通风橱中，短路其正负极（线路总电阻不大于50mΩ），试验过程中监视电池温度变化，当电池温度下降到比峰值低约10℃时，结束试验，电池应符合4.9.4规定。

5.3.10 贮存

进行贮存试验的电池应选自生产日期到试验日期不足3个月的电池，电池贮存前应按5.3.2(2)规定的制式给电池充入40%～50%的容量，然后在环境温度20℃±5℃，相对湿度45%～85%的环境中贮存。贮存期满后，电池按5.3.2(2)进行充放电，放电时间应符合4.10规定。

6 质量评定程序

6.1 检验分类

本规范规定的检验分为：

　　a. 鉴定检验；

　　b. 质量一致性检验。

6.2 鉴定检验

鉴定检验一般在产品设计定型和生产定型时进行，但在产品的主要设计、工艺、元器件及材料有重大改变，影响产品的重要性能，使原来的鉴定结论不再有效时，也应进行鉴定检验。

表 1　鉴定检验

组号	检 验 项 目		要求章条号	测试方法章条号	样品数量	允许不合格电池数
1	外观		4.1	5.3.1	24	
	$0.2C_5(A)$放电性能		4.2.1	5.3.2(3)		
2	$1C_5(A)$放电性能		4.2.2	5.3.2(4)	3	
	高温性能		4.3	5.3.3		
	低温性能		4.4	5.3.4		
3	荷电保持能力		4.5	5.3.5	3	
4	环境适应性	恒定湿热性能	4.7.1	5.3.7(1)	3	0
		振动	4.7.2	5.3.7(2)		
		碰撞	4.7.3	5.3.7(3)		
		自由跌落	4.7.4	5.3.7(4)		
5	安全保护性能	过充电保护性能	4.8.1	5.3.8(1)	3	
		过放电保护性能	4.8.2	5.3.8(2)		
		短路保护性能	4.8.3	5.3.8(3)		
6	电池安全要求	重物冲击	4.9.1	5.3.9(1)	3	
		热冲击	4.9.2	5.3.9(2)	3	
		过充电	4.9.3	5.3.9(3)	3[1]	
		短路	4.9.4	5.3.9(4)	3[2]	
7	循环寿命		4.6	5.3.6	3	
8	贮存		4.10	5.3.10	3	

　① 指进行完第2组试验的电池。

　② 指进行完第5组试验的电池。

附录五　蜂窝电话用锂离子电池总规范

6.2.1 抽样方案

鉴定检验的样品是使用与正常生产相同的材料、设备和工艺生产并随机抽取的，样品数量见表1。

6.2.2 检验项目

鉴定检验项目、顺序及分组按表1规定。

6.2.3 判定规则

当所有检验项目均满足规定时，则判为鉴定检验合格。如果任何一个检验项目不符合规定的要求时，应暂停检验，生产方对不合格项目进行分析。找出不合格原因并采取纠正措施后，可继续进行检验。若重新检验合格，则仍判鉴定检验合格；若重新检验仍有某个项目不符合规定的要求，则判定鉴定检验不合格。

6.3 质量一致性检验

电池组的质量一致性检验分逐批检验和周期检验，用以判定产品生产过程中能否合格保证产品质量的持续稳定。

6.3.1 逐批检验

（1）供检验的样品在交验的产品中随机抽取，采用 GB/T 2828 的正常检验一次抽样方案，检验项目、要求、测试方法、检查水平（IL）及合格质量水平（AQL）按表2规定。

表 2　逐批检验

组号	检验项目	要求章条号	测试方法章条号	IL	AQL
1	外观	4.1	5.3.1	II	4.0
2	$0.2C_5(A)$放电性能	4.2.1	5.3.2(3)	S-3	2.5
	$1C_5(A)$放电性能	4.2.2	5.3.2(4)		

（2）逐批检验后，按 GB/T 2828—1987 中 4.12 规定对产品批进行处理。

6.3.2 周期检验

（1）周期检验的样品在逐批检验合格的产品中随机抽取，采用 GB/T 2829 的一次抽样方案，检验项目、顺序及分组、要求、测试方法、抽样周期、判别水平（DL）、不合格质量水平（RQL）及判定数组（Ac，Re）按表3规定。

表 3　周期检验

组号	检 验 项 目		要求章条号	测试方法章条号	抽样周期	DL	RQL(Ac,Re)
1	高温性能		4.3	5.3.3	90d	I	20(0,1)
	低温性能		4.4	5.3.4			
2	荷电保持能力		4.5	5.3.5			
3	环境适应性	恒定湿热性能	4.7.1	5.3.7(1)	0.5a		15(0,1)
		振动	4.7.2	5.3.7(2)			
		碰撞	4.7.3	5.3.7(3)			
		自由跌落	4.7.4	5.3.7(4)			

组号	检 验 项 目		要求章条号	测试方法章条号	抽样周期	DL	RQL(Ac,Re)
4	安全保护性能	过充电保护性能	4.8.1	5.3.8(1)			20(0,1)
		过放电保护性能	4.8.2	5.3.8(2)			
		短路保护性能	4.8.3	5.3.8(3)			
5	电池安全要求	重物冲击	4.9.1	5.3.9(1)			
		热冲击	4.9.2	5.3.9(2)			
		过充电	4.9.3	5.3.9(3)			
		短路	4.9.4	5.3.9(4)			
6	循环寿命		4.6	5.3.6	1a		
7	贮存		4.10	5.3.10			

（2）周期检验完成后，按 GB/T 2829—1987 中 4.12 规定对产品批进行处理。

7　标志、包装、运输、贮存（略）

附录六 原电池 第Ⅰ部分：总则
（GB 8897.1—2003）

1 范围

    GB/T 8897 的本部分规定了原电池的电化学体系、尺寸、命名法、极端结构、标志、试验方法、性能、安全和环境等方面的要求。

2 规范性引用文件（略）

3 术语和定义（略）

4 要求

4.1 通则

4.1.1 设计

    原电池主要在民用市场上销售，近几年来，原电池在电化学性能和结构上更完善，例如，提高了容量和放电能力，不断满足以电池作电源的新型用电器具技术发展的需求。设计原电池时，应该考虑上述需求，特别要注意电池尺寸的一致性和稳定性、电池外形和电性能以及对环境的保护，并确保电池具有在正常使用和可预见的误用条件下的安全性能。

4.1.2 电池尺寸

    各种型号电池的尺寸在 GB/T 8897.2 或 GB/T 8897.3 中给出。

4.1.3 极端

    极端应符合 GB/T 8897.2 中第 7 章的规定。

    极端的外形应设计成能确保电池在任何时候都能形成并保持良好的电接触。

    极端应由具有适当导电性和抗腐蚀性的材料制成。

4.1.3.1 抗接触压力

    在 GB/T 8897.2 电池技术要求中提到的抗接触压力是指：

    将 10N 的力通过直径为 1mm 的钢球持续作用于电池的每个接触面的中央 10s，不应出现可能导致妨碍电池正常工作的明显变形。

    注：例外情况见 GB/T 8897.3。

4.1.3.2 帽与底座型

    此类极端用于 GB/T 8897.2 中图 1、图 2、图 3 或图 4 规定尺寸的电池，电池的圆柱面和正、负极端间绝缘。

4.1.3.3 帽与外壳型

    此类极端用于 GB/T 8897.2 中图 2、图 3 或图 4 规定尺寸的电池，电池的圆柱面构成电池正极端的一部分。

4.1.3.4 螺栓型

由金属螺杆和金属螺母或带有绝缘的金属螺母组成的接触件。

4.1.3.5 平面接触型

采用适当的接触装置压在基本扁平的金属表面上形成电接触。

4.1.3.6 平面弹簧或螺旋弹簧型

由金属片或螺旋状绕制的金属线构成的、能提供接触压力的接触件。

4.1.3.7 插入式插座型

经适当组合，安装在绝缘的壳体或固定装置中的金属接触组件，可插入配套插头的插脚。

4.1.3.8 子母扣

由作正极端的子扣（非弹性）和作负极端的母扣（有弹性）组成。

该极端应由合适的金属制成，使之与外电路相应部件连接时有良好的电接触。

（1）接触件间距　子扣和母扣间的中心距在表 1 中给出。子扣总是用作电池的正极，母扣用作负极。

表 1　接触件中心矩

标称电压/V	标准型/mm	小型/mm
9	35±0.4	12.7±0.25

（2）子母扣的非弹性连接件（子扣）　未作规定的尺寸可自行决定。应选择适当的子扣形状使其尺寸符合规定的要求（图 1、图 2 和表 2）。

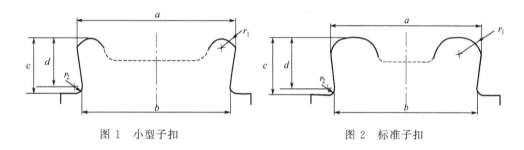

图 1　小型子扣　　　　　　　　图 2　标准子扣

表 2　子母扣连接件

单位：mm

尺　寸	标　准　性	小　　型
a	7.16±0.05	5.72±0.05
b	$6.65^{+0.07}_{0.05}$	5.38±0.05
c	3.20±0.1	3.00±0.1
d	2.67±0.05	2.54±0.05
r_1	$0.61^{+0.05}_{-0.08}$	$0.9^{+0.1}_{-0.3}$
r_2	$0.4^{+0.3}_{0}$	$0.3^{+0.2}_{0}$

（3）子母扣的弹性连接件（母扣）　尺寸和要求如下。

对子母扣的弹性部分（母扣）的尺寸未作规定，母扣应具有的性质是：

a. 适当的弹性，以确保其与标准化的子扣配合良好；

b. 能保持良好的电接触。

4.1.3.9　导线

为单股或多股可弯曲的带绝缘层的镀锡的铜导线。导线的绝缘层可为棉质编织层或适宜的塑料，正极端导线涂层应为红色，负极端为黑色。

4.1.3.10　弹簧夹

当外电路的相应部件不确知时，电池上通常采用弹簧夹以方便消费者使用。弹簧夹由黄铜弹簧片或具有相似性质的其他材料制成。

4.1.4　分类（电化学体系）

原电池按电化学体系分类。

除了锌-氯化铵、氯化锌-二氧化锰体系外，每一个体系用一个字母来表示。

表 3 中给出了迄今为止已标准化的电化学体系。

表 3　标准化的电化学体系

字母	负极	电解质	正极	标称电压/V	最大开路电压/V
—	锌	氯化铵、氯化锌	二氧化锰	1.5	1.725
A	锌	氯化铵、氯化锌	氧	1.4	1.55
B	锂	有机电解质	一氟化碳	3	3.7
C	锂	有机电解质	二氧化锰	3	3.7
E	锂	非水无机物	亚硫酰氯（$SOCl_2$）	3.6	3.9
F	锂	有机电解质	二硫化铁（FeS_2）	1.5	1.83
G	锂	有机电解质	氧化铜（CuO）	1.5	2.3
L	锌	碱金属氢氧化物	二氧化锰	1.5	1.65
P	锌	碱金属氢氧化物	氧	1.4	1.68
S	锌	碱金属氢氧化物	氧化银（Ag_2O）	1.55	1.63

注：1. 标称电压值是不可检测的，仅供参考。

　　2. 最大开路电压按 5.5 和 6.7.1 的规定测量。

　　3. 当表示一个电化学体系时，一般先列出负极，再列出正极，比如：锂-二硫化铁。

4.1.5　型号

根据原电池的外形尺寸参数、电化学体系（必要时，再加上修饰符）来确定电池的型号。型号系统（命名法）的详细说明见附录 A。

4.1.6　标志

4.1.6.1　通则

除小电池外，每个电池上均应标明以下内容：

a. 型号；

b. 清晰地标明制造年、月和保质期，或标明保质期的截止期限；

c. 极端的极性（适用时）；

d. 标称电压；

e. 含汞量（"低汞"或"无汞"）（适用时）；

f. 制造厂或供应商的名称和地址；

g. 执行标准编号；

h. 商标；

i. 安全使用注意事项（警示说明）。

注：4.1.6.1 的 b、e、f、g 可标在电池的销售包装上（如对装、四个装、挂卡等）。

4.1.6.2 小电池

a. 当本条文被引用于 GB/T 8897.2 时：4.1.6.1 的 a 和 c 应标在电池上；4.1.6.1 的 b、d～i 可标在电池的销售包装上而不标在电池上。

b. 对于 P-体系的电池 4.1.6.1a 可标在电池、密封胶带或者包装上；4.1.6.1c 可标在电池的密封胶带上和/或电池上；4.1.6.1 b、d、f～i 可标在电池的销售包装上而不标在电池上。

c. 应有防止误吞小电池的注意事项，详见 GB 8897.4 和 GB 8897.5。

4.1.6.3 关于废电池处理方法的标志

废电池处理方法的标志应符合当地法规的要求，需要时可参照 IEC 614290。

4.1.7 电池电压的可互换性

目前在 GB/T 8897 中已经标准化了的原电池可按其标准放电电压 U_s 分类，对于一个新的电池体系，按下式确定其电压的可互换性：

$$n \times U_r(1-15\%) \leqslant m \times U_s \leqslant n \times U_r(1+15\%)$$

式中 n——以参考电压 U_r 为依据的串联单体电池数；

m——以标准放电电压 U_r 为依据的串联单体电池数。

目前，已经确定了符合上述公式的两个电压范围，是通过参考电压 U_r，即相应的电压范围的中点电压来确定的。

电压范围 1（$U_r=1.4V$）：即标准放电电压 mU_s 等于或者介于 $n \times 1.19 \sim n \times 1.61V$ 之间的电池电压。范围 2（$U_r=3.2V$）：即标准放电电压 mU_s 等于或者介于 $n \times 2.72 \sim \times 3.68V$ 之间的电池。

标准放电电压的定义、相应的值及其确定方法见附录 G

注：对于由一个单体电池组成的电池，以及由多个相同电压范围的单体电池组成的电池组，其 m 和 n 是相等的；而对于由多个不同电压范围的单体电池组成的电池组，其 m 和 n。值则不同于那些已标准化了的电池组。

电压范围 1 包含迄今已标准化的、标称电压为 1.5V 左右的电池，即"无字母"体系"A""E""G""I""P"和"S"体系的电池。

电压范围 2 包含迄今已标准化的标称电压为 3V 左右的电池，即"B""C"和"E"体系的电池因为电压范围 1 和电压范围 2 的电池具有明显不同的放电电压，所以它们的外形应设计成不可互换。在对一个新的电化学体系标准化之前，必须根据附录 G 给出的方法确定其标准放电电压，以判定它的电压可互换性。

标准放电电压是根据可检验性的原理而引用的。标称电压和最大开路电压不符合这个要求。

警示：若不能符合这一要求，会给电池使用者带来安全方面的危害，如起火、爆炸、漏液和/或损坏器具。

此要求对于安全性和使用性来说都是必要的。

4.2 性能

4.2.1 放电性能

原电池的放电性能要求在 GB/T 8897.2 或 GB/T 8897.3 中规定。

4.2.2 尺寸稳定性

电池在本标准规定的标准条件下检验时，其尺寸应始终符合 GB/T8 897.2 或 GB/T 8897.3 中相应的规定。

注1：如果 B，C，G，L 和 P 体系的扣式电池放电至终止电压以下时，其高度可增加0.25mm。

注2：连续放电时，C 和 B 体系的某些扣式电池（硬币形电池）的高度可能会减小。

4.2.3 漏液

在本标准规定的标准条件下贮存和放电时，电池不应出现漏液。

4.2.4 开路电压极限

电池的最大开路电压应不超过 4.1.4 中给出的值。

4.2.5 放电量

电池初始期和贮存后的放电时间应符合 GB/T 8897.2 或 GB/T 8897.3 的要求。

4.2.6 安全性

设计原电池时，应考虑 GB 8897.4 和 GB 8897.5 中所述的电池在指定使用和可预见的误用条件下的安全要求。

5 性能检验

5.1 通则

民用商品性能测试标准方法（SMMP）的制定，参见附录 H。

5.2 放电检验

本标准中的放电检验分为两类：

——应用检验；

——放电量检验。

两种检验的放电负荷电阻都应符合 6.4 的规定。

确定负荷电阻和检验条件的方法如下。

5.2.1 应用检验

a. 由用电器具工作时的平均工作电压和平均电流计算出等效电阻；

b. 从所有测得的用电器具的数据中得出实用终止电压和等效电阻值；

c. 规定这一数据的中值作为放电试验的电阻值和终止电压；

d. 如果测得的数据集中在两组或较为分散的几个组，则需再做一次以上的检验；

e. 在选择每天放电时间时，需要考虑用电器具每周的总使用时间。

每天放电时间应选择 6.5 中的规定值，且最接近于每周总使用时间的 1/7。

注：尽管在特定情况下恒电流或恒功率检验更能代表实际应用，但选择一些恒定电阻检验却可简化检测设备的设计并确保其可靠性。

将来，出现负荷条件交替变化的情况不可避免；随着技术的发展，某种用电器具的负载特性随时间而变化的情况亦将不可避免。

精确地测定用电器具的实用终止电压并非总是可能的，放电条件只是所选择的一种综合兼顾的方法，用以代表具有广泛分散特性的一类用电器具。

尽管有这些局限，但按上述规定得出的应用检验的方法，仍然是评价用于某类电器的电池性能的最佳方法。

注：为了减少应用检验的数目，规定的检验应能占市售这种尺寸电池之用途的 80%。

5.2.2 放电量检验

进行放电量检验，应选择阻值适当的负荷电阻，使放电时间大约为 30d。

如果在所要求的时间内不能获得电池的全部容量，则应选择 6.4 中阻值更高的负荷电阻，以便延长放电时间，但延长的时间应尽可能短。

5.3 最小平均放电时间的符合性检验

为了检验电池的符合性，可选择 GB/T8897.2 或 GB/T8897.3 中规定的任何应用检验或放电量检验。

检验应如下进行：

a. 检验 9 个电池；

b. 不排除任何结果计算平均值；

c. 如果平均值大于或等于规定值，而且放电时间小于规定值的 80% 的电池数不大于 1，则电池的放电量符合要求；

d. 如果平均值小于规定值和（或）小于规定值的 80% 的电池数大于 1，则另取 9 个样品电池再做检验并计算平均值；

e. 如果第二次检验的平均值大于或等于规定值，而且放电时间小于规定值的 80% 的电池数不大于 1，则电池的放电量符合要求；

f. 如果第二次检验的平均值小于规定值和（或）小于规定值的 80% 的电池数大于 1，则认为电池的放电量不符合要求，并且不允许再进行检验。

注：原电池的放电性能在 GB/T 8897.2 中规定。

5.4 最小平均放电时间规定值的计算方法

参见本标准的附录 D。

5.5 开路电压的检测

用 6.7.1 规定的电压测量仪表测量电池的开路电压。

261 •

5.6 电池尺寸

用 6.7.2 规定的测量器具测量电池的尺寸。

5.7 漏液和变形

在规定的环境条件下测定 r 放电量后，以相同的方法继续放电，直到电池的负荷电压首次降至低于其标称电压的 40%，此时应满足 4.1.3，4.2.2 和 4.2.3 的要求。

注：手表电池应根据 GB/F8897.3 中第 9 章的规定，目视检验漏液情况。

6 性能检验的条件

6.1 放电前环境条件

应在规定的条件下进行放电检验和放电前电池的储存，除非另有规定均按表 4 规定的条件，表中的放电条件即为标准条件。

表 4　放电前贮存及放电检验条件

检验类型	贮存条件			放电条件	
	温度/℃	相对湿度/%	持续时间	温度/℃	相对湿度/%
初始期放电检验	20±2①	60±15	最长为生产后 60d	20±2	60±15
贮存后放电检验	20±2①	60±15	12 个月	20±2	60±15
高温贮存后放电检验②	45±2③	5±15	13 周	20±2	60±15

① 短时间内，贮存温度可偏离上述要求但不可超过 20℃±5℃。
② 要求做高温贮存检验时进行该项检验，性能要求由供需双方商定。
③ 打开电池包装贮存。

6.2 贮存后放电检验的开始

贮存结束至开始放电检验之间的时间不应超过 14d，在此期间电池应在 20℃±2℃ 和 60%±15%RH 的环境中保存。

高温贮存结束后到放电检验开始，电池至少应在上述环境中放置 1d 再开始放电检验，以使电池和环境温湿度达到平衡。

6.3 放电检验的条件

电池应按 GB/T8897.2 的规定进行放电，直至电池的闭路电压首次低于规定的终止电压。放电量可用放电时间、A·h 或 W·h 来表示。

当 GB/T 8897.2 中规定了一种以上的放电检验时，电池必须满足所有的放电检验要求方可判为符合本标准。

6.4 负荷电阻

负荷电阻（包括外电路所有部分）的阻值应为 GB/T8897.2 中规定的值，阻值与规定值之间的误差应不大于±0.5%。

拟定新试验时，负荷电阻的阻值（以欧姆为单位）应尽可能是下列阻值之一，包括它们的十进位倍数和约数：

1.00	1.10	1.20	1.30	1.50	1.60	1.80	2.00
2.20	2.40	2.70	3.00	3.30	3.60	3.90	4.30
4.70	5.10	5.60	6.20	6.80	7.50	8.20	9.10

6.5 每天放电时间

每天放电时间按 GB/T 8897.2 中的规定。

拟定新试验时，每天的放电时间应尽可能采用下列值之一：

1min	5min	10min	30min
1h	2h	4h	24h（连续放电）

必要时，其他要求在 GB/T8897.2 中另行规定。

6.6 "P"一体系电池的激活

从电池激活到开始进行电性能测量，至少应间隔 10min 时间。

6.7 检测仪器和器具

6.7.1 电压测量

测量电压的仪器准确度应不低于±0.25%，精度应不低于最后一位有效数值的 50%，内阻应不小于 1MΩ。

6.7.2 尺寸测量

测量器具的准确度应不低于±0.025%，精密度应不低于最后一位有效数值的 50%。

7 抽样和质量保证

所采用的抽样方案或产品质量指数可由供需双方商定。当双方无协议时，可选用 7.1 和/或 7.2 的方案。

7.1 抽样

7.1.1 计数抽样检验

需要进行计数抽样检验时，应按 GB/T 2828 的规定选择抽样方案，并规定检验项目和可接受质量水平（AQL)(同型号的电池至少检验 3 只)。

7.1.2 计量抽样检验

需要进行计量抽样检验时，应按 GB/T 6378 的规定选择抽样方案，并规定检验项目、样本大小和可接受质量水平（AQL）。

7.2 产品质量指数

建议使用以下指数之一作为评价和保证产品质量的方法。

7.2.1 能力指数（Cp）

Cp 是表征过程能力的一个指数。它说明了在样本过程标准差为 σ' 范围内允许偏差有多大。定义为 Cp＝(USL－LSL)/过程宽度，式中的过程宽度用 $6\overline{R}/d_2$ 表示，如果 Cp≥1 并趋中，则表明该过程产品符合要求但是当 Cp＝1 时，每百万件产品中有 2700 件不合格。

注：USL 为上规格限，LSL 为下规格限。

7.2.2 能力指数（Cpk）

Cpk 是另一个表征过程能力的指数。它说明了过程是否符合允许的偏差以及过程是否以目标值为中心。

和 Cp 一样，它是在假定样本来自一个稳定的过程且误差是随机变量的前提下，在样品变量范围为 R/d_2 时测得的由控制图可知 $\sigma' = \overline{R}/d_2$。

$$\text{Cpk 是} \frac{USL - \overline{X}}{3\sigma'} \text{或} \frac{\overline{X} - LSL}{3\sigma'} \text{两者之中较小的值。}$$

7.2.3　性能指数（Pp）

Pp 是一个过程性能指数，它说明了在系统的总误差范围内的允许偏差有多大。它是系统实际性能的测定，因为所有的误差来源都包含在 σ'_T 中。σ'_T 是通过将所有的观察数据作为一个大的样本计算得出的。Pp 定义为 $(USL - LSL)/6\sigma'_T$。

7.2.4　性能指数（Ppk）

Ppk 是另一个过程性能指数。它和 Pp 一样，也是对系统实际性能的测定。但它又和 Cpk 一样。说明了过程的趋中程度。

$$\text{Ppk 是} \frac{USL - \overline{X}}{3\sigma'_T} \text{或} \frac{\overline{X} - LSL}{3\sigma'_T} \text{两者之中较小值}$$

式中的 σ'_T 包含了系统所有的误差来源。

8　电池包装

电池包装、运输、贮存、使用和处理的实用规程见附录 B

附录 A（规范性附录）

电池的型号系统（命名法）

电池的型号系统（命名法）应尽可能明确地说明其外形尺寸、形状、电化学体系和标称电压，必要时说明其极端类型、放电能力和特性。

本附录分为两部分：

A.1　1990 年 10 月以前使用的型号系统（命名法）；

A.2　1990 年 10 月以后及现在和将来使用的型号系统（命名法）。

A.1　1990 年 10 月前使用的电池型号系统（略）

A.2　1990 年 10 月后使用的电池型号系统

本条款适用于 1990 年 10 月后标准化的电池。

该型号系统（命名法）的基本思想是通过电池型号来表达电池的基本概念。对所有电池，包括圆柱形（R，和非圆柱形（P）的。均用表征圆柱体的直径和高度来表示。

本条款也适用于由一个单体组成的电池和由多个单体电池串联和/或并联组成的电池组。

例如：最大直径为 11.6mm，最大高度为 5.4mm 的电池命名为 R1154，并在其前加上如前所述的表示电池电化学体系的字母。

A.2.1　圆柱形电池

化学电源设计

A.2.1.1 直径和高度小于100mm的圆柱形电池

直径和高度小于100mm的圆柱形电池的型号如下：

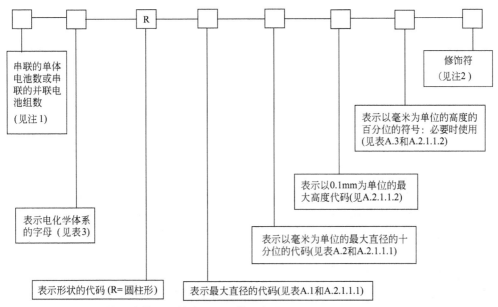

注：1. 并联连接的单体电池数或电池组数不注明。

　　2. 修饰符用来表示特殊极端结构、负载能力和其他特性。

A.2.1.1.1 确定直径代码的方法

直径代码由最大直径确定。

直径代码为：

a. 属于推荐直径的，其代码按表 A.1 确定；

b. 属于非推荐直径的，其代码按表 A.2 确定。

表 A.1　推荐直径的直径代码

代码	推荐最大直径/mm	代码	推荐最大直径/mm
4	4.8	20	20.0
5	5.8	21	21.0
6	6.8	22	22.0
7	7.9	23	23.0
8	8.5	24	24.5
9	9.5	25	25.0
10	10.0	26	26.2
11	11.6	28	28.0
12	12.5	30	30.0
13	13.0	32	32.0
14	14.5	34	34.2
15	15.0	36	36.0
16	16.0	38	38.0
17	17.0	40	40.0
18	18.0	41	41.0
19	19.0	67	67.0

表 A.2   非推荐直径的直径代码

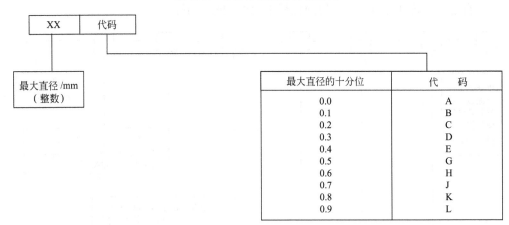

最大直径的十分位	代　码
0.0	A
0.1	B
0.2	C
0.3	D
0.4	E
0.5	G
0.6	H
0.7	J
0.8	K
0.9	L

A.2.1.1.2   确定高度代码的方法

高度代码是数字，以 1/10mm 为单位的电池最大高度的整数部分来表示（如：最大高度为 3.2mm，表示为 32）。

最大高度规定如下：

a. 扁平极端的电池，其最大高度是包括极端在内的总高度；

b. 其他极端类型的电池，最大高度为不包括极端在内的总高度（即从电池的台肩部到台肩部的高度）。

如果需要说明高度中百分位毫米部分，可按表 A.3 用一个代码来表示。

表 A.3   高度代码

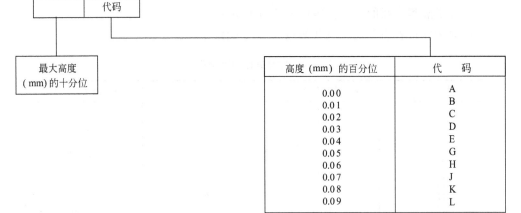

高度 (mm) 的百分位	代　码
0.00	A
0.01	B
0.02	C
0.03	D
0.04	E
0.05	G
0.06	H
0.07	J
0.08	K
0.09	L

注：百分位的代码仅在必要时才用。

示例 1：

LR1154 由一个圆柱形单体电池或一组并联电池组组成的锌-碱金属氢氧化物-二氧化锰体系的电池，最大直径为 11.6mm（表 A.1），最大高度为 5.4mm。

化学电源设计

示例 2：

LR27A116 由一个圆柱形单体电池或一组并联电池组组成的锌-碱金属氢氧化物-二氧化锰体系的电池，最大直径为 27mm（表 A.2），最大高度为 11.6mm。

示例 3：

LR2616 由一个圆柱形单体电池或一组并联电池组组成的锌-碱金属氢氧化物-二氧化锰体系的电池，最大直径为 26.2mm（表 A.1），最大高度 1.67mm（表 A.3）。

A.2.1.2　直径和/或高度为 100mm 或超过 100mm 的圆柱形电池

直径和/或高度为 100mm 或超过 100mm 的圆柱形电池的型号如下：

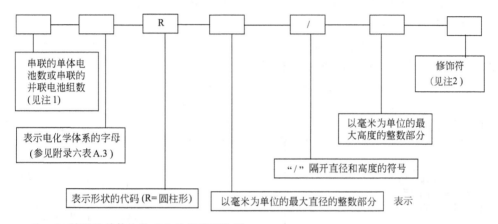

注：1. 并联的单体电池或电池组数不注明。

2. 修饰符用来表示特殊极端结构、负载能力和其他特性。

A.2.1.2.1　确定直径代码的方法

直径代码由最大直径确定。

直径代码是以毫米表示的电池最大直径的整数部分。

A.2.1.2.2　确定高度代码的方法

高度代码是以毫米表示的电池最大高度的整数部分。

最大高度规定如下：

a. 扁平极端的电池（如 GB/T 8897.2 中图 1～图 4 所表示的电池），最大高度是包括极端在内的高度。

b. 其他极端类型的电池，最大高度为不包括极端在内的总高度（即从电池台肩部到台肩部的距离）。

示例：

5R184/177 由 5 个单体电池或 5 个并联电池组串联组成的锌-氯化锌、氯化锌-二氧化锰体系的圆柱形电池，直径为 184.0mm，电池台肩部到台肩部的总高度为 177.0mm。

A.2.2　非圆柱形电池

非圆柱形电池的型号命名如下。

假想一个圆柱形外壳，包围着非圆柱形电池除极端之外的整个表面（极端露出该假想电池壳体）。

按电池的最大长度和宽度尺寸计算对角线，即假想圆柱的直径。

用圆柱体的以毫米为单位的直径整数部分和以毫米为单位的最大高度整数部分来命名电池的型号。

最大高度规定如下：

a. 扁平极端的电池，最大高度为包括极端在内的总高度；

b. 对于其他类型极端的电池，最大高度为不包括极端在内的总高度（即从电池台肩部到台肩部的距离）。

注：当电池不同的面上有两个或两个以上的极端伸出时，适用于电压最高的那个极端。

A.2.2.1　尺寸小于100mm的非圆柱形电池。

尺寸小于100mm的非圆柱形电池的型号如下：

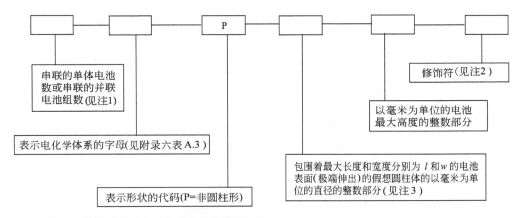

注：1. 并联的单体电池数或电池组数不注明。

　　2. 修饰符用来表示特殊极端结构、负载能力以及其他特性。

　　3. 当需用毫米的十分位来区别高度时，采用表A.4中的字母代码。

示例：

6LP3146 由 6 个锌-碱金属氢氧化物-二氧化锰体系的单体电池或并联的电池组相串联组成的电池，其最大长度为 26.5mm，最大宽度为 17.5mm，最大高度为 46.4mm，该电池表面（l 和 w）直径的整数部分可按下式计算：

$$\sqrt{l^2+w^2}=31.8\text{mm 整数部分为 } 31$$

A.2.2.2　尺寸为100mm或超过100mm的非圆柱形电池

尺寸为100mm或超过100mm的非圆柱形电池的型号命名如下：

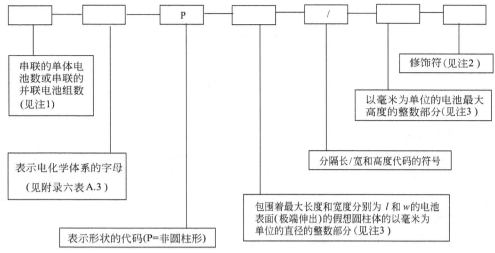

注：1. 并联的单体电池数或电池组数不注明。

2. 修饰符用来表示特殊极端结构、负载能力以及其他特性。

3. 当需用毫米的十分位来区别高度时，采用表 A.4 中的字母代码。

表 A.4 表示高度（毫米）的十分位代码

代码

最大高度(以毫米表示的整数部分)	高度的小数部分 / mm	代 码
	0.0	A
	0.1	B
	0.2	C
	0.3	D
	0.4	E
	0.5	G
	0.6	H
	0.7	J
	0.8	K
	0.9	L

注：毫米的十分位代码仅在必需时用。

示例：

6P222/162 由 6 个锌-氯化锌、氯化氨-二氧化锰体系的单体电池或并联电池组串联组成的电池，其最大长度 192mm，最大宽度 113mm，最大高度 162mm。

A.2.3 型号重复

万一出现两种或多种电池的假想包围圆柱同时具有相同的直径和高度，那么第二种电池的命名方法是在相同的电池型号后面加上"-1"其余类推。

附录 B（略）

269

附录 C

（规范性附录）

用电器具的设计

C.1 技术联系

建议生产以电池作电源的电器公司与电池行业保持紧密联系，从设计开始就应考虑现有的各种电池的性能只要有可能，应尽量选择 GB/T 8897.2 中已有型号的电池。用电器具上应永久性标注能提供最佳性能的电池的型号和类型。

C.2 电池舱

电池舱应便于使用，电池舱应设计成使电池易于放入且不易掉出。设计电池舱和正负极接触件的尺寸和结构时，务必使符合本标准的电池可以装入：即使有的国家标准或电池制造厂规定的公差更小，器具设计者也不能忽视本标准规定的公差。

设计电池舱负极接触件的结构时应注意允许电池负极端有凹进，供儿童使用的用电器具的电池舱应坚固耐敲击。

应清楚标明所用电池的类型、装入电池时正确的极性排列和方向。

设计电池舱时，应利用电池正极（＋）和负极（－）极端的形状和/或尺寸的不同来防止电池倒置。与电池正负极接触的连接件的形状应明显不同，以避免在装入电池时混淆方向。

电池舱应与电路绝缘，且应位于适当的位置，使受损坏和（或）受伤害的风险降至最低限度。只有电池的极端才能和电路形成物理接触。在选择极端接触件的材料和结构时，应确保在使用条件下，能与电池形成并保持有效的电接触，即使是使用本标准允许的极限尺寸的电池也应如此。电池的极端和器具的接触件应使用性能相似、低电阻值的材料。

不主张采用电池以并联形式连接的电池舱，因为当有电池装反时就会形成充电条件。

使用"A"或"P"体系的空气去极化电池作电源的器具，须有适当的空气入口。"A"体系电池在正常工作时最好处于直立位置。符合 GB/T 8897.2 中图 4 的"P"体系电池的正极电接触件应设计在电池侧面，才不会堵住空气入口。

尽管电池的耐漏性能有了很大的改善，但漏液仍有可能偶尔发生，当电池舱不能完全与器具隔开时，应将其置于适当位置，使器具受损的可能性降到最小。

电池舱上应清楚且永久性地标明电池的正确方向。造成麻烦的最常见的原因之一，就是一组电池中有一个电池倒置，这可能导致电池漏液和/或爆炸和/或着火。为了把这种危害性降到最小程度，电池舱应设计成一旦有电池倒置时则不能形成电路连接线路。除了能与电池指定表面相接触外不应与电池的任何其他部分形成物理接触。强烈要求器具的设计者们参阅 GB 8897.4 和 GB 8897.5，在设计器具时对安全性作全面的考虑。

C.3　终止电压

为了防止因电池反极而造成漏液，用电器具的终止电压值不应低于生产厂推荐的电池终止电压值。

附录 D
（规范性附录）

电池最小平均放电时间指标的计算方法

a. 准备好随机选取的至少 10 周的放电数据；

b. 计算每组中 9 个样品电池的放电时间（X）的平均放电时间（$\overline{X}$）；

注：如果有 X 值超出该组的 3σ，则在计算 $\overline{X}$ 时删除这些值。

c. 计算各组平均值（$\overline{X}$）的平均值（$\overline{\overline{X}}$）和 $\sigma\overline{X}$；

d. 最小平均放电时间由各个国家提出：

　　A：$(\overline{\overline{X}}) - 3\sigma\overline{X}$

　　B：$(\overline{\overline{X}}) \times 0.85$；

计算 A 和 B 的值，将两者中较大的那个值定为最小平均放电时间。

附录 E（略）

附录 F（略）

附录 G
（资料性附录）

标准放电电压——定义和确定方法

G.1　定义

对于一个给定的电化学体系，其标准放电电压 U_s 是特定的。它是与电池大小和内部结构无关的特性电压，仅与电池的电荷迁移反应有关。标准放电电压 U_s 用公式（G.1）定义。

$$U_s = \frac{C_s}{t_s} \times R_s \qquad (G.1)$$

式中　U_s——标准放电电压；

　　　C_s——标准放电量；

271

t_s——标准放电时间；

R_s——标准放电电阻。

G.2 确定方法

G.2.1 总思路：C/R 图

通过 C/R 图（其中 C 为电池的放电量，R 为放电电阻）来确定放电电压 U_s，见图 G.1，它表示了在正常情况下放电量 C 对放电电阻 R 的关系曲线。R 值较小时，得到的 $C(R_d)$ 值较小，反之亦然。随着 R 逐渐增大，放电量 $C(R_d)$ 也逐渐增大，直至最终达到一个平台，此时 $C(R_d)$ 成为常数项；

$$C_p = 常数 \tag{G.2}$$

它表示 $C(R_d)/C_p = 1$，如图 G.1 中水平线所示。它进而表明容量 $C = f(R_d)$ 和终止电压 U。有关 U 值越大，放电过程中不能获得的那部分——ΔC 也越大。

注：在平台区，容量 C 和尺寸无关。

放电电压由公式（G.3）确定

$$U_d = \frac{C_d}{t_d} R_d \tag{G.3}$$

公式（G.3）中 C_d/t_d 的比值代表在给定的终止电压 U 为常数的条件下，电池通过放电电阻 R，放电时的平均电流（平均）。这一关系可写作：

$$C_d = i(平均) \times t_d \tag{G.4}$$

当 $R_d = R_s$（标准放电电阻）时，公式（G.3）变为公式（G.1），相应的公式（G.4）变为

$$C_s = i(平均) \times t_s \tag{G.4a}$$

根据 G.2.3 中所述方法确定 i（平均）和 t，且通过图 G.2 来说明。

注：1. 下标 d 表示该电阻有别于 R，见公式（G.3）。

2. 放电时间很长时，由于电池内部自放电，C_p 可能会降低。这对于高自放电（如每月达 10% 或更高）的电池更为显著。

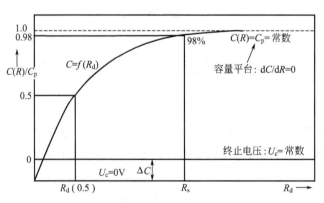

图 G.1 标准 C/R 图（示意图）

G.2.2 标准放电电阻 R_s 的确定

U_s 的确定最好是通过能获得 100% 放电量的放电电阻 R_a 来实现。但进行这种放电的放电时间会很长，为减少时间，可通过公式（G.5）得到的 U 的一个不错的近似值。

$$C_s(R_s)=0.98C_p \tag{G.5}$$

它表示：用获得的 98% 的放电量来确定标准放电电压 U_s 已具有足够的准确度。让电池通过标准放电电阻 R_s 放电可以实现之。由于 $R_s \leqslant R_d$，U_s 实际为常数，所以系数为 0.98 或更大并不重要。在这种条件下，准确获得 98% 的放电量并非十分重要。

G.2.3 标准放电量 C 和标准放电时间 t 的确定

参见图 G.2，它是一个电池的放电曲线图。

图 G.2 中标出曲线之下的面积 A_1 和曲线之上的面积 A_2，当

$$A_1=A_2 \tag{G.6}$$

可获得平均放电电流。公式（G.6）的条件并非必能标出放电中点（如图 G.2 所示）放电时间 t，由图中 $U(R,t)=U$ 处的交点确定。放电量由公式（G.7）求出：

$$C_d=i(平均) \times t_d \tag{G.7}$$

当 $R_d=R_s$，时，可获得标准放电量 C_s 公式（G.7）变为公式（G.7a）

$$C_s=i(平均) \times t_s \tag{G.7a}$$

这种用实验来确定标准放电量 C_s 和标准放电时间 t_s 的方法，在确定标准放电电压时也需要［见公式（G.1）］。

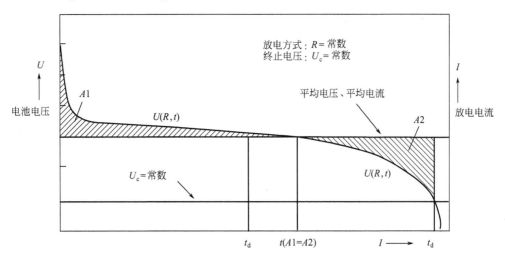

图 G.2　放电曲线（示意图）

G.3　实验条件和试验结果

实验制作 C-R 图，推荐使用 10 个独立的放电结果，每个放电结果为 9 只电池的放电平均值，这些数据将均匀分布在 C-R 图中所期望的范围。建议第一个放电

值落在图 G.1 中的大约 $0.5C_p$ 处，最后一个实验值在大约 $R_d \approx 2 \times R_s$ 处。所有的数据和图 G.1 一样以一个 C-R 曲线表示。由此图在大约 $98\%C_p$ 处可确定 R_d 值。获得 98% 放电量时的标准放电电压 U_s 比获得 100% 放电量时的标准放电电压偏低 $50mV$。该电压（mV）范围内的电压差只是由我们所研究的体系的电荷迁移反应引起的。

按照 G.2.3 确定 C_s 和 t_s 时，采用的终止电压应与 GB/T8897.2 规定的一致。

电压范围 1：$U_c = 0.9V$；电压范围 2：$U_c = 2.0V$。

表 G.1 给出的经实验测出的标准放电电压 U_s（SDV），仅供感兴趣的专家核对其重现性。

表 G.1 实验测出的标准放电电压

体系字母	—	C	E	F	L	S
标准放电电压 U_s/V	1.30	2.90	3.50	1.48	1.30	1.55

A,B,G 和 P 体系电池的 U_s 的测定正在研究之中。P 体系是个特例，因为它的 U_s 值与氧气还原的催化剂类型有关。由于 P 体系是一个对大气开放的体系，环境湿度以及体系激活后吸收的 CO_2 也会产生附加影响。对于 P 体系，其 U_s 值可达 $1.37V$。

附录 H（略）